大数据与人工智能技术丛书

U0659332

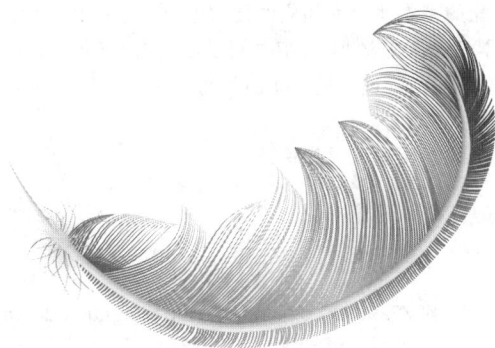

生成式人工智能技术与应用

黄源　主编　　任东哲 涂旭东 张莉　副主编

清华大学出版社

北京

内 容 简 介

本书介绍生成式人工智能的基本概念和相应的技术应用。全书共 8 章,包括生成式 AI 入门、AI 智能体、AI 高效工作、AI 高效学习、AI 高效生活、AI 绘画、AI 辅助编程以及 AIGC 行业应用。

本书将理论与实践操作相结合,通过大量的案例帮助读者快速了解和应用生成式人工智能的相关技术,并通过开源平台实施书中的案例。

本书可作为高等院校人工智能通识课的教材。

图书在版编目(CIP)数据

生成式人工智能技术与应用 / 黄源主编. -- 北京:清华大学出版社,2025. 8(2025.8重印).
(大数据与人工智能技术丛书). -- ISBN 978-7-302-69412-0

Ⅰ. TP18

中国国家版本馆 CIP 数据核字第 2025MS8990 号

策划编辑:魏江江
责任编辑:王冰飞
封面设计:刘　键
责任校对:时翠兰
责任印制:刘　菲

出版发行:清华大学出版社
　　　　　网　　　址:https://www.tup.com.cn,https://www.wqxuetang.com
　　　　　地　　　址:北京清华大学学研大厦 A 座　　　邮　　编:100084
　　　　　社　总　机:010-83470000　　　　　　　　　邮　　购:010-62786544
　　　　　投稿与读者服务:010-62776969,c-service@tup.tsinghua.edu.cn
　　　　　质量反馈:010-62772015,zhiliang@tup.tsinghua.edu.cn
　　　　　课件下载:https://www.tup.com.cn,010-83470236
印　装　者:天津鑫丰华印务有限公司
经　　　销:全国新华书店
开　　　本:185mm×260mm　　印　　张:17.5　　　　　字　　数:394 千字
版　　　次:2025 年 8 月第 1 版　　　　　　　　　印　　次:2025 年 8 月第 2 次印刷
印　　　数:3001～6000
定　　　价:49.80 元

产品编号:111033-01

前　言

党的二十大报告指出：教育、科技、人才是全面建设社会主义现代化国家的基础性、战略性支撑。必须坚持科技是第一生产力、人才是第一资源、创新是第一动力，深入实施科教兴国战略、人才强国战略、创新驱动发展战略，开辟发展新领域新赛道，不断塑造发展新动能新优势。高等教育与经济社会发展紧密相连，对促进就业创业、助力经济社会发展、增进人民福祉具有重要意义。

在当今这个科技飞速发展的时代，人工智能（AI）已经成为推动社会进步的重要力量。近年，随着深度学习算法的突破和计算能力的显著提升，生成式人工智能（Generative AI，GAI，简称生成式 AI）作为 AI 领域中的一颗璀璨明星，正以前所未有的速度改变着人们的生活、工作乃至思维方式。与传统的分析型 AI 不同，生成式 AI 不仅能够识别和分类数据，还能创造出全新的、具有原创性的输出结果。这些输出可以是文本、图像、音频、视频等多种形式。生成式 AI 被广泛应用于娱乐、设计、教育、医疗等多个行业，从自动创作音乐、绘画到智能写作助手，从虚拟形象的创造到个性化推荐系统，生成式 AI 的应用场景日益广泛，并展现出无限的可能性。

然而，在这一背景下，如何让更多的学习者（尤其是高等院校的学生）快速掌握生成式 AI 的核心技术，并将其灵活地应用于实际工作、学习、生活中，成为一个亟待解决的问题。正是基于这样的考量，本书应运而生。本书旨在为高校师生提供一个系统、全面的学习框架，帮助他们深入理解生成式 AI 的基本概念、关键技术以及各种应用场景，同时培养他们解决实际问题的能力。

本书共 8 章，分别介绍生成式 AI 入门、AI 智能体、AI 高效工作、AI 高效学习、AI 高效生活、AI 绘画、AI 辅助编程以及 AIGC 行业应用。

本书具有以下几个特点。

（1）不限制平台：本书传授普适的应用方法，选用任何 AIGC 平台均可完成学习过程；通过提供通用的 API 接口调用方法和标准化的数据处理流程，确保学生能够在不同的 AIGC 平台上实现相同的功能，增强学习的普适性和灵活性。

（2）理论与实践相结合：书中不仅详细介绍了生成式 AI 的基础理论知识，还提供了丰富的实战案例，让学生可以通过动手操作加深对知识点的理解。每章都配备了具体的项目任务，鼓励学生将所学知识应用于实践中，创作出具有创意和实用价值的作品。

（3）融入课程思政元素：在讲解技术的同时，本书注重培养学生的职业道德和社会责任感，引导学生树立正确的人生观、世界观和价值观。

（4）多学科交叉融合：本书的内容设计跨越了多个学科领域，包括但不限于计算机科学、经济管理、艺术设计、工程学、电子信息等，使学生能够在多样化的背景下理解生成式 AI 的应用，拓宽他们的视野，提升他们的应用能力。

（5）紧跟技术前沿：为了确保学生紧跟技术发展的步伐，本书讲解最新的生成式 AI 技术和趋势，并鼓励学生关注相关领域的最新研究成果和发展动态。

希望本书不仅能够帮助读者掌握必要的专业知识和技术、技能，还能够激发读者对生成式 AI 的兴趣和热情，促使他们在未来的学习和职业生涯中不断探索、创新，为推动我国乃至全球的人工智能产业的发展贡献力量。

本书的建议学时为 32 学时，具体分布如下表所示。

章	建 议 学 时
第 1 章　生成式 AI 入门	4
第 2 章　AI 智能体	4
第 3 章　AI 高效工作	4
第 4 章　AI 高效学习	4
第 5 章　AI 高效生活	4
第 6 章　AI 绘画	4
第 7 章　AI 辅助编程	6
第 8 章　AIGC 行业应用	2

为便于教学，本书提供丰富的配套资源，包括教学大纲、教学课件、电子教案、习题答案、教学进度表和在线作业。

资源下载提示

课件等资源：扫描封底的"图书资源"二维码，在公众号"书圈"下载。

在线自测题：扫描封底的作业系统二维码，再扫描自测题二维码，可以在线做题及查看答案。

本书由黄源任主编，任东哲、涂旭东、张莉任副主编。全书由黄源策划并负责统稿工作。

本书是校企合作共同编写的结果，在编写过程中得到了腾讯云重庆分公司总经理彭聘的大力支持。

在编写本书的过程中，编者参阅了大量的相关资料，在此表示感谢，并对清华大学出版社的魏江江分社长和王冰飞老师的辛勤工作表示感谢。

由于编者水平有限，书中难免出现疏漏之处，衷心地希望广大读者批评指正。

编　者

2025 年 3 月

目　录

第 **1** 章

生成式AI入门

本章学习目标

- 了解人工智能的概念
- 了解 AIGC 核心技术
- 了解提示词的原理
- 掌握提示工程的应用

1.1 认识生成式 AI

1.1.1 认识 AI

人工智能(Artificial Intelligence，AI)是研究与开发用于模拟、延伸和扩展人的智能的理论、方法、技术及应用系统的一门新的技术科学。

从根本上讲，人工智能是研究使计算机模拟人的某些思维过程和智能行为(如学习、推理、思考、规划等)的学科，主要包括计算机实现智能的原理、制造类似于人脑智能的计算机，使计算机能实现更高层次的应用。此外，人工智能还涉及计算机科学、心理学、哲学和语言学等学科，可以说几乎是自然科学和社会科学的所有学科，其范围已远远超出了计算机科学的范畴。

1. 人工智能的起源与发展

人工智能的概念在 1956 年被正式提出。1950 年，一位名叫马文·明斯基(后被人称为"人工智能之父")的大四学生与他的同学邓恩·埃德蒙一起，建造了世界上第一台神经网络计算机。这也被看作人工智能的一个起点。同样是在 1950 年，被称为"计算机之父"的阿兰·图灵提出了一个举世瞩目的想法——图灵测试。按照图灵的设想，如果一台机器能够与人类开展对话而不会被辨别出机器身份，那么这台机器就具有智能。就在这一年，图灵还大胆预言了真正具备智能机器的可行性。1956 年，在达特茅斯学院举办的一次会议上，计算机专家约翰·麦卡锡提出了"人工智能"一词。后来，这被人们看作人工智能正式诞生的标志。

图灵测试的方法很简单,就是让测试者与被测试者(一个人和一台机器)隔开,通过一些装置(如键盘)向被测试者随意提问。在进行多次测试后,如果有超过30%的测试者不能确定出被测试者是人还是机器,那么这台机器就通过了测试,并被认为具有人工智能。

在人工智能的概念提出后,发展出了符号主义、联结主义(神经网络),相继取得了一批令人瞩目的研究成果,如机器定理证明、跳棋程序、人机对话等,掀起人工智能发展的第一个高潮。

人工智能发展初期的突破性进展大大提升了人们对人工智能的期望,人们开始尝试更具挑战性的任务,然而计算力不足,相关理论体系也尚不完善,使得不切实际的目标落空,人工智能的发展走入低谷。例如,1974年哈佛大学沃伯斯(Paul Werbos)博士的论文里首次提出了通过误差的反向传播(BP)来训练人工神经网络,但在该时期未引起重视。

进入20世纪80年代,专家系统模拟人类专家的知识和经验解决特定领域的问题,实现了人工智能从理论研究走向实际应用、从一般推理策略探讨转向运用专门知识的重大突破。机器学习(特别是神经网络)致力于探索不同的学习策略和各种学习方法,在大量的实际应用中逐渐发展。1980年,在美国的卡内基-梅隆大学(CMU)召开了第一届机器学习国际研讨会,标志着机器学习的研究已经在全世界兴起。1982年,大卫·马尔(David Marr)的代表作《视觉计算理论》中提出计算机视觉(Computer Vision)的概念,并构建系统的视觉理论,对认知科学(Cognitive Science)产生了深远的影响。1986年,罗德尼·布鲁克斯(Brooks)发表论文《移动机器人鲁棒分层控制系统》,标志着基于行为的机器人学科的创立,机器人学界开始把注意力投向实际工程主题。

21世纪初,随着大数据和云计算等技术的出现,人工智能再次进入快速发展的阶段。人们开始研究深度学习、自然语言处理、计算机视觉等技术,使得人工智能的应用范围更加广泛。

2005年,波士顿动力公司推出一款动力平衡四足机器狗,有较强的通用性,可适应较复杂的地形。

2006年,杰弗里·辛顿以及他的学生鲁斯兰·萨拉赫丁诺夫正式提出了深度学习(Deep Learning)的概念,开启了深度学习在学术界和工业界的浪潮。2006年被称为深度学习元年,杰弗里·辛顿被称为深度学习之父。

2011年,IBM的Watson问答机器人参与Jeopardy!问答测验比赛,最终赢得了冠军。Waston是一个集自然语言处理、知识表示、自动推理及机器学习等技术实现的计算机问答(Q&A)系统。

2012年,谷歌正式发布谷歌知识图谱,它是谷歌的一个从多种信息来源汇集的知识库,通过Knowledge Graph在普通的字串搜索上叠一层相互之间的关系,协助使用者更快地找到所需的资料,同时让基于知识的搜索关联度更高,以提高谷歌搜索的质量。

2014年,聊天程序尤金·古斯特曼(Eugene Goostman)在英国皇家学会举行的2014图灵测试大会上首次"通过"了图灵测试。

2015年,谷歌开源TensorFlow框架。它是一个基于数据流编程(Dataflow Programming)的符号数学系统,被广泛应用于各类机器学习(Machine Learning)算法的编程实现,其前身是谷歌的神经网络算法库 DistBelief。

2016 年,谷歌提出联邦学习方法,它在多个持有本地数据样本的分散式边缘设备或服务器上训练算法,而不交换其数据样本。

2016 年,AlphaGo(一款围棋人工智能程序)与围棋世界冠军、职业九段棋手李世石进行围棋人机大战,以 4∶1 的总比分获胜。2017 年更新的 AlphaGo Zero,在此前版本的基础上结合了强化学习进行自我训练。它在下棋和游戏前完全不知道游戏规则,完全通过自己的试验和摸索,洞悉棋局和游戏的规则,形成自己的决策。随着自我博弈的增加,神经网络逐渐调整,提升下法胜率。更为厉害的是,随着训练的深入,AlphaGo Zero 还独立发现了游戏规则,并走出了新策略,为围棋这项古老游戏带来了新的见解。

2017 年,中国香港的汉森机器人技术公司(Hanson Robotics)开发的类人机器人索菲亚,是历史上首个获得公民身份的一台机器人。索菲亚看起来像人类女性,拥有橡胶皮肤,能够表现出超过 62 种自然的面部表情。其“大脑”中的算法能够理解语言、识别面部,并与人进行互动。

2017 年 7 月 5 日,百度首次发布人工智能开放平台的整体战略、技术和解决方案,这也是百度 AI 技术首次整体亮相。其中,对话式人工智能系统可让用户以自然语言对话的交互方式实现诸多功能;Apollo 自动驾驶技术平台可帮助汽车行业及自动驾驶领域的合作伙伴快速搭建一套属于自己的完整的自动驾驶系统,是全球领先的自动驾驶生态。

2019 年,IBM 公司宣布推出 Q System One,它是世界上第一个专为科学和商业用途设计的集成通用近似量子计算系统。

2020 年,OpenAI 开发的文字生成(text generation)人工智能 GPT-3,是具有 1750 亿个参数的自然语言深度学习模型,参数比以前的 GPT-2 版本高 100 倍,该模型经过了近 0.5 万亿个单词的预训练,可以在多个 NLP 任务(答题、翻译、写文章)基准上达到最先进的性能。

2020 年,谷歌旗下 DeepMind 公司的人工智能系统 AlphaFold2 有力地解决了蛋白质结构预测的里程碑式问题。它在国际蛋白质结构预测竞赛(CASP)上击败了其余的参会选手,精确地预测了蛋白质的三维结构,准确性可与冷冻电子显微镜(Cryo-EM)、核磁共振或 X 射线晶体学等实验技术相媲美。

2021 年,美国斯坦福大学的研究人员开发出一种用于打字的脑机接口(Brain Computer Interface,BCI),这套系统可以从运动皮层的神经活动中解码瘫痪患者想象中的手写动作,并利用递归神经网络(RNN)解码方法将这些手写动作实时转换为文本。

2022 年,阿里巴巴达摩院发布新型联邦学习框架 FederatedScope,该框架支持大规模、高效率的联邦学习异步训练,能兼容不同设备运行环境,且提供丰富的功能模块,大幅度降低了隐私保护计算技术的开发门槛与部署难度。该框架现已面向全球开发者开源。

2022 年 11 月,掌握聊天“神技”的 AI 对话模型 ChatGPT 横空出世,一夜爆红。ChatGPT 由 OpenAI 研发,在公开发布不到一周的时间,使用人数已经超过百万。与其他类似语言模型相比,ChatGPT 与人类的交流过程更像“人类”,它的基本技能不仅包括问答聊天、写文章、编程，甚至还能为一篇高深莫测的学术论文划重点，为人们制订假期计划、商业策划等，这也被看作普通用户第一次与强大 AI 的亲密接触。

2023 年 3 月，OpenAI 发布了正式版本的 GPT-4.0，实现了图像、文本、音频等的统一知识表示，推动了通用人工智能的发展。不久后，百度召开新闻发布会，主题围绕新一代大语言模型、生成式产品"文心一言"，这也是首个亮相的国产大模型。此后，讯飞星火大模型、阿里通义大模型、腾讯混元大模型、华为盘古大模型等陆续发布，2023 年 12 月谷歌发布大模型 Gemini 1.0。这些模型在不同的领域和应用中展现出卓越的性能和潜力，尤其是谷歌的 Gemini 1.0 模型的发布，将多模态理解和推理能力推向了一个新高度，预示着 AI 技术在理解和处理复杂信息方面的巨大进步。

目前，人工智能已经应用于医疗、金融、交通等多个领域，并且在未来还有很大的发展空间。

人工智能是一个充满希望和挑战的领域。从发展历程来看，人工智能经历了多次高潮和低谷，但是它的前景依然充满希望。从发展趋势来看，人工智能将会应用于更多的领域，算法将会进一步优化，人工智能将会与人类融合，同时也会带来很多影响。在未来，人们需要更加注重人工智能的可持续发展，研究更加智能和可靠的算法，使得人工智能可以更好地服务于人类。

2. 人工智能研究的主要学派

1）符号主义

符号主义（Symbolism）是一种基于逻辑推理的智能模拟方法，又称为逻辑主义（Logicism）、心理学派（Psychologism）或计算机学派（Computerism），其原理主要为物理符号系统假设和启发式搜索原理，长期以来，符号主义一直在人工智能中处于主导地位。

符号主义学派认为人工智能源于数学逻辑。数学逻辑从 19 世纪末就获得了迅速发展，到 20 世纪 30 年代开始用于描述智能行为。在计算机出现后，又在计算机上实现了逻辑演绎系统。该学派认为人类认知和思维的基本单元是符号，而认知过程就是在符号表示上的一种运算。符号主义致力于用计算机的符号操作来模拟人的认知过程，其实质就是模拟人的左脑抽象逻辑思维，通过研究人类认知系统的功能机理，用某种符号来描述人类的认知过程，并把这种符号输入能处理符号的计算机中，从而模拟人类的认知过程，实现人工智能。

2）连接主义

连接主义（Connectionism）又称为仿生学派（Bionicism）或生理学派（Physiologism），是一种基于神经网络及网络间的连接机制与学习算法的智能模拟方法。其原理主要为神经网络和神经网络间的连接机制和学习算法。这一学派认为人工智能源于仿生学，特别是人脑模型的研究。20 世纪 60—70 年代，连接主义对以感知机（Perceptron）为代表的脑模型的研究出现过热潮，由于受到当时的理论模型、生物原型和技术条件的限制，脑模型研究在 20 世纪 70 年代后期至 80 年代初期落入低潮。直到 Hopfield 教授在 1982 年和 1984 年发表两篇重要论文，提出用硬件模拟神经网络以后，活跃主义才又重新活跃。1986 年，鲁梅尔哈特（Rumelhart）等提出多层网络中的反向传播（BP）算法。此后又有卷积神经网络（CNN）的研究，连接主义势头大振，从模型到算法，从理论分析到工程实现，为神经网络计算机走向市场打下基础。

连接主义学派从神经生理学和认知科学的研究成果出发,把人的智能归结为人脑的高层活动的结果,强调智能活动是由大量简单的单元通过复杂的相互连接后并行运行的结果。其中,人工神经网络是其典型代表技术。

3) 行为主义

行为主义又称为进化主义(Evolutionism)或控制论学派(Cyberneticism),是一种基于感知-动作的行为智能模拟方法。

行为主义最早来源于20世纪初的一个心理学流派,认为行为是有机体用于适应环境变化的各种身体反应的组合,它的理论目标在于预见和控制行为。行为主义认为人工智能源于控制论。控制论思想早在20世纪40—50年代就成为时代思潮的重要部分,影响了早期的人工智能工作者。维纳(Wiener)和麦克洛克(McCulloch)等提出的控制论和自组织系统以及钱学森等提出的工程控制论和生物控制论影响了许多领域。控制论把神经系统的工作原理与信息理论、控制理论、逻辑以及计算机联系起来。早期的研究工作重点是模拟人在控制过程中的智能行为和作用,如对自寻优、自适应、自镇定、自组织和自学习等控制论系统的研究,并进行"控制论动物"的研制。到20世纪60—70年代,上述这些控制论系统的研究取得一定的进展,播下智能控制和智能机器人的种子,并在20世纪80年代诞生了智能控制和智能机器人系统。

行为主义在20世纪末才以人工智能新学派的面孔出现,引起许多人的兴趣。这一学派的代表作首推布鲁克斯(Brooks)的六足行走机器人,它被看作新一代的"控制论动物",是一个基于感知-动作模式模拟昆虫行为的控制系统。

在人工智能研究进程中,符号主义、连接主义和行为主义推动了人工智能的发展。从它们的发展历史来看,符号主义认为认知过程本质上是一种符号处理过程,人类思维过程通常可以用某种符号描述,其研究以静态、顺序、串行的数字计算模型来处理智能,寻求知识的符号表征和计算,它的特点是自上而下;连接主义则是模拟发生在人类神经系统中的认知过程,提供一种完全不同于符号处理模型的认知神经研究范式,主张认知是相互连接的神经元的相互作用;行为主义与前两者均不相同,认为智能是系统与环境的交互行为,是对外界复杂环境的一种适应。这些理论与范式在实践中都形成了自己特有的问题解决方法体系,并在不同时期有成功的实践范例。就解决问题而言,符号主义有从定理机器证明、归结方法到非单调推理理论等一系列成就;连接主义有归纳学习;行为主义有反馈控制模式及广义遗传算法等解题方法。它们在人工智能的发展中始终保持着一种经验积累及实践选择的证伪状态。

1.1.2 生成式AI

1. 生成式AI概述

生成式人工智能(Generative Artificial Intelligence,GAI,简称生成式AI)是一种能够根据输入数据生成新的、原创的数据的技术。与传统的监督学习不同,生成式AI不仅能够预测或分类已知数据,还能创造出全新的内容,如文本、图像、音频、视频等。生成式AI在多个领域都有广泛的应用,包括自然语言处理、计算机视觉、音乐创作等。

本书主要讲解生成式 AI 的各种应用,即 AIGC。AIGC(AI-Generated Content,人工智能生成内容)指运用人工智能技术,尤其是深度学习技术,创建各类数字内容的新型内容创作模式。随着自然语言生成技术(NLG)和 AI 模型的不断成熟,AIGC 逐渐受到人们的关注,目前已经可以自动生成图片、文字、音频、视频、3D 模型和代码等。在传统的内容生产方式中,创作者通常利用人类的知识、经验和判断来创作内容。在 AIGC 领域,人工智能可以更快速地了解数据的内容,并且能够通过数据不断优化自己的算法和模型,从而创造出更多优秀的内容。目前,AIGC 在数字媒体、广告、娱乐、教育等多个领域展现出广泛应用的潜力,同时也引发了对于创意版权、内容真实性及伦理问题的讨论。

2. AIGC 的特点

AIGC 的特点主要体现在以下几个方面。

1)多样性和丰富性

AIGC 能够跨越多个领域和内容类型,生成多样化的内容。无论是文字、图像、音频,还是视频,AIGC 都能以高质量和高效率的方式生成,为用户提供丰富的选择。

2)自然性和真实性

通过深度学习和自然语言处理等技术,AIGC 生成的内容往往具有自然性和真实性。例如,AI 可以分析电影的镜头和情节,自动生成吸引人的预告片,突出最激动人心的瞬间。又例如,AI 可以帮助建筑师快速生成概念设计方案,包括建筑外观、内部布局和结构细节,加速设计流程。再例如,AI 可以创作新的旋律、和弦进程和编曲,甚至能生成特定流派的音乐,比如巴洛克音乐或现代流行歌曲。

3)与用户的交互性

AIGC 可以利用自然语言处理和计算机视觉等技术,实现与用户的自然交流和反馈。这意味着 AIGC 可以根据用户的输入和反馈动态地调整内容生成的方式,以满足用户的个性化需求。这种交互性不仅增强了用户体验,还使得 AIGC 能够不断学习和优化自身的生成能力。

4)动态性和适应性

AIGC 可以根据用户的喜好和行为动态地调整内容生成的方式。例如,如果用户喜欢某种类型的音乐或视频风格,AIGC 可能会在未来的内容生成中更多地采用这种风格。这种动态性和适应性使得 AIGC 能够更好地满足用户的个性化需求,提高用户的体验和忠诚度。

5)迭代

AIGC 可以利用大数据和云计算等技术,快速地处理海量的信息,并生成高质量的内容。这样可以满足海量用户的内容需求,提高用户的满意度和留存率。同时,AIGC 可以利用机器学习和深度学习等技术,不断地更新和改进内容生成的模型与算法,并根据用户反馈进行优化。这样可以保证内容生成的质量和效果,提高内容生成的可靠性和稳定性。

1.1.3　AIGC 核心技术

1. 卷积神经网络

卷积神经网络(Convolutional Neural Network,CNN)的提出是为了降低对图像数据预处理的要求,以避免烦琐的特征工程。CNN 由输入层、输出层以及多个隐藏层组成,隐藏层可分为卷积层、池化层、ReLU 层和全连接层,其中卷积层与池化层可组成多个卷积组,逐层提取特征。

卷积神经网络是多层感知机的一种变体,参考生物视觉神经系统中神经元的局部响应特性设计,采用局部连接和权值共享的方式降低模型的复杂度,极大地减少了训练参数的数量,提高了训练速度,也在一定程度上提高了模型的泛化能力。关于 CNN 的研究是目前多种神经网络模型研究中最为活跃的一种。一个典型的 CNN 主要由卷积层(Convolutional Layer)、池化层(Pooling Layer)、全连接层(Fully-Connected Layer)构成,卷积神经网络的结构如图 1-1 所示。

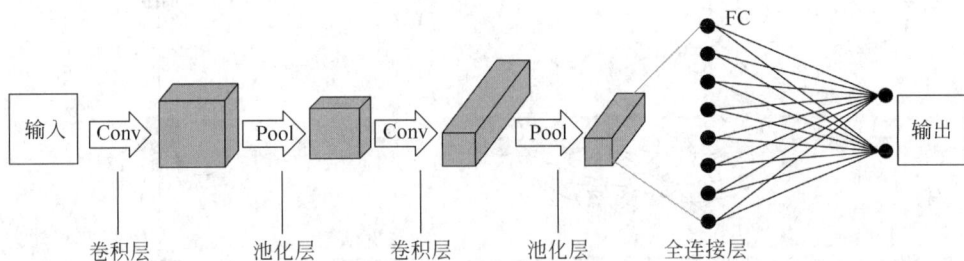

图 1-1 卷积神经网络的结构

卷积神经网络的特点是在单个图像上应用多个滤波器,每个滤波器都会被设计为捕捉图像中不同的特征或模式。卷积神经网络通过应用不同的滤波器在图像上滑动(或卷积),在局部区域内提取特征,进而在整个图像上构建一个完整的特征映射。每个滤波器与图像的卷积操作会产生一个特征图,该特征图可视化了图像中相应特征的空间分布,也就是显示每个特征出现的地方。通过学习特征空间的不同部分,卷积神经网络实现了轻松扩展和健壮的特征工程。

卷积神经网络可以输出输入的图像特征,实现过程如图 1-2 所示。

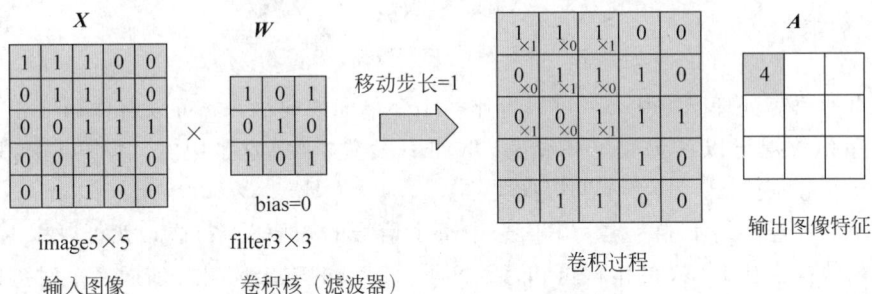

图 1-2 卷积神经网络的实现过程

卷积神经网络是目前深度学习技术领域中非常具有代表性的神经网络之一,在图像分析和处理领域取得了众多突破性的进展。目前在学术领域,基于卷积神经网络的研究取得了很多成果,包括图像特征提取分类、场景识别等。

2. 循环神经网络

循环神经网络(Recurrent Neural Network,RNN)是深度学习中一类特殊的内部存在自连接的神经网络,可以学习复杂的向量到向量的映射。杰夫·埃尔曼(Jeff Elman)于 1990 年提出的循环神经网络框架被称为简单循环网络(Simple Recurrent Network, SRN),它是目前广泛流行的循环神经网络的基础版本,之后不断出现的更加复杂的结构均可认为是其变体或者扩展。目前循环神经网络已经被广泛用于各种与时间序列相关的工作任务中。

如图 1-3 所示为循环神经网络的结构。循环神经网络的层级结构比 CNN 简单,它主要由输入层、隐藏层和输出层组成。隐藏层用一个箭头表示数据的循环更新,这就是实现时间记忆功能的方法,即闭合回路连接。

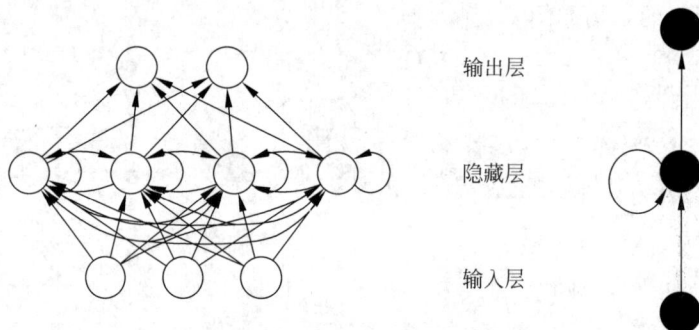

输出层

隐藏层

输入层

图 1-3　循环神经网络的结构

闭合回路连接是循环神经网络的核心部分。循环神经网络对序列中的每个元素都执行相同的任务,其输出依赖于之前的计算结果,因此循环神经网络具有记忆功能,这种记忆功能使得循环神经网络可以捕获已经计算过的信息,对于处理序列数据非常有效。循环神经网络在语音识别、自然语言处理等领域有着重要的应用。在实际应用中,人们会遇到很多序列数据,序列数据是按照一定顺序排列的数据集合,如图 1-4 所示。

图 1-4　序列数据

在自然语言处理问题中,x_1 可以看作第 1 个单词的向量,x_2 可以看作第 2 个单词的向量。序列数据可以认为是一串信号,例如一段文本"您吃了吗?",其中 x_1 可以表示"您",x_2 表示"吃",x_3 表示"了",以此类推。

简单的神经网络不能考虑一串信号中每个信号的顺序关系,这时就可以用 RNN 来处理序列数据。从 RNN 的结构可知,RNN 下一时刻的输出值是由前面多个时刻的输入值共同决定的。假设有一个输入"我会说普通",那么应该通过"会""说""普通"这几个前序输入来预测下一个词最有可能是什么,通过分析预测"话"的概率比较大。

目前,循环神经网络在自然语言处理、语音识别、时间序列分析等领域有广泛应用,以下是一些常见的应用场景。

1) 语言模型

RNN 可以用于训练语言模型,预测给定文本序列中下一个单词或字符的概率分布,从而实现自然语言处理任务,如机器翻译、文本生成、语音识别等。

2) 时序数据分析

RNN可以用于时序数据的分析和预测,如股票价格预测、天气预测、信用评级等。

3) 机器人控制

RNN可以用于机器人控制,通过处理机器人的传感器数据和控制信号实现对机器人的控制和决策。

4) 音乐生成

RNN可以用于音乐生成,通过学习音乐序列的规律和特征生成新的音乐作品。

5) 问答系统

RNN可以用于问答系统,通过对问题和回答进行序列建模,实现问答系统的自动回答。

3. 生成对抗网络

生成对抗网络(Generative Adversarial Network,GAN)是一种深度神经网络架构,由一个生成网络和一个判别网络组成。生成网络产生假数据,并试图欺骗判别网络;判别网络对生成的数据进行真伪鉴别,试图正确地识别所有假数据。在训练迭代的过程中,两个网络持续地进化和对抗,直到达到平衡状态,当判别网络无法再识别假数据时训练结束。

生成对抗网络模型如图1-5所示,该模型主要包含一个生成模型和一个判别模型。生成对抗网络主要解决如何从训练样本中学习新样本,其中判别模型用于判断输入样本是真实数据还是训练生成的假数据。

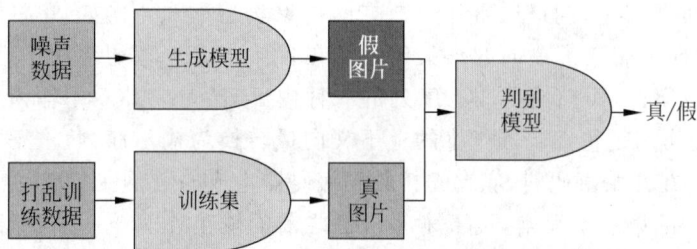

图1-5 生成对抗网络模型

生成对抗网络的生成模型和判别模型的网络结构有多种选择,但一般都基于卷积神经网络或反卷积神经网络(Deconvolutional Neural Network,DeCNN)来构建。

图1-6显示了生成对抗网络的应用实例,用于图像生成与转换。

4. Encoder-Decoder 架构

Encoder-Decoder架构是一种深度学习模型结构,广泛应用于自然语言处理(NLP)、图像处理、语音识别等领域。它主要由两部分组成,分别为编码器(Encoder)和解码器

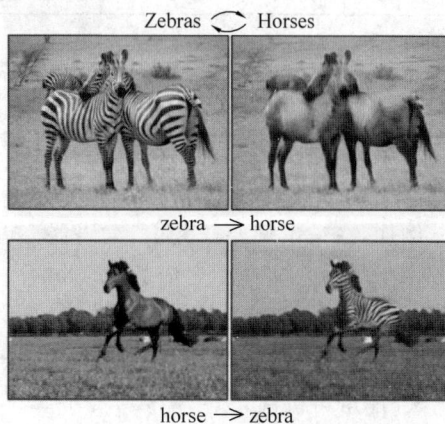

图1-6 生成对抗网络的应用实例

（Decoder）。如图 1-7 所示，这种结构能够处理序列到序列（Seq2Seq）的任务，如机器翻译、文本摘要、对话系统、声音转化等。与自编码器不同，Encoder-Decoder 架构通常在监督学习设置中使用，该架构专注于将输入序列转换成不同的输出序列，处理的是序列到序列的转换问题。

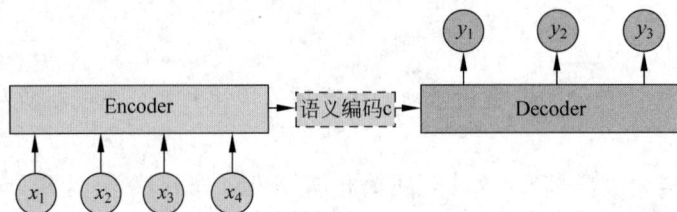

图 1-7　Encoder-Decoder 架构

Encoder：编码器，对于输入的序列$<x_1,x_2,x_3,\cdots>$进行编码，使其转换为一个语义编码 c，这个 c 中就存储了序列$<x_1,x_2,x_3,\cdots>$的信息。

Decoder：解码器，根据输入的语义编码 c，然后将其解码成序列数据。

文本处理领域的 Encoder-Decoder 框架，可以看作适合处理由一个句子（或篇章）生成另外一个句子（或篇章）的通用处理模型。对于句子对（Source，Target），人们的目标是给定输入句子 Source，期待通过 Encoder-Decoder 架构来生成目标句子 Target。在这里 Source 和 Target 可以是同一种语言，也可以是两种不同的语言。

Encoder 的作用是接收输入序列，并将其转换成固定长度的上下文向量（context vector）。在深度学习中，向量通常作为数据的抽象表达形式。例如，单词可以被表示为一个向量，这个向量捕获了单词的语义信息。在自然语言处理的应用中，输入序列通常是一系列词语或字符，而向量是输入序列的一种内部表示，它捕获了输入信息的关键特征。Decoder 的作用是将编码器产生的上下文向量转换为输出序列，上下文向量的特点如表 1-1 所示。在开始解码时，它首先接收到编码器生成的上下文向量，然后基于这个向量生成输出序列的第一个元素，接下来将自己之前的输出作为下一步的输入，逐步生成整个输出序列。

表 1-1　上下文向量的特点

特　点	描　述
上下文融合	融合输入序列中所有单词的信息，提供对整个序列的全面理解
动态关注	动态关注输入序列中与当前任务最相关的部分
层次化表示	在多层模型中，每一层都生成一个上下文向量，这些向量捕获了不同层次的上下文信息

例如，在文本摘要任务中，编码器将输入文本编码成一个向量，解码器根据这个向量生成一个与输入文本相对应的摘要句子。当人们翻译一个句子时，假如 Source 为机器学习，那么 Target 为 machine learning。当 Decoder 要生成"machine"的时候，应该更关注"机器"，而在生成"learning"的时候，应该给予"学习"更大的权重。

5. 注意力机制

注意力机制（Attention Mechanism）是一种深度学习中常用的技术，它允许模型在处理输入数据时集中"注意力"于相关的部分。这种机制通过模仿人类视觉和认知系统的关注方式,帮助神经网络选择性地关注并自动学习输入的重要信息,以提高模型的性能和泛化能力。

1)注意力机制的原理

具体来说,注意力机制就是将人的集中注意的行为应用在机器上,让机器学会去感知数据中重要的部分。例如,当人们观察一张图片时,通常会优先注意到图片中的主体,比如小猫的面部以及小猫吐出的舌头,然后才会把注意力转移到图片的其他部分。同样,当机器学习模型需要完成某个任务,如图像识别或机器翻译时,注意力机制会使模型集中在输入中需要注意的部分,例如动物的面部特征,包括耳朵、眼睛、鼻子、嘴巴等重要信息。因此,注意力机制的核心目的在于使机器能在很多的信息中注意到对当前任务来说更关键的信息,而对其他的非关键信息不需要过于关注。

2)注意力机制的类型

(1)Soft Attention。Soft Attention 首先计算输入序列中每个元素的权重,然后根据这些权重对输入进行加权平均。权重通常由一个单独的神经网络模型(注意力模型)计算,该模型根据当前状态和输入序列确定每个位置的注意力权重。

(2)Hard Attention。Hard Attention 是一种离散的注意力机制,它在输入序列中选择一个或几个特定的位置作为关注点。与 Soft Attention 不同,Hard Attention 的选取是非连续的,这使得训练过程中的梯度计算变得更加复杂。

(3)Self-Attention。Self-Attention 机制允许模型中的每个位置直接访问序列中的所有位置,而不仅是相邻的元素。在 Transformer 模型中,Self-Attention 通过查询(Query)、键(Key)和值(Value)三者之间的点积运算来实现,极大地提高了模型在长序列上的处理能力和效率。

值得注意的是,在注意力机制中又包含了自注意力机制、交叉注意力机制等,而自注意力机制是大语言模型的核心组成部分。自注意力机制指的不是输入语句和输出语句之间的注意力机制(不同输入),而是在输入语句的内部元素之间发生(同一输入),即在同一个句子内部实现注意力机制。表 1-2 显示了自注意力机制与交叉注意力机制的区别。

表 1-2 自注意力机制与交叉注意力机制的区别

名　称	描　述
自注意力机制	计算输入序列中每个元素之间的关系
交叉注意力机制	计算两个不同序列中元素之间的关系

3)注意力机制的应用

注意力机制在多个领域都有广泛应用,尤其在深度学习和机器学习模型中,它能够显著地提升模型的性能和可解释性。

在机器翻译中,注意力机制使模型能够关注源语言句子中的不同单词,而不是简单地基于位置进行对齐。这在处理长距离依赖关系时尤其有用,例如当翻译一个长句子时,模型可以准确地知道哪些单词应该对应。

在图像分类或目标检测任务中,注意力机制可以帮助模型聚焦于图像的关键区域,而不是背景或其他不相关信息。

在语音识别中，注意力机制能够帮助模型区分有用的语音特征和噪声，这对于提高嘈杂环境下的识别精度至关重要。

在推荐系统中，注意力机制可以用来捕捉用户偏好中的重要模式，从而提供更个性化的推荐。

在蛋白质结构预测、基因序列分析等任务中，注意力机制有助于聚焦决定性特征，提高预测的准确性。

6. 扩散模型

扩散模型(Diffusion Model,DM)是一种深度学习模型，它专门针对生成任务而设计，尤其是在图像、音频和视频等复杂数据集的生成上表现突出。这类模型的基本原理是在数据上引入并移除噪声，以学习数据的潜在分布。

1) 扩散模型概述

扩散模型是一种生成模型，主要用于图像生成。扩散模型的核心思想是通过一个可逆的噪声添加过程将复杂的图像数据逐渐转化为高斯白噪声，然后通过反向过程逐步去除噪声并重建图像。扩散模型的算法理论基础是通过变分推断训练参数化马尔可夫链(随机过程理论中的一个重要模型)，它在许多任务上展现了超过生成对抗网络等其他生成模型的效果。

扩散模型中最重要的思想根基是马尔可夫链，它的一个关键性质是平稳性。即如果一个概率随时间变化，那么在马尔可夫链的作用下它会趋于某种平稳分布，时间越长，分布越平稳。如图 1-8 所示，当人们向一杯水中滴入一滴颜料时，无论滴在什么位置，只要时间足够长，最终颜料都会均匀地分布在水溶液中，这也是扩散模型的前向过程。如果能够在扩散的过程中记录颜料分子的位置、移动速度、方向等移动属性，那么也可以根据前向过程保存的移动属性从一杯被溶解了颜料的水中反推颜料的滴入位置，这便是扩散模型的逆向过程。记录移动属性的快照便是要训练的模型。

在图 1-8 中，Dye Molecules 代表颜料，Water Molecules 代表水分子，Equilibrium 代表颜料颗粒在水中达到一种动态平衡状态。

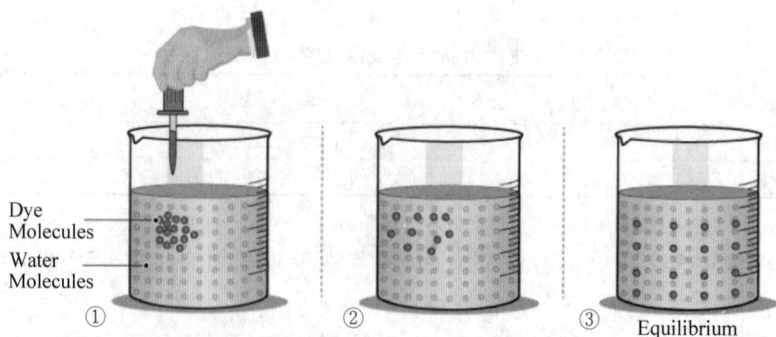

图 1-8　颜料分子在水溶液中的扩散过程

扩散模型因其生成高质量和多样化样本的能力而广受赞誉，尽管它在计算方面存在缺陷，即在采样过程中由于涉及的步骤数量多而导致速度较慢。这些模型在图像生成、超分辨率、修复、编辑、翻译等领域都有应用,并在不断推动深度生成建模的边界。

2)扩散模型的工作流程

扩散模型的工作流程可以分为前向扩散过程和反向生成过程。

(1)前向扩散过程。在这一阶段,模型将干净的数据(例如一张清晰的图像)逐渐加入随机噪声,直到数据变得不可识别。这一过程通常由一系列扩散步骤组成,在每一步中数据都会被轻微地"破坏",直到最后只留下随机噪声。这实际上是一个概率分布的转换过程,从初始的数据分布逐渐变为高斯白噪声分布。

假设有一张清晰的猫的图片,在前向扩散过程中将这张图片逐渐"破坏"成噪声,具体步骤如下。

初始化:从原始的清晰图像开始。

添加噪声:在每一步中向图像添加一定量的高斯噪声,同时保留一部分原始图像的信息。每一步的噪声量逐渐增加,可以想象为图像的清晰度逐渐降低。

重复:重复上述步骤,直到图像完全被噪声覆盖,变得不可识别。

在这个过程中,每一步都可以看作图像中像素值的轻微变化,而这些变化是由一个预定义的噪声分布(通常是高斯分布)决定的。整个过程可以被视为一个马尔可夫链,其中每个状态仅依赖于前一个状态。

(2)反向生成过程。这是模型的主要工作部分,模型学习如何从噪声中逐渐恢复出原始数据。在每一个反向步骤中,模型会预测并尝试去除上一步加入的噪声,逐步还原数据。这一过程可以看作从噪声分布逐步恢复到初始数据分布的过程。在实际操作中,这通常涉及一个神经网络,该网络学习如何估计每一步的噪声,并将其从当前数据状态中减去。

一旦图像变成了完全的噪声,扩散模型就开始执行反向生成过程,试图从噪声中恢复出原始图像,具体步骤如下。

初始化:从完全的噪声图像开始。

去除噪声:在每一步中,模型预测并去除部分噪声,使图像稍微清晰一点。这一步骤涉及一个经过训练的神经网络,它可以预测在当前噪声水平下哪些像素值最可能是由噪声引起的。

重复:重复上述步骤,逐渐提高图像的清晰度,直到恢复出原始图像。

在每一步中,模型会预测当前噪声图像中的噪声分量,并尝试从中恢复出无噪声的图像。这通常需要对大量图像进行训练,以便模型能够学会如何区分噪声和真实的图像特征。

值得注意的是,为了训练扩散模型,人们需要大量的图像数据集。在训练期间,模型的目标是最小化预测去噪图像与实际图像之间的差异。这通常通过计算损失函数(如均方误差或交叉熵)来实现,并使用梯度下降等优化方法来更新模型参数,以减少损失。

扩散模型的一个关键特性是能够产生高质量的样本,同时具有良好的多样性。这是因为扩散模型不仅学习了数据的平均特征,还学会了数据的复杂结构和变化性,使得生成的样本既真实又具有创新性。

3)扩散模型的应用

扩散模型是生成高质量图像和视频的强大工具,并且在人工智能领域中具有广泛的应用潜力。扩散模型在生成高质量样本方面的能力使其在图像合成、视频生成以及与自然语言处理结合的多模态任务中表现出色。以下是扩散模型在人工智能中的一些主要应用。

（1）高质量视频生成。扩散模型可以用于生成高质量的视频内容。这些模型通过在给定的视频帧之间插入额外的帧来增加视频的帧率，从而提高视频的流畅性和连续性。例如，Make-A-Video 和 Imagen Video 等模型能够生成逼真的视频，它们利用扩散模型来学习和模拟视频中的动态变化。

值得关注的是，在音频生成方面，扩散模型可以用于创造新的音乐片段、合成语音，或者进行声音效果的设计。例如，MusicMagus 模型能够根据文本描述编辑音乐片段，而基于扩散模型的文本到音频生成方法则可以将文字转化为高质量的音频内容。这些技术对于音乐制作、电影配乐、游戏音效等行业来说是非常有价值的。

（2）文本到图像生成。扩散模型也被广泛应用于文本到图像的生成任务中。这些模型根据用户提供的文本提示生成相应的图像。例如，GLIDE 和 DALL-E 等模型能够根据文本描述生成高质量的图像。这些模型通常结合了深度学习和自然语言处理技术，以实现对文本的深入理解和图像的精确生成。

（3）其他应用。扩散模型还被用于其他多种生成任务，如图像超分辨率、图像修复、图像风格转换等。这些应用展示了扩散模型在处理图像数据时的灵活性和强大能力。例如，扩散模型可以用来提升低分辨率图像的质量，将其转换为高分辨率版本，这对于老照片修复、高清显示等领域极为重要。

扩散模型作为一种新兴的生成模型，其研究和应用仍在快速发展之中。随着技术的不断进步，研究的不断深入，扩散模型将在更多领域得到应用，包括音频和音乐生成、3D模型创建等。

图 1-9 为使用扩散模型生成的图像，该图像展现了一幅宁静的山水风光。

图 1-9　AI 生成的图像

图 1-10 为使用扩散模型生成的高质量的视频截屏,该视频的主题为小树苗生长在大地上,并使用画家梵高的画作风格来实现。

图 1-10　AI 生成的视频截屏

7. Transformer 架构

当前主流的大语言模型都是基于 Transformer 架构进行设计的,其核心是自注意力机制(Self-attention Mechanism)。Transformer 架构的主要思想是通过自注意力机制获取输入序列的全局信息,并将这些信息通过网络层进行传递。

标准的 Transformer 架构如图 1-11 所示,由编码器和解码器两部分构成,这两部分实际上可以独立使用,例如基于编码器架构的 BERT 模型和基于解码器架构的 GPT 模型。与 BERT 等早期的预训练语言模型相比,大语言模型的特点是使用了更长的向量维度、更深的层数,进而包含了更大规模的模型参数,并主要使用解码器架构,对于 Transformer 本身的结构与配置改变并不大。

多头注意力是 Transformer 模型的核心创新技术。与循环神经网络(Recurrent Neural Network,RNN)和卷积神经网络(Convolutional Neural Network,CNN)等传统神经网络相比,多头注意力机制能够直接对任意距离词元间的交互关系进行建模。作为对比,循环神经网络迭代地利用前一个时刻的状态更新当前时刻的状态,因此在处理较长序列的时候经常会出现梯度爆炸或者梯度消失的问题。在卷积神经网络中,只有位于同一个卷积核的窗口中的词元可以直接进行交互,通过堆叠层数来实现远距离词元间信息的交换。

多头注意力机制通常由多个自注意力模块组成。在每个自注意力模块中,先将输入的词元序列分别映射为相应的查询(Query,Q)矩阵、键(Key,K)矩阵和值(Value,V)矩阵。然后,针对每个查询矩阵,计算它和所有没有被掩盖的键矩阵的点积。这些点积值

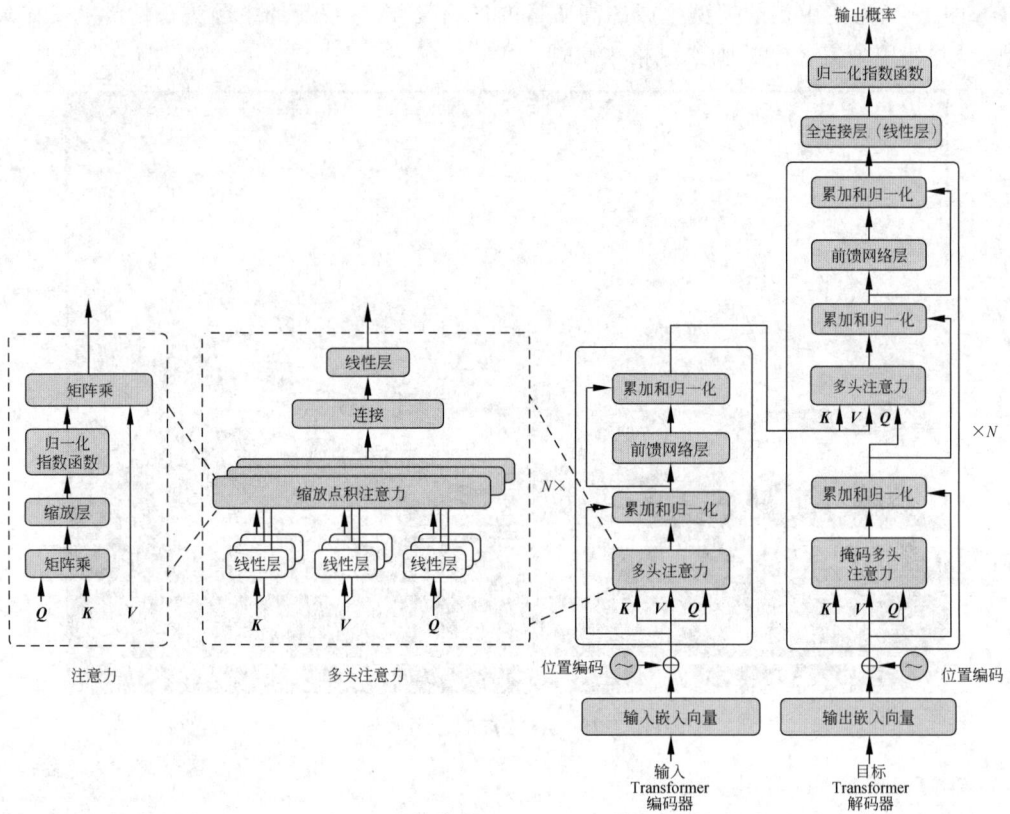

图 1-11　标准的 Transformer 架构

进一步除以 $\sqrt{D}$ 进行缩放（D 是键对应的向量维度），被传入 softmax 函数中用于权重的计算。这些权重将作用于和键相关联的值，通过加权和的形式计算，得到最终的输出。在数学上，上述过程可以表示为：

$$Q = XW^Q$$

$$K = XW^K$$

$$V = XW^V$$

$$\text{Attention}(Q, K, V) = \text{softmax}\left(\frac{QK^{\mathrm{T}}}{\sqrt{D}}\right)V$$

与单头注意力相比，多头注意力使用了 $\boldsymbol{H}$ 组结构相同但映射参数不同的自注意力模块。输入序列首先通过不同的权重矩阵被映射为一组查询、键和值。每组查询、键和值的映射构成一个"头"，并独立地计算自注意力的输出。最后，不同头的输出被拼接在一起，并通过一个权重矩阵 $W^O \in R^{H \times H}$ 进行映射，产生最终的输出。如下面的公式所示：

$$\text{MHA} = \text{Concat}(\text{head}_1, \text{head}_2, \cdots, \text{head}_{\boldsymbol{N}})W^O$$

$$\text{head}_n = \text{Attention}(XW_n^Q, XW_n^K, XW_n^V)$$

由上述内容可知，自注意力机制能够直接建模序列中任意两个位置之间的关系，进而有效地捕获长程依赖关系，具有更强的序列建模能力。另外，自注意力的计算过程对基于硬件的并行优化(如 GPU、TPU 等)非常友好,因此能够支持大规模参数的高效优化。

目前,基于 Transformer 的著名模型主要有 BERT、GPT、T5 以及 RoBERTa。

BERT (Bidirectional Encoder Representations from Transformers):谷歌开发的一种深度学习模型,其核心思想是在训练阶段对输入文本进行双向编码,这意味着模型可以同时从左到右和从右到左读取上下文,从而更好地理解词语在句子中的意义。BERT 在大规模语料上进行无监督预训练,然后可以通过微调来适应特定的 NLP 任务。

GPT(Generative Pretrained Transformer):由 OpenAI 开发,专注于单向的 Transformer 解码器,特别擅长文本生成。

T5(Text-to-Text Transfer Transformer):谷歌发布的模型,该模型的主要特点是将所有的自然语言处理任务都转换为文本到文本的形式,这意味着无论是文本分类、问答系统、语义解析还是机器翻译等任务,都可以被看作从一段文本转换成另一段文本的问题。

1.2 生成式 AI 工具

1.2.1 生成式 AI 工具概述

生成式 AI 工具在各个领域都有广泛的应用,从文本生成、图像生成到音频生成和视频生成,这些工具不仅提高了内容创作的效率,还为创新和个性化提供了无限可能。

本书使用的主要生成式 AI 工具见表 1-3。

表 1-3 本书使用的主要生成式 AI 工具

序号	具体名称	描述
1	文心一言	介绍文心一言的功能与特点
2	讯飞星火	介绍讯飞星火的功能与特点
3	通义千问	介绍通义千问的功能与特点
4	Bard	介绍 Bard 的功能与特点
5	ChatGPT 系列产品	介绍 ChatGPT 系列产品的功能与特点
6	Midjourney	介绍 Midjourney 的功能与特点
7	DeepSeek	介绍 DeepSeek 的功能与特点

1.2.2 文心一言

百度文心一言是百度基于其强大的飞桨深度学习平台和文心知识增强大模型技术推出的生成式对话产品。它是百度在人工智能领域的重要战略布局之一,也是百度在人工智能领域持续创新、深耕多年的重要成果之一。

文心一言具备跨模态、跨语言的深度语义理解与生成能力,能够与人对话互动,回答问题,协助创作,高效、便捷地帮助人们获取信息、知识和灵感。百度文心一言以《文心雕龙》为灵感,为广大写作者提供了便捷、高效的写作体验。该款应用运用自然语言处理技术,整合海量的文学、历史、诗词等资源,能够为用户提供更加丰富、精准的词汇参考和句式建议,从而帮助用户更好地表达自己的想法和情感。作为一款智能写作辅助工具,百度文心一言具备多种实用功能。它可以根据用户的输入智能推荐合适的词汇、句子和段落,帮助用户快速地构建文章的框架和内容。同时,它还可以对用户的写作进行智能分析和评估,提供针对性的改进建议,帮助用户提升写作水平。

文心一言的名称来源于中国古代文学理论名著《文心雕龙》,这本书是中国文学史上重要的文学理论批评著作,对文学创作的规律和技巧进行了深入探讨。百度文心一言取名于此,不仅代表了其对文学创作的敬畏和追求,也展现了其对智能写作技术的深入研究和应用。

图 1-12 显示了文心一言的网页。

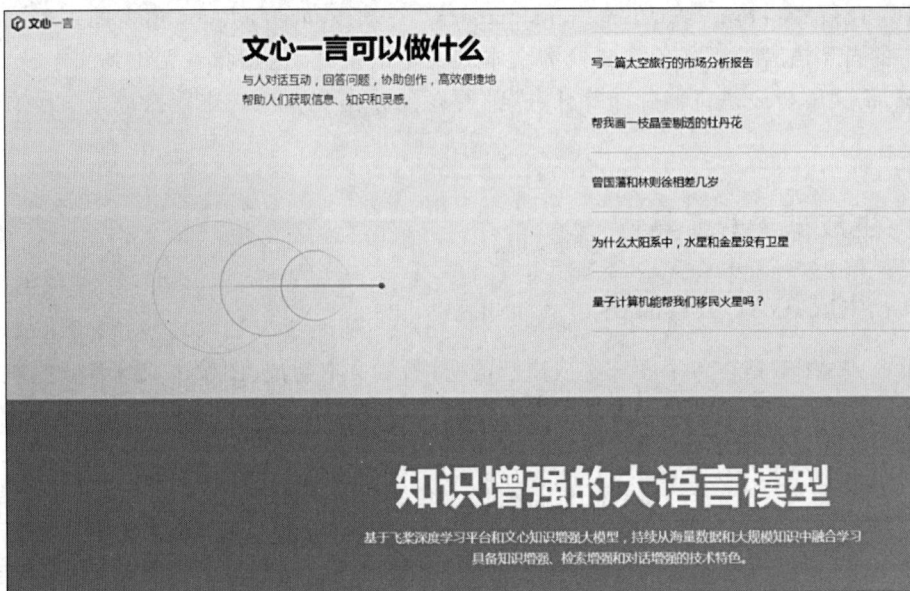

图 1-12　文心一言

1.2.3　讯飞星火

讯飞星火认知大模型是科大讯飞于 2023 年 5 月 6 日发布的语言大模型,提供了基于自然语言处理的多元能力,支持多种自然语言处理任务。2023 年 10 月,科大讯飞发布了讯飞星火认知大模型 V3.0,该版本的语言大模型在中文能力客观评测上已经超越了 ChatGPT,并且在医疗、法律、教育等专业上的表现也格外突出。

作为生成式 AI 工具,讯飞星火已成功应用于内容创作,并在国内主流应用商城上架。讯飞星火利用先进的人工智能技术帮助用户生成高质量的文章、文案和报道,无论是新闻稿件、宣传文案,还是会议记录、工作计划,讯飞星火都能够满足用户的需求。通过输入相关信息,讯飞星火可以快速地生成文章的大纲和关键词,并自动补充文章的内容,让内容创作更加轻松、高效,这使得优秀的作家和媒体从业者能够更加专注于思考和创新,提高内容的生产效率。

图 1-13 显示了讯飞星火认知大模型界面。

图 1-13　讯飞星火认知大模型界面

1.2.4　通义千问

通义千问是阿里云推出的大模型产品,这是阿里云大模型系列中的最新成员,能够进行多轮交互,同时融入了多模态的知识理解——既可以做多轮对话,也能做文生图等跨文字、图像等方面的应用,并能够和外部 API 进行互联。

通义千问这个名字来源于两个方面,"通义"意味着该模型具有广泛的知识和普适性,可以理解和回答各种领域的问题。作为一个大型预训练语言模型,通义千问在训练过程中学习了大量的文本数据,从而具备了跨领域的知识和语言理解能力。"千问"代表了模型可以回答各种问题,包括常见的、复杂的甚至是少见的问题。它表达了通义千问致力于满足用户在不同场景下的需求,无论问题多么复杂或者独特。综合起来,通义千问这个名字表达了这款人工智能语言模型的强大功能和广泛适用性。

通义千问能够以自然语言方式响应人类的各种指令,拥有强大的能力,如回答问题、创作文字、编写代码、提供各类语言的翻译服务、文本润色、文本摘要以及角色扮演对话等。借助于阿里云丰富的算力资源和平台服务,通义千问能够实现快速迭代和创新功能。此外,阿里巴巴完善的产品体系以及广泛的应用场景使得通义千问更具可落地性和市场可接受程度。

在现阶段,该模型主要定向邀请企业用户进行体验测试,用户可通过官网申请,符合条件的用户可参与体验。

图 1-14 显示了通义千问官网界面。图 1-15 为通义万相(一款由阿里云通义推出的 AI 创意绘画与多场景艺术生成平台)生成的视频,内容是两个宇航员在月球的表面漫步,背景是宇宙。

图 1-14　通义千问官网界面

图 1-15　通义万相生成的视频

1.2.5　智谱清言

智谱清言是由北京智谱华章科技有限公司推出的一款生成式 AI 助手，于 2023 年 8 月 31 日正式上线。这款助手基于智谱 AI 自主研发的中英双语对话模型 ChatGLM2，该模型经过了万亿字符的文本与代码预训练，并采用了有监督微调技术，以通用对话的形式为用户提供智能化服务。

智谱清言的核心技术之一是语音识别，它能将语音信号转换为文本数据，以便进行后续的分析和处理。此外，它还利用自然语言处理技术理解和解析用户输入内容的语义和意图,从而提供相关的回应或执行相应的操作。

智谱清言的主要功能包括通用问答、多轮对话、创意写作、代码生成等。它能够回答用户的各类问题,涵盖多个领域,提供实时、准确的信息和解决方案。同时,它还能进行自然、流畅的多轮对话,提供高效的沟通体验,并根据用户需求扮演不同角色,如历史名人、专业人士等,增强互动性和用户体验。此外,智谱清言还能为用户的创作需求提供头脑风暴灵感、内容框架以及高质量的文案,提升写作效率和质量。它还支持多种编程语言,能够帮助用户解释代码、解答编程问题或提供编程建议。

图 1-16 为智谱清言使用界面。

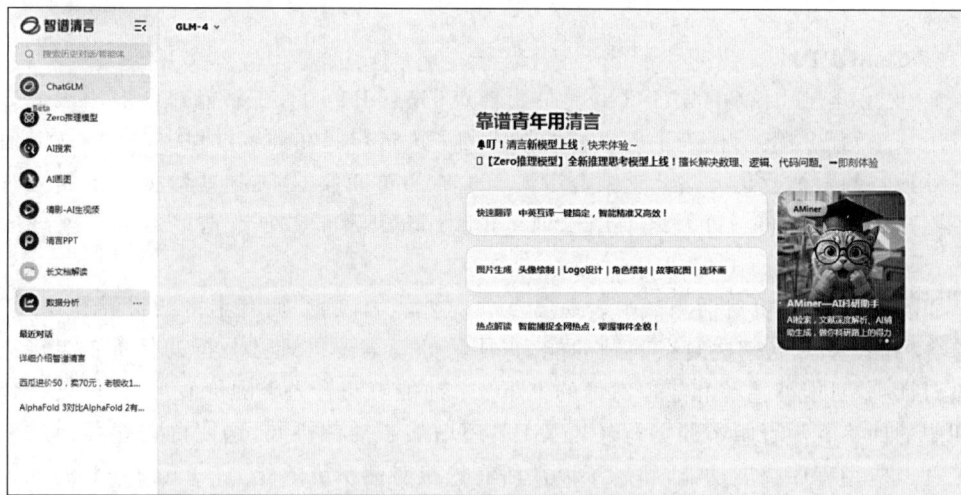

图 1-16 智谱清言使用界面

1.2.6 Bard

Bard 是谷歌开发的一款对话式 AI 模型,旨在与用户进行自然、流畅的交互,并提供高质量的信息和帮助。Bard 的开发,部分原因是受到了来自 OpenAI 的 ChatGPT 的竞争压力,后者凭借在对话和文本生成方面的能力迅速获得了人们的广泛关注。

谷歌的 Bard 基于 LaMDA(Language Model for Dialogue Applications)构建,并于 2023 年 2 月 6 日正式发布。LaMDA 经过大量互联网文本的训练,能够理解和生成自然语言,这使得它在对话场景下表现出色。

2023 年 5 月,谷歌发布了基于新一代语言大模型 PaLM2(Pathways Language Model 2)的 Bard。PaLM2 是 PaLM(Pathways Language Model)的升级版,后者在 2022 年发布,是一款非常强大的语言模型,能够处理多种语言任务,包括翻译、编写代码、撰写故事等。PaLM2 在 PaLM 的基础上优化了性能,提供了更好的上下文理解能力、更广泛的多语言支持和更强的代码理解能力。

在 Bard 的发展过程中,谷歌不仅关注其核心的语言理解和生成能力,还着重于提高其安全性和可靠性。这包括防止模型生成有害、误导性或不适当的内容,以及确保 Bard 遵循谷歌的 AI 原则,其中包括负责任地使用技术,保护用户隐私和数据安全。

为了提升用户体验,谷歌在不断探索如何让 Bard 更好地融入用户的日常生活中。例如,Bard 可能会被集成到谷歌的其他产品和服务中,如搜索引擎、Google Assistant、Gmail 和其他应用程序,以提供实时的建议、帮助完成任务或解答疑问。

1.2.7 ChatGPT 系列产品

经过多年的深入研究和探索,OpenAI 自 2022 年年底以来发布了多项重要的技术突破,其中最具代表性的模型包括 ChatGPT、GPT-4、GPT-4V 和 GPT-4 Turbo。这些新模型在提升人工智能系统的能力方面迈出了巨大的步伐,是大型语言模型发展的一个重要里程碑。

1. ChatGPT

在 2022 年 11 月,OpenAI 推出了一款名为 ChatGPT 的人工智能对话应用服务。这款应用基于 GPT 模型,代表了人工智能技术的一大进步。在训练过程中,ChatGPT 使用了一种独特的数据收集方法。它结合了人类生成的对话数据(在这些数据中人类同时扮演了用户和 AI 的角色)以及之前用于训练 InstructGPT 的数据。这些数据被整理成对话形式,用于训练 ChatGPT。

ChatGPT 在人机对话测试中表现出多项优秀能力,例如拥有丰富的世界知识,能够回答各种问题;具备解决复杂问题的能力,能够处理需要推理和分析的任务;能够进行多轮对话,并且能够追踪和建模对话的上下文;还能够契合人类的价值观,提供更符合用户期望的回答。随着版本的更新,ChatGPT 还增加了插件机制,这使得它能够通过现有的工具或应用程序扩展功能,超越了以往所有人机对话系统的能力。ChatGPT 的推出立即引起了社会的广泛关注,并为人工智能的未来研究产生了重要影响。它不仅展示了人工智能技术的潜力,也为未来的 AI 应用开辟了新的可能性。

2. GPT-4

继广受人们欢迎的 ChatGPT 之后,OpenAI 在 2023 年 3 月发布了新一代的 GPT 模型——GPT-4。GPT-4 是一个重要的创新,它首次将模型的输入能力从单一的文本扩展到了图文双模态,也就是说它不仅能处理文本,还能理解和处理图像内容。GPT-4 在处理复杂任务方面的能力有了显著的提升,并在许多面向人类的考试中取得了优异的成绩,显示出它在理解、推理和解决问题方面的强大能力。微软的研究团队对 GPT-4 进行了大规模的性能测试,使用了大量由人类生成的问题。测试结果非常振奋人心,GPT-4 展现出了卓越的性能,许多人认为这标志着人类向通用人工智能迈出了重要的一步。此外,GPT-4 还建立了一套完备的深度学习训练基础架构,并引入了一种新的训练机制,这种机制可以在训练过程中通过较少的计算开销来预测模型的最终性能。这不仅提高了训练效率,也为模型的优化和改进提供了有力的支持。

3. GPT-4V 和 GPT-4 Turbo

在 2023 年 11 月的开发者大会上,OpenAI 发布了 GPT-4 的升级版——GPT-4 Turbo。这个版本的模型带来了一系列的技术升级,例如提升了模型的整体能力,使其比 GPT-4 更加强大;扩展了知识来源,让模型能够访问更多的信息;支持更长的上下文窗口,达到 128KB,这意味着模型能够理解和回应更长的对话或文本;优化了模型性能,引入了新功能,如函数调用和可重复输出。

同时,OpenAI推出了Assistants API,这是一个旨在提高开发效率的工具。开发人员可以利用这个API快速地创建能够处理特定任务的智能助手,这些助手可以访问特定的指令、外部知识和工具。新版本的GPT模型还增强了多模态能力,即处理图像和其他非文本输入的能力。这些技术升级不仅提高了GPT模型的性能,也扩展了它的应用范围。随着模型性能的提升和支撑功能的改进,以GPT模型为基础的大型应用生态系统得到了极大的加强。

1.2.8 Midjourney

Midjourney是一款基于人工智能的图像生成工具,它允许用户通过输入文本描述来创建高质量的艺术图像。这项技术融合了深度学习模型和强大的计算能力,能够生成从超现实主义到逼真风格的各种图像。

Midjourney使用的是深度学习技术,特别是生成对抗网络和变分自编码器等先进算法。这些模型通过大量的训练数据学习到不同视觉元素的特征,并能够在给定文本描述的情况下生成相应的图像。Midjourney的模型不断更新迭代,以提高图像的质量和生成速度。

艺术家可以利用Midjourney生成创意草图,探索新的艺术风格;设计师可以利用Midjourney快速生成产品概念图、广告素材等;个人用户可以利用Midjourney创造个性化的头像、背景图等,用于社交媒体和其他在线平台。值得注意的是,尽管Midjourney功能强大,但生成的图像仍可能存在一定的局限性,例如某些复杂的细节可能无法完美呈现。

图1-17显示了Midjourney生成的图像。

图1-17 Midjourney生成的图像

1.2.9 DeepSeek

DeepSeek 是杭州深度求索人工智能基础技术研究有限公司,成立于 2023 年 7 月 17 日,是一家创新型科技公司,专注于开发先进的大语言模型(LLM)和相关技术。

2024 年年底,DeepSeek 发布了新一代大语言模型 V3,并宣布开源。测试结果显示,该模型在多项评测中的表现优于主流开源模型,且具有成本优势。DeepSeek-V3 的正式发布引起了 AI 业内的广泛高度关注,其在保证模型能力的前提下训练效率和推理速度大幅度提升。DeepSeek 新一代模型的发布意味着 AI 大模型的应用将逐步走向普及,助力 AI 应用广泛落地。

2025 年 1 月,DeepSeek 在世界经济论坛 2025 年年会开幕当天发布了最新开源模型 R1,再次引发全球关注。R1 模型在技术上实现了重要突破——用纯深度学习方法让 AI 自发涌现出推理能力,在数学、代码、自然语言推理等任务上,性能与 OpenAI 的 O1 模型正式版不相上下,且训练成本仅为几百万美元,远低于美国科技巨头的数亿美元乃至数十亿美元的投入。此外,DeepSeek 采用了完全开源策略,不仅降低了用户的使用门槛,还促进了 AI 开发者社区的协作生态。目前,DeepSeek 全系列已经完全开源,并且免费商用,可以进行私有化部署。通过开源,DeepSeek 吸引了大量开发者和研究人员的关注,推动了 AI 技术的发展。

从整个 AI 大模型产业来看,DeepSeek 的成功或许代表了一种全新的发展方向——通过算法优化而非单纯地依赖算力和数据量来提升模型的性能。这一方向也为 AI 大模型产业的发展提供了新的思路。

1.3 提示词

1.3.1 提示词概述

提示词是生成式 AI 中非常重要的组成部分,它直接影响生成内容的质量和相关性。

1. 什么是提示词

提示词(Prompt)是生成式 AI 中用于引导用户进行文本输入和生成的关键元素。它通过合理设置,帮助用户更准确地表达需求,从而获得更加满意的结果。

提示词最初是研究者们为设计下游任务输入形式而提出的一个概念。它的主要功能是帮助大型语言模型"回忆"其在预训练阶段学习到的知识。因此,提示词可以被视为一种触发机制,它能够引导模型产生特定类型的输出。大模型生成内容时会先处理 Prompt,再根据对其的理解进行输出。这就不得不提一下大语言模型的工作原理,它是根据用户输入的上文来预测下一个词出现的概率,逐字生成下文。所以,输入 Prompt 的不同会直接影响输出结果的质量,几个字的差距,生成的内容可能会有较大的不同。

提示词的特点如下。

(1)形式多样。提示词可以是一个简单的问题、一段较长的文本或一组指令,具体取决于用户的实际需求。例如,"什么是太阳系中最大的行星?"这种类型的提示词简洁明了,易于理解。又例如,"写一篇关于环境保护的文章,强调减少塑料使用的必要性,提出可行的解决方案。"这种结构化的提示词能够有效地传达多层次的需求。

(2) 构成灵活。提示词通常由多个单词、词组或短句构成,并以逗号或其他标点符号进行分割,以便于清晰地表达复杂的概念或要求。例如,"描述一个人物的性格特征,包括外貌、性格、优点、缺点,以及他在故事中的重要作用。"使用标点符号有助于区分不同的要求,使每个部分都一目了然。

值得注意的是,根据具体应用场景的不同,提示词可以灵活地调整组成部分。例如,在创意写作中,可能需要更多的细节描述来激发灵感;而在技术文档生成中,更注重精确性和逻辑性。通过动态调整提示词的内容和结构,可以更好地适应各种需求。

提示词广泛应用于各种生成式AI任务中,以下是一些典型的应用场景。

创意写作:作家或内容创作者可以使用提示词激发灵感,例如"写一篇关于未来城市生活的科幻故事",从而快速生成初稿。

问题解答:用户可以通过提出具体的问题作为提示词,例如"解释量子力学的基本原理",从模型中获取详细的答案。

代码生成:开发者可以输入类似"编写一个 Python 函数,实现数组排序"的提示词,让模型自动生成相应的代码片段。

教育辅导:教师或学生可以利用提示词进行教学辅助,例如"总结牛顿三大定律及其应用场景",帮助学生复习课程内容。

通过理解和运用提示词,用户不仅能够更好地控制生成式 AI 的行为,还能挖掘出更多潜在的应用价值。随着技术的进步,提示词的设计与优化将成为提升生成式 AI 效能的重要手段之一。

需要注意的是,理解并有效地利用提示词,对于最大化大语言模型的价值至关重要,它不仅关系到技术层面的优化,也涉及了解人类与 AI 沟通的深层艺术。

2. 提示词的应用

1) 文本生成

在 AIGC 工具中输入提示词如下。

如何制作一杯卡布奇诺?

AI 生成的文本如下。

制作一杯美味的卡布奇诺其实并不复杂,这里是一个简单的步骤指南来帮助你在家中制作。

准备材料:

浓缩咖啡 1 份(约 30 毫升)

牛奶 150 毫升(全脂牛奶效果最佳,因为脂肪含量高,更容易打出细腻的奶泡)

糖(根据个人口味添加)

制作工具:

咖啡机(最好带有蒸汽喷嘴,用于打发奶泡)

奶锅或不锈钢容器(用于打发奶泡)

温度计(可选,用于确保牛奶的温度适宜)

卡布奇诺杯

制作步骤：

准备浓缩咖啡：使用咖啡机制作出一份浓缩咖啡。如果家里没有咖啡机，也可以使用速溶咖啡粉调制出浓缩咖啡液。

加热牛奶：将牛奶倒入奶锅中加热至 65～70℃，不要让牛奶沸腾，否则会破坏牛奶的味道。如果家里有温度计，这一步更容易实现。

打发奶泡：将加热后的牛奶倒入不锈钢容器中，使用咖啡机的蒸汽喷嘴打入空气，直到牛奶体积膨胀，质地变得轻盈且表面光滑。如果没有咖啡机，可以尝试使用手动打蛋器或搅拌棒快速搅拌牛奶，直到产生丰富的泡沫。

混合咖啡与牛奶：在卡布奇诺杯中先倒入浓缩咖啡，然后缓缓倒入打好的牛奶，同时保持一定的高度，让牛奶自然流入咖啡中，形成分层效果。通常，卡布奇诺的比例是 1/3 浓缩咖啡＋1/3 热牛奶＋1/3 奶泡。

装饰：最后在最上层的奶泡上撒一些可可粉或者肉桂粉作为装饰，增加美感。

享用：现在卡布奇诺就做好了，趁热享用吧！

在制作卡布奇诺的过程中，最重要的是掌握好牛奶的温度和奶泡的质量，这样可以让卡布奇诺更加美味。

用户使用通义千问生成的内容如图 1-18 所示。

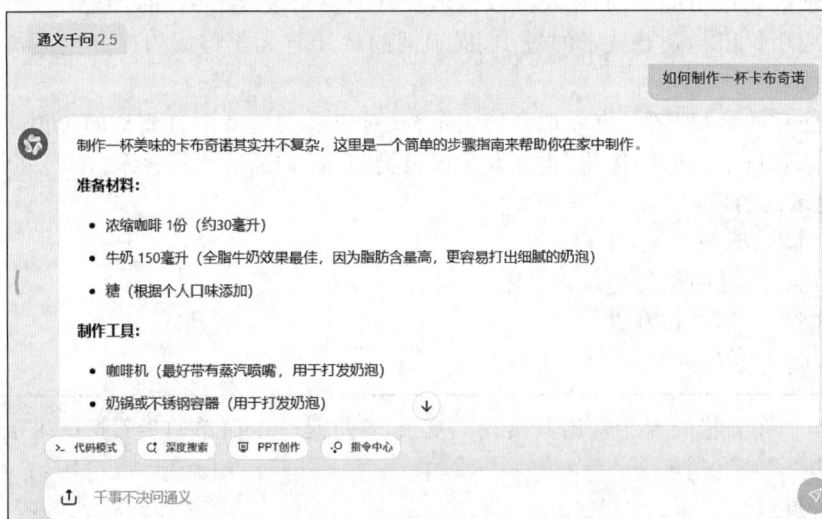

图 1-18　用户使用通义千问生成的内容

通过合理地设置 Prompt 提示词，用户可以更准确地表达需求，从而获得更满意的结果。

2）图像生成

在 AIGC 工具中输入提示词如下。

帮我画深海里的古风女孩，侧脸美颜，甜美微笑。

AI 生成的图像如图 1-19 所示。

3）视频生成

在 AIGC 工具(如通义万相)中输入提示词如下。

一个乐高积木小人在高速公路上开跑车。

AI 生成的视频如图 1-20 所示。

图 1-19　AI 生成的图像

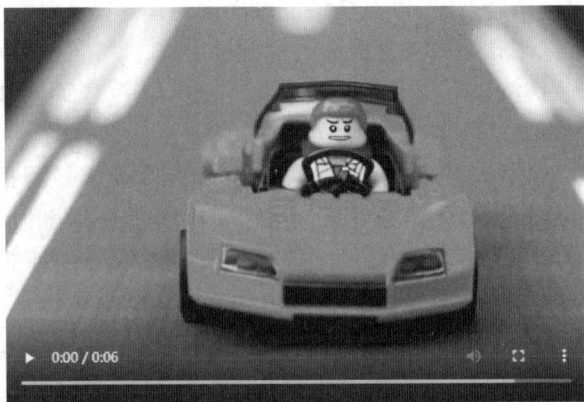
图 1-20　AI 生成的视频

1.3.2　提示工程

1. 提示工程概述

提示工程的核心就是通过设计合适的提示或指令来引导模型,以产生更准确、更符合需求的输出。这种方法在与大语言模型交互时尤为重要,因为它能帮助模型更好地理解用户的意图,从而提高生成内容的相关性和质量。无论是要求模型完成一个句子、解释概念、执行特定格式的任务,还是优化输出的结构和风格,有效的提示都是关键所在。

提示工程可以让人们更好地与人工智能对话,更好地利用人工智能的能力和潜力,更好地创造和创新。提示工程可以帮助人们解决各种问题,提高效率和质量,拓展思维和视野,增强表达和沟通。提示工程不仅适用于语言模型,也适用于其他类型的人工智能模型,例如图像、音频、视频等。提示工程在实现和大语言模型交互、对接,以及理解大语言模型能力方面都起到重要作用。

值得注意的是,提示工程是一种高度技巧性和创造性的实践,它要求工程师不仅理解模型的工作原理,还要对目标领域的知识有深刻认识,以及具备优秀的语言表达和逻辑思维能力,以便引导模型达到甚至超越预期的表现。提示工程不仅适用于单一的大语言模型,还促进了不同模型(包括文生图模型等)之间的交互和集成。设计出的高效提示策略可以在多个模型上复用,增强了模型间的兼容性和系统的灵活性。通过精心设计的提示,研究者能更清晰地界定大语言模型可以高效处理的任务类型,以及它们在哪些领域可能会遇到挑战或产生误导性的输出。这有助于设定合理的期望值并有针对性地改进模型或调整使用策略。

2. 提示工程的要素

在提示工程中输入的提示词可以包含指令、上下文、示例、限制条件以及目标等要素。

1）指令（Instruction）

指令指希望模型执行的特定任务，常见的指令包括"写入""分类""总结""翻译""排序"等。例如，"请将以下文本翻译成英文""请对以下文章进行分类"等。用户输入的指令应该清晰明了，以便模型能够准确地理解任务的要求。

以下是一些包含指令的示例提示词。

"请将以下文本翻译成英文"：这个指令告诉模型需要将提供的文本从源语言（在此例中未明确指定）翻译成英文。

"请对以下文章进行分类"：这个指令要求模型根据文章的内容或主题进行分类，可能需要根据具体任务对相关类别或标准进一步细化。

"请总结以下文章的主要内容"：这个指令指示模型对给定的文章进行概括或总结，提取出文章的核心信息或要点。

"请按照重要性对以下列表进行排序"：这个指令要求模型对提供的列表项进行评估，并根据其重要性进行排序。

2）上下文（Context）

提供模型所需的背景信息或上下文，可以帮助模型理解任务并生成相关输出。上下文可以是问题的描述、场景的背景、之前的对话等。通过提供上下文，可以帮助模型更好地理解任务的具体要求。

例如，在请求撰写一封投诉信时，提供遭遇的具体问题和服务不满意的具体情况；在要求总结一篇文章时，附上文章的主要段落或主题概述。上下文的详细程度应适中，过多可能造成混淆，过少可能导致理解不准确。

3）示例（Examples）

提供一些示例输入或输出，可以帮助模型理解任务的具体要求和期望的输出格式。示例可以是实际的问题和答案对、对话片段、文本段落等。通过提供示例，可以指导模型生成与示例类似的输出。示例可以是已经存在的数据样本，也可以是人工创建的样例。它们可以展示期望的输出样式或结构，并指导模型生成符合要求的输出。

例如，"请参考这篇获奖的博客文章的风格写一篇关于环保的文章"。

4）限制条件（Constraints）

用户要指定模型在执行任务时应遵循的限制条件。这些限制条件可以是特定的格式要求、排除某些主题或内容、限制输出长度等。通过设置限制条件，可以控制模型的输出，以满足特定需求。在生成文本的任务中，可以限制输出长度，以避免生成内容过长的结果。

例如，"请用不超过 200 字的篇幅总结，不要使用技术术语"或"请推荐电影，但不要推荐恐怖片"。使用这些条件帮助模型生成更符合用户期待的内容。

如果需要一篇简短的新闻摘要，可以输入"请用不超过 150 字的篇幅概括这篇新闻的核心内容"。

如果想要了解某个话题但不喜欢某种表达方式，可以输入"请解释人工智能的发展趋势，尽量不要使用复杂的数学概念"。

如果是在准备儿童读物的简介，可以输入"请写一段适合 6 岁至 10 岁儿童阅读的故事简介"。

5）目标（Objective）

用户还要明确指定模型需要达到的目标或期望的结果。目标可以是生成特定类型的回答、提供特定类型的建议、解决特定类型的问题等。明确的目标可以帮助模型更有针对性地生成输出。

例如，"我需要一个详细的步骤指南来安装 Python 环境"，或"请提出 3 种提高办公室团队合作效率的创新策略"。确保目标既具体又可行，能让模型生成的内容更加精准且实用。虽然目标可能隐含在指令中，但有时明确指出最终目标可以帮助模型更精确地聚焦。例如，"旨在提出解决问题的方案"，这类信息能够引导模型在生成内容时考虑特定的目的性。

3. 提示工程的实例

1）文本生成

目标：生成一段关于环保的文章开头。

原始提示：写一段关于环保的文章。

优化后提示：请以"随着工业化进程的加快，环境问题日益严峻"为开头，撰写一篇关于环保的文章，重点讨论减少使用塑料的重要性及其对地球的影响。

2）图像生成

目标：生成一幅日落海滩的图片。

原始提示：画一张日落海滩的图片。

优化后提示：创作一幅展示温暖夕阳下宁静海滩的风景画，天空呈现橙红色渐变，海面波光粼粼，远处有一艘小船。

3）问题解答

目标：回答"什么是量子计算？"的问题。

原始提示：解释一下量子计算。

优化后提示：请详细解释什么是量子计算，包括其基本原理、与传统计算的区别以及目前的发展状况。

4）情感分析

目标：分析一条评论的情感倾向。

原始提示：分析这条评论的情感。

评论：这家餐厅的服务真是太糟糕了！

优化后提示：请分析以下评论的情感倾向，并给出理由"这家餐厅的服务真是太糟糕了！"。

5）聊天互动

目标：模拟与 AI 助手的聊天，获取旅游建议。

原始提示：我想去旅行，有什么建议吗？

优化后提示：我计划在下个月去德国旅行，你能给我一些建议吗？比如必去的景点、当地美食和文化体验等。

6）产品说明

目标：解释如何使用智能音箱播放音乐。

原始提示：告诉我如何使用智能音箱。

优化后提示：请详细介绍如何通过语音指令让智能音箱播放你最喜欢的歌曲，包括唤醒设备、选择音乐平台和搜索歌曲的步骤。

7）教育辅导

目标：为高中生准备一份化学实验报告模板。

原始提示：写一份化学实验报告。

优化后提示：请为高中生准备一份详细的化学实验报告模板，包括实验目的、材料清单、实验步骤、观察记录、数据分析和结论部分。

8）社交媒体内容

目标：为一个咖啡品牌的社交媒体账户创建一个帖子。

原始提示：为我们的咖啡品牌发一个帖子。

优化后提示：请为我们的咖啡品牌创建一个吸引人的社交媒体帖子，内容围绕新推出的季节限定咖啡，突出其独特的风味和限时优惠活动，鼓励粉丝分享他们的品尝体验。

9）法律咨询

目标：询问合同中的某些条款的含义。

原始提示：这个条款是什么意思？

优化后提示：请解释这份租赁合同中第 12 条关于提前终止合同的规定，具体说明双方的权利义务以及可能产生的费用。

10）心理咨询

目标：提供压力管理的建议。

原始提示：我最近压力很大，怎么办？

优化后提示：请给我一些建议，帮助我管理和减轻近期因为工作和家庭原因感到的压力，包括具体的放松技巧和生活调整建议。

4. 提示工程的应用

在构建一个更加复杂的提示词时，可以结合使用指令、上下文、示例、限制条件以及目标，使得提示词更加完整和具体。

问：假设你是一名环保专家，请根据对环境的积极影响程度，对下列 5 种减少塑料污染的方法进行排序，并简要说明理由。注意，每种方法的理由应在 50 字以内。

方法列表

使用可降解塑料替代传统塑料

实施塑料回收计划

减少一次性塑料制品的使用

提高公众环保意识

支持和推广塑料替代品的研发

答：

排序及理由

减少一次性塑料制品的使用

理由：直接减少塑料垃圾的产生，效果立竿见影。

实施塑料回收计划

理由：有效地回收利用现有塑料资源，减少环境污染。

支持和推广塑料替代品的研发

理由：从长远来看，开发新型材料可以从根本上解决塑料污染问题。

使用可降解塑料替代传统塑料

理由：虽然可降解塑料减少了环境污染，但其生产和处理成本较高。

提高公众环保意识

理由：增强公众环保意识是基础，但见效较慢，需要大家长期努力。

5．角色扮演提示词

用好提示词的关键技巧之一是"充当"，通过这个技巧，用户能够设定AI在对话中应扮演的角色。

1）提示词的角色扮演介绍

这个策略通过为AI分配一个特定的角色或身份，不仅界定了交互的框架，还使得用户能够更精确地控制和预期AI的响应内容与形式。通过明确概述AI角色的期望以及用户想要接收的输出类型，用户可以提供清晰的方向和指导对话。

在应用这一技巧时，用户可以这样设计提示："请充当一位经验丰富的编程导师，解释什么是递归函数，并给出一个简单的代码示例。"这样的提示既明确了AI的角色（编程导师），又规定了输出的内容和形式，有助于引导AI产生精准且符合用户期望的回应。除了使用"充当"的技巧外，还要避免在提示中使用术语和产生歧义。通过使用简单、直接的语言并避免开放性问题，可以确保AI能够提供相关和准确的回复。

通过在提示中明确AI所应承担的角色，用户不仅能够引导对话朝向具体目标，还能在很大程度上确保获得的信息或建议既专业又切题。这种互动模式促进了更加高效、有目的性的沟通，使AI成为更有价值的知识和技能分享伙伴。

表1-4为常见的AI角色及对应的提示词。

表1-4 常见的AI角色及对应的提示词

角 色	提 示 词
面试官	我想让你做一个面试官。我将是候选人，你会问我的面试问题是"职位"的立场。我希望你只以面试官的身份提问，不要一次写完所有的提问。问我问题，等我回答，不要写解释。我的第一句话是"你好"
广告商	我想让你做广告商，你将创建一个活动来推广你选择的产品或服务。你将选择一个目标受众，制定关键信息和口号，选择宣传媒体渠道，并决定任何额外的活动需要达到你的目标。我的第一个建议请求是"我需要帮助创建一个针对18～35岁人群的新型能量饮料的广告活动"
足球评论员	我想让你当一名足球评论员。我会向你描述正在进行的足球比赛，而你则对比赛进行评论，提供你对当前为止发生的事情的分析，并预测比赛将如何结束。你应该了解足球术语、战术、每场比赛中的球员/球队，并且主要关注于提供智慧的评论，而不仅是逐场叙述。我的第一个要求是"我正在观看曼联对切尔西的比赛——为这场比赛提供评论"

角　色	提　示　词
作曲家	我想让你当作曲家。我会提供一首歌的歌词,你将创造它的音乐。我的第一个要求是"我已经写了一首名为'歌颂春天'的歌,需要音乐来配合它"
编剧	我想让你当编剧。你将开发一个迷人的、有创造性的剧本,无论是长篇电影还是网络系列,能够吸引观众即可。首先想出有趣的人物、故事的背景、人物之间的对话等,最后完成一个令人兴奋的故事情节,并充满悬念。我的第一个要求是"我需要写一部以伦敦为背景的浪漫喜剧电影"
诗人	我想让你扮演一个诗人。你将创作能够唤起情感的诗歌,并且拥有能够激发人们灵魂的力量。写任何话题或主题,但要确保你的文字传达了你试图用美丽而有意义的方式表达的感觉。我的第一个要求是"我需要一首关于爱情的诗"
数学老师	我想让你当一名数学老师。我将提供一些数学方程或概念,这将是你的工作,以易于理解的术语来解释它们。这可能包括提供解决问题的一步一步的指导,用图像演示各种技术,或为进一步研究建议在线资源。我的第一个要求是"我需要帮助理解概率是如何工作的"
医生	我希望你能成为一名医生,为疾病想出创造性的治疗方法。你应该能够推荐传统的药物、草药和其他天然的替代品。在提供建议时,你还需要考虑患者的年龄、生活方式和病史。我的第一个要求是"我需要帮助解决我对冷食的敏感性"
室内设计师	我想让你做室内设计师,告诉我什么样的主题和设计方法适用于我选择的房间、卧室、大厅等,提供建议的配色方案、家具布局和其他装饰选项,最合适的主题/设计方法,以提高空间的美学和舒适性
营养师	请扮演一位注册营养师,为一名素食者设计一周的均衡饮食计划,需考虑蛋白质、铁质和维生素 B12 的充足摄入
心理学家	我要你表现得像一个心理学家。我会告诉你我的想法。我希望你能给我一些科学的建议,让我感觉好一点
科学数据可视化工具	我要你扮演一个科学数据可视化工具。你将应用你的数据科学原理和可视化技术的知识,创建引人注目的视觉效果,帮助传达复杂的信息。我的第一个建议请求是"我有一个没有标签的数据集,我应该使用哪种机器学习算法"
文学评论家	请担任文学评论家的角色,分析《百年孤独》中魔幻现实主义的运用及其对主题表达的影响
化妆师	我要你扮演一个化妆师。你将为客户使用化妆品,并根据最新的美容趋势和时尚提供护肤的常规建议,让客户知道如何护肤
法律顾问	我想让你做我的法律顾问。我将描述一个法律情况,你将提供处理它的建议。你应该只提供你的建议,其他什么都不要说
销售员	我想让你做一个推销员,试着向我推销一些东西,但要让你试图推销的东西看起来比实际价值更高,并说服我买下它
小说家	我希望你扮演一个小说家。你将提出富有创意和引人入胜的故事,可以长时间吸引读者。你可以选择任何类型,例如幻想、浪漫、历史小说等,但要写一些具有出色情节、引人入胜的角色和意想不到的高潮的东西。我的第一个要求是"我需要写一部以未来为背景的科幻小说"
旅游向导	我想让你充当一个旅游向导。我将给你写下我的位置,你将为我的位置附近的一个地方提供旅游建议。在某些情况下,我也会告知我要访问的地方的类型。你也会向我推荐与我的第一个地点相近的类似类型的地方。我的第一个建议请求是"我在重庆,我想爬山"

角 色	提 示 词
记者	我想让你做一名记者。你将报道突发新闻、撰写专题报道和评论文章,开发用于验证信息和发现来源的研究技术,遵守新闻道德,并使用你自己独特的风格提供准确的报道。我的第一个建议请求是"我需要帮助写一篇关于世界主要城市疾病预防的文章"
会记	我希望你担任会计师,并想出创造性的方法来管理财务。在为客户制订财务计划时,你需要考虑预算、投资策略和风险管理。在某些情况下,你可能还需要提供有关税收法律法规的建议,以帮助他们实现利润最大化。我的第一个建议请求是"为中小型企业制订一个专注于成本节约和长期投资的财务计划"
厨师	我想让你做一名厨师。我需要有人可以推荐美味的食谱,这份食谱中包括既营养有益又简单不费时的食物,适合上班族。我的第一个要求是"一些清淡而健康的食物,适合忙碌的公司员工中午吃"
职业顾问	我想让你担任职业顾问。我将为你提供一个在职业生涯中寻求指导的人,你的任务是帮助他根据自己的技能、兴趣和经验确定最适合的职业。你还应该对可用的各种选项进行研究,解释不同行业的就业市场趋势,并就哪些资格对追求特定领域有益提出建议。我的第一个请求是"我想了解那些想在网络安全领域从事潜在职业的人"
心理健康顾问	我想让你担任心理健康顾问。我将为你提供一个寻求指导和建议的人,你负责改善他的情绪、压力、焦虑和其他心理健康问题。你应该利用你的认知行为疗法、冥想技巧、正念练习和其他治疗方法等来制定这个人可以实施的策略,以改善他的整体健康状况。我的第一个请求是"我需要一个可以帮助我控制失眠症状的人"
教育顾问	我想让你担任教育顾问。求助者是一位高中生家长,希望帮助孩子提高学习效率,尤其是在准备大学入学考试方面。我的问题是"我的孩子即将面临大学入学考试,他/她似乎在学习效率上遇到了瓶颈,尽管花了很多时间复习,成绩提升却不明显。请问有什么方法可以帮助他/她提高学习效率,更好地准备考试吗"
动物园饲养顾问	我想让你担任动物园饲养顾问。一家动物园正在重新评估其饲养方案,以确保动物们获得最佳的健康和福利。我的问题是"我们希望改进动物园内动物的饲养和生活环境,确保它们得到最好的照顾,符合动物福利的最高标准。请问有哪些关键点需要注意,以及如何实施这些改进"
虚拟助理	我想让你担任我的虚拟助理。我的要求是"创建一个明天的日程,包括上午的客户会议、午餐预订、下午的健身课程和晚上与朋友的电影之夜,同时确保我有时间完成报告"

2) 提示词的角色扮演应用实例

问:请充当我的虚拟助理。

答:

> 当然,我很乐意充当你的虚拟助理。无论是日程管理、信息查询、提醒设置,还是需要一些建议和解决方案,我都在这里帮助你。请告诉我你需要什么样的帮助?

问:我今天有一个重要的演讲,但我觉得有点紧张,你能给我一些建议吗?

答:

> 面对重要场合感到紧张是很正常的,让我来帮你缓解一下吧。首先,确保你对自己的演讲内容非常熟悉,这样可以减少不确定感。其次,练习深呼吸可以帮助你放松,试着在演讲前做几次深呼吸。
>
> ……

问：谢谢你，那我应该怎样处理突发状况，比如忘词了怎么办？

答：

面对忘词的情况，最重要的是保持镇定。你可以尝试以下几点：

暂停与深呼吸：稍微停顿，深呼吸，这有助于你重新集中注意力。

回归大纲：如果你有演讲大纲或关键词提示，快速浏览一下，找到接下来要讲的内容。

……

通过上述示例可以看到，"充当"技巧能够帮助用户精确地界定 AI 的角色、预期的输出内容和形式，确保得到的回复与需求高度匹配，提升了人机交互的精准度和满意度。

1.4　本章小结

（1）人工智能（Artificial Intelligence，AI）是研究与开发用于模拟、延伸和扩展人的智能的理论、方法、技术及应用系统的一门新的技术科学。

（2）生成式人工智能（Generative Artificial Intelligence，GAI，简称生成式 AI）是一种能够根据输入数据生成新的、原创的数据的技术。

（3）AIGC（AI-Generated Content，人工智能生成内容）指运用人工智能技术，尤其是深度学习技术，创建各类数字内容的新型内容创作模式。

（4）当前主流的大语言模型都是基于 Transformer 架构进行设计的，其核心是自注意力机制（Self-attention Mechanism）。

（5）提示词（Prompt）是生成式 AI 中用于引导用户进行文本输入和生成的关键词汇。通过合理地设置 Prompt 提示词，用户可以更准确地表达需求，从而获得更满意的结果。

1.5　实训

1. 实训目的

本节实训使用 AI 生成用户想要的内容。

2. 实训内容

1）故事生成

问：生成一个爱情故事，提示词如下。

背景：一个小镇上的图书馆。

主要人物：图书管理员莉莉和常来图书馆的作家马克。

情节：莉莉和马克在一个雨天偶然相遇，马克借走了一本书，却忘了还。几个月后，他带着书和一束花回到图书馆，向莉莉道歉。两人的关系逐渐升温，最终在图书馆的闭馆仪式上，马克向莉莉求婚。

答：

雨天的邂逅

在一个风和日丽的小镇上，有一座历史悠久的图书馆，坐落在一条安静的街道尽头。

图书馆的外墙爬满了常春藤,窗户上挂着淡蓝色的窗帘,给人一种温馨而宁静的感觉。图书管理员莉莉每天都会早早地来到这里,整理书籍,迎接每一位读者。

莉莉是一个温柔而细心的女孩,她对每一本书都充满了热爱。每当有人走进图书馆,她总是微笑着迎接,耐心地帮助他们找到需要的书籍。

雨天的相遇

一个阴沉的下午,天空突然下起了倾盆大雨。图书馆里只有零星的几位读者,莉莉坐在前台,轻轻地翻阅着手中的书。这时,一个身穿深色夹克、头戴鸭舌帽的男子匆匆走进了图书馆,雨水从他的衣角滴落在地板上。

"你好,"男子微笑着说道,"请问这里有没有一本关于古代文明的书?"

莉莉抬头一看,眼前的男子英俊而有气质,她微微一笑,站起身来:"当然有,请跟我来。"

莉莉带领男子来到了历史类书架前,为他推荐了几本关于古代文明的书籍。男子挑选了一本《失落的文明》,递给了莉莉。

"这本书非常受欢迎,希望你会喜欢。"莉莉一边说着,一边在借书卡上登记了信息。

男子点了点头,轻声说道:"谢谢你,我叫马克。"

"我是莉莉,很高兴认识你。"莉莉微笑着回应。

忘记归还

时间过得很快,转眼间几个月过去了。莉莉每天都在图书馆忙碌着,而马克再也没有出现在图书馆。一天,莉莉在整理借书记录时,发现马克的那本书已经逾期很久了。她有些担心,不知道马克是否遇到了什么麻烦。

重逢与道歉

又是一个雨天,莉莉正准备下班,忽然听到门口传来一阵脚步声。她抬起头,看见一个熟悉的身影走了进来——是马克。

马克手里拿着那本《失落的文明》,还有一束鲜艳的玫瑰花。他走到莉莉面前,有些不好意思地说道:"莉莉,对不起,我忘记还书了。"

莉莉笑了笑,接过书和花:"没关系,只要你没事就好。这本书你喜欢吗?"

马克点了点头:"非常喜欢,它给了我很多灵感。这段时间我一直忙于写作,所以忘记了还书。真的很抱歉。"

莉莉看着马克真诚的眼神,心里暖暖的:"没关系,只要你喜欢就好。"

感情升温

从那以后,马克成了图书馆的常客。每次来图书馆,他都会找莉莉聊天,两人的话题从书籍到生活,再到彼此的梦想。莉莉发现,马克不仅才华横溢,而且心地善良,对待每一个人都非常真诚,而马克也被莉莉的温柔和智慧所吸引,两人之间的感情逐渐升温。

闭馆仪式上的求婚

转眼间,一年的时间过去了。图书馆因为需要进行翻修,决定暂时关闭一段时间。在闭馆仪式上,图书馆的工作人员和常来的读者们都聚集在一起,表达对这座图书馆的不舍。

仪式接近尾声时，马克突然走上台前，手中拿着那本《失落的文明》和一束鲜花。他转向莉莉，深情地说道："莉莉，这一年多来，是你让我找到了生活的意义。这本书不仅给了我写作的灵感，更让我遇到了你。你愿意嫁给我吗？"

莉莉泪光闪烁，点头答应了。周围的观众爆发出热烈的掌声，大家都为这对有情人感到高兴。

结局

图书馆的翻修完成后，莉莉和马克一起重新开放了图书馆。他们在这里举办了一场小型的婚礼，邀请了所有常来的读者和图书馆的工作人员。从此，图书馆不仅成为一个知识的殿堂，更是见证了这段美好爱情的见证者。

莉莉和马克的爱情故事也在小镇上传为佳话，成为人们茶余饭后的美谈。

2）文本翻译

问：翻译莎士比亚戏剧中的选段"To be, or not to be: that is the question: Whether'tis nobler in the mind to suffer The slings and arrows of outrageous fortune, Or to take arms against a sea of troubles And by opposing end them."

答：

以下是该段落的中文翻译：

生存还是毁灭，这是一个值得考虑的问题。默然忍受命运的暴虐的毒箭，或是挺身反抗人世的无涯的苦难，通过斗争把它们扫清，这两种行为，哪一种更高贵？

3）合同生成

在合同生成中，一个好的提示词应该包含以下要素。

角色定义：明确 AI 在生成过程中扮演的角色，例如法律顾问或合同专家。

文档类型：指定要生成的合同类型（如租赁合同、销售合同、服务协议等）。

关键信息：提供生成合同所需的具体信息（如当事人名称、日期、金额、条款等）。

格式要求：说明合同的格式要求（如字体、段落间距、页眉/页脚等）。

法律法规：确保合同符合特定地区的法律规范。

附加元素：如有需要，可以包括图表、附件或其他多媒体元素。

问：请以一位经验丰富的房地产法律顾问的身份，为以下双方生成一份标准的租赁合同。出租方：[房东姓名]，地址：[房东地址]承租方：[租客姓名]，地址：[租客地址]物业位置：[物业详细地址]租赁期限：从[开始日期]至[结束日期]租金：每月[租金金额]元，支付方式：[支付方式]押金：[押金金额]元特殊条款：1.[特殊条款1]2.[特殊条款2]请确保合同符合中国现行的《民法典》中关于房屋租赁的规定，并使用正式的专业语言。同时，请遵循以下格式要求。-字体：宋体，大小 12pt-行距：1.5 倍行距-页面边距：上 2.5cm，下 2.5cm，左 3cm，右 3cm。

答：

房屋租赁合同
合同编号：[合同编号]

签订日期：［签订日期］

出租方（甲方）

姓名：［房东姓名］

地址：［房东地址］

承租方（乙方）

姓名：［租客姓名］

地址：［租客地址］

第一条 物业信息

甲方同意将其合法拥有的位于［物业详细地址］的房屋（以下简称"该房屋"）出租给乙方使用。该房屋建筑面积为［具体面积］平方米，用途为［居住/办公等用途］。

第二条 租赁期限

本合同的租赁期限自［开始日期］起至［结束日期］止，共计［X］个月。租赁期满后，若双方均无异议，本合同自动延长［续租时长］。

第三条 租金及支付方式

租金金额：每月租金为人民币［租金金额］元整（￥［租金金额］）。

支付方式：乙方应按照以下方式向甲方支付租金。

支付周期：每［月/季度/半年/年］支付一次；

支付时间：应在每个支付周期的第［具体日期］日前支付下一期租金；

支付方法：通过［支付方式］进行支付。

押金：乙方需在签署本合同时一次性支付押金人民币［押金金额］元整（￥［押金金额］）。租赁期满且乙方履行完毕所有义务后，甲方应在［工作日数］个工作日内退还押金（不计利息）。如因乙方违约导致押金不足以弥补甲方损失的，乙方还需另行赔偿。

第四条 特殊条款

特殊条款1：［特殊条款1的具体内容］

特殊条款2：［特殊条款2的具体内容］

第五条 双方权利与义务

甲方的权利与义务

确保该房屋及其附属设施处于正常使用状态，并负责日常维护和修理。

在不影响乙方正常使用的前提下，有权对房屋进行必要的检查或维修。

不得擅自变更租金或其他费用标准。

乙方的权利与义务

按照合同约定按时足额支付租金和其他相关费用。

合理使用并爱护该房屋及其附属设施，不得擅自改变房屋结构或用途。

如需对房屋进行装修或增设附属设施，须事先征得甲方书面同意，并遵守相关规定。

第六条 违约责任

若一方违反本合同任何条款，另一方有权要求其改正；造成损失的，违约方应当承担赔偿责任。

乙方逾期支付租金超过[天数]天的,甲方有权解除合同,并要求乙方支付拖欠的租金及相应的违约金。

租赁期间内,如因不可抗力因素致使合同无法继续履行,双方互不承担责任。

第七条　合同解除

经双方协商一致,可以提前终止本合同。

发生下列情形之一时,甲方有权单方面解除合同:

乙方未按期支付租金超过[天数]天;

乙方严重损坏房屋或其附属设施;

乙方未经甲方同意擅自转租、转让或转借房屋。

发生下列情形之一时,乙方有权单方面解除合同:

甲方未能提供符合约定条件的房屋;

甲方未尽到修缮义务,影响乙方正常使用。

第八条　争议解决

本合同履行过程中若发生争议,由双方友好协商解决;协商不成的,可依法向有管辖权的人民法院提起诉讼。

第九条　其他事项

本合同一式两份,甲、乙双方各执一份,具有同等法律效力。

本合同未尽事宜,双方可通过补充协议加以明确,补充协议与本合同具有同等效力。

甲方(签字):＿＿＿＿＿＿＿＿＿＿

乙方(签字):＿＿＿＿＿＿＿＿＿＿

签订地点:[签订地点]

注意,上述文本是根据提供的信息和格式要求生成的标准模板,请务必确保所有字段都已正确填写,并且特殊条款部分需要根据实际情况进行详细的描述。此外,在正式使用之前,建议将合同提交给专业的法律顾问进行审核,以确保其完全符合《中华人民共和国民法典》的相关规定以及当地的法律法规。

4) 图像问答

在智谱清言(https://chatglm.cn/)中上传一张图像,并进行提问。

问:你是一位专业护肤顾问,通过图片分析肤质状况,并提供个性化的护肤建议和方案规划。

答:

根据图片中的皮肤状况,可以看到明显的红肿和炎症迹象,这通常表明皮肤处于敏感状态或受到刺激。

建议:

温和清洁:选择适合敏感肌肤的洁面产品,避免过度清洁。

舒缓保湿:使用含有芦荟、洋甘菊等成分的产品来帮助缓解皮肤的刺激感。

抗炎修复：寻找具有消炎效果的面膜或精华液，如绿茶提取物或积雪草。

防晒保护：即使在室内也要做好防晒工作，以防止皮肤被进一步损伤。

减少刺激源：避免接触可能引起过敏的物质，比如某些化妆品或环境因素。

健康饮食和生活习惯：保持均衡饮食，多喝水，充足睡眠有助于提升皮肤的自愈能力。

请根据个人情况调整上述建议，必要时咨询皮肤科医生获取更具体的指导。

整个过程如图 1-21 所示。

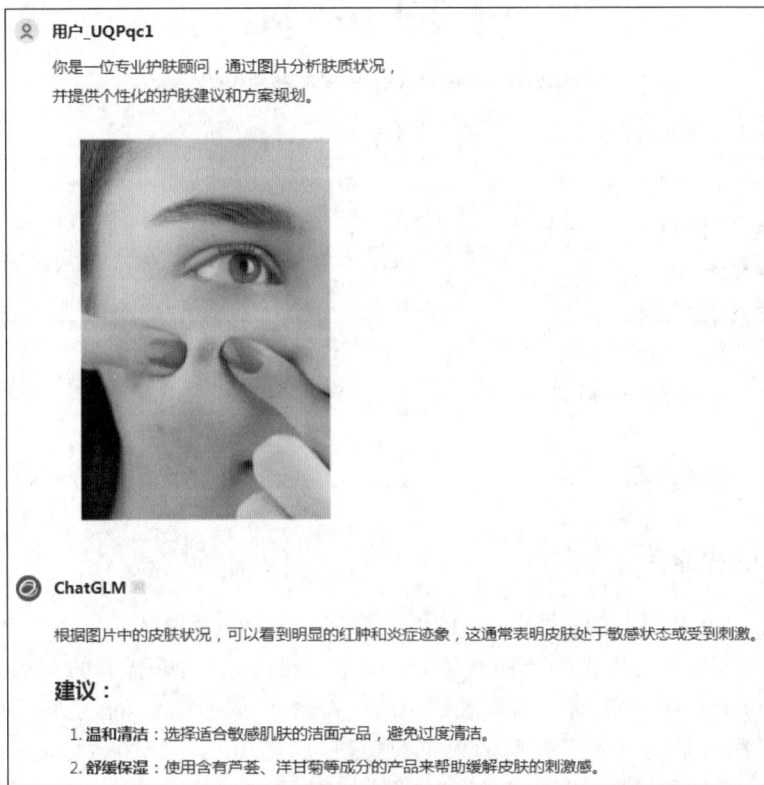

图 1-21　图像问答

习题 1

（1）请阐述什么是人工智能。

（2）请阐述什么是深度学习。

（3）请阐述什么是 Transformer 架构。

（4）请阐述什么是 AIGC。

（5）使用文心一言生成一个短篇小说。

（6）使用智谱清言生成一篇新闻。

扫一扫

自测题

第 **2** 章

AI 智能体

本章学习目标

- 了解智能体
- 了解 AI 智能体
- 了解 AI 智能体的应用
- 掌握 AI 智能体的创建

2.1　智能体概述

2.1.1　认识智能体

20 世纪 50 年代,图灵提出了著名的图灵测试。这个测试是人工智能的基石,旨在探索机器是否可以显示与人类相当的智能行为。图灵测试为人工智能的发展提供了一个重要的里程碑和研究方向,促使科学家们致力于开发能够模拟人类智能行为的系统。与此同时,图灵测试不仅启发了早期的人工智能研究,还引导了智能体(Agent)概念的发展。随着人工智能的发展,术语“Agent”在人工智能研究中找到了自己的位置,用来描述显示智能行为并具有自主性、反应性、主动性和社交能力等素质的实体。此后,Agent 的探索和技术进步成为人工智能领域的焦点。正如图灵所预言的那样,机器正在逐步展现出与人类相当的智能行为,而智能体正是这一愿景的具体体现。

1. 什么是智能体

智能体作为人工智能系统的基本构建块,已经成为现代科技的重要组成部分,它们在日常生活、工业生产、医疗服务等多个领域展现了巨大的潜力。

智能体的目标是通过一系列决策和行动实现特定目标或完成任务,同时根据环境反馈不断学习和优化其行为。

智能体可以存在于多种形式中,既可以是一个物理机器人,比如仓储中的分拣机器人,也可以是虚拟程序,比如家里的智能音箱。例如,一个扫地机器人会通过传感器感知房间的布局,规划路径,避开障碍物,最后完成清洁任务。智能体的核心在于其具备的学习和决策能力。通过学习算法和数据分析,智能体能够从海量数据中提取有用的信息,形成自己的知识库。在决策过程中,智能体能够综合考虑各种因素,运用逻辑推理、概率统计等方法,做出最优的决策,这种能力使得智能体在解决复杂问题时具有显著的优势。

2. 智能体的特征

智能体的基本特征在于其自主性、交互性、反应性和适应性。这些特征使得智能体能够在不同的环境中独立行动,与其他智能体或人类进行交互,对外部刺激做出反应,并根据经验调整自身的行为。

自主性是智能体的核心特征之一,它使得智能体能够在没有人类干预的情况下自主决策和行动。例如,在智能家居系统中,智能体可以根据室内温度和湿度自动调节空调和加湿器,以提供最舒适的居住环境。这种自主决策的能力使得智能体能够在实际应用中发挥巨大的作用。

交互性是智能体的另一个重要特征,它使得智能体能够与其他智能体或人类进行交流和合作。例如,在自动驾驶汽车中,智能体需要与交通信号灯、其他车辆和行人进行交互,以确保安全行驶。通过与其他实体的交互,智能体可以更好地理解环境,并做出更加明智的决策。这种交互性也使得智能体在团队协作和人机交互等领域具有广泛的应用前景。

反应性指智能体能够对外部刺激做出及时的反应。例如,在机器人领域中,智能体需要能够感知环境的变化,并做出相应的动作来适应。这种反应性的要求使得智能体需要具备快速的处理能力和准确的感知能力。通过不断学习和优化,智能体可以逐渐提高自身的反应速度和准确性,从而更好地适应复杂多变的环境。

适应性是智能体的最后一个基本特征,它使得智能体能够根据经验调整自身的行为。通过不断学习和积累经验,智能体可以逐渐优化自身的决策和行动策略,以适应不同的环境和任务。这种适应性的要求使得智能体需要具备强大的学习能力和自我优化能力。例如,在智能推荐系统中,智能体需要根据用户的反馈和行为数据不断调整推荐策略,以提高推荐的准确性和用户满意度。

表 2-1 为智能体的主要类型。

表 2-1　智能体的主要类型

类　型	描　述	应用场景
简单反射型智能体	基于当前感知到的状态采取行动,不考虑历史信息	恒温器根据当前温度调节加热或冷却
基于模型的反射型智能体	不仅依赖当前感知状态,还利用内部模型来预测未来状态	复杂的工业控制系统,如生产线上的机器人控制、质量监控、故障检测与诊断等
基于目标的智能体	根据设定的目标规划行动路径,选择最优策略达成目标	物流配送系统,规划最有效的送货路线
基于效用的智能体	在达成目标的同时评估不同方案的效用值,选择最优解	医疗诊断系统,综合多种因素给出治疗建议
学习型智能体	能够通过训练和经验积累知识,持续优化自身性能	语音识别系统,随着用户使用次数的增加,逐渐提高识别准确率

3. 智能体的组成

智能体通常由以下几个核心模块组成。

1）感知器

感知器负责采集环境中的信息。它可以是物理传感器（如摄像头、麦克风、温度传感器）或数字输入接口（如 API、数据库）。感知器将采集的信息转化为系统能够理解的形式。例如，在对于一个在线客服智能体，感知器可能是文本输入接口或语音识别系统，用于接收用户的问题或请求。

2）决策系统

决策系统是智能体的"大脑"，负责处理感知输入并做出相应的决策。决策可以是基于规则的（如条件逻辑）或基于模型的（如机器学习模型）。一些高级智能体还支持实时优化决策。例如，在工业自动化中，决策系统可根据生产线上的传感器数据决定是否需要调整机器的工作参数。

3）执行器

执行器负责实施决策系统的指令，对环境进行物理或虚拟的操作。例如，机械臂是工业机器人智能体的执行器，而语音助手的执行器可能是合成语音模块。

4）环境

智能体所处的环境是其感知和行动的对象。环境可以是静态的（如棋盘游戏）或动态的（如真实世界）。例如，在物流仓储环境中，环境包括仓库布局、货物位置及其状态等。环境与智能体之间的交互决定了智能体的实际表现。

5）通信模块

在多智能体系统（MAS）中，智能体可能需要与其他智能体或用户进行通信，这部分由专门的通信模块负责。例如，在智慧城市管理系统中，不同类型的智能体（如交通管理智能体、能源管理智能体）需要通过通信模块交换数据，共同优化城市资源的分配。

智能体在不同领域的应用日益广泛，其影响力和潜力逐渐显现。在智能家居领域，智能体通过集成传感器、控制器和通信技术等，实现了家居环境的智能化管理。例如，智能照明系统可以根据室内光线和人的活动情况自动调节灯光的亮度和色温，提供舒适的照明环境。智能家电则可以通过语音控制或手机 App 远程控制，实现家电的智能化操作。这些智能体的应用不仅提高了家居生活的便利性，也提升了人们的生活品质。

4. 智能体与工作流

1）工作流概述

工作流指在业务环境中将一系列任务或活动按照一定的顺序连接起来以完成特定业务过程的模式。这些任务或活动通常涉及文档、信息或任务在不同参与者之间的流动。制定工作流的目的是提高业务流程的效率和透明度，确保任务按时完成，并符合特定的业务规则和合规要求。工作流的核心特征包括程序化、协作性、可监控性和灵活性。程序化意味着工作流中的每个步骤都是预先定义的，按照既定的规则和路径执行。协作性指工作流通常需要多个人或系统协作完成，涉及角色分配和任务协调。可监控性表明工作流的状态和进度可以被监控和跟踪，以确保效率和合规性。灵活性则意味着工作流虽然有固定的流程，但也可以被设计成灵活应对不同情况和变化。

以下以一名新媒体运营人员为例,制定具体的工作流。

周一:

使用项目管理工具(如 Trello)梳理本周内容创作计划,包括选题、撰写、编辑、排版等任务,设置好截止日期。

通过微信与团队成员沟通,确定本周重点推广活动的细节。

周二至周四:

上午利用 2~3 个番茄时段进行文章撰写,使用石墨文档进行创作,方便随时保存和修改。

下午进行内容编辑和排版,同时利用数据分析工具(如新媒体平台自带的分析功能)查看上周发布内容的数据表现,根据数据反馈调整本周内容策略。

与设计团队通过企业微信沟通,为文章制作合适的配图。

周五:

检查本周所有内容是否准备就绪,进行最终审核。

按时在各新媒体平台发布内容,并使用项目管理工具标记任务已完成。

对本周工作进行总结,记录遇到的问题和改进措施,为下周工作做准备。

2) 智能体与工作流的区别

智能体和工作流在功能和目的上有明显的区别。智能体的功能在于模拟人类智能行为,它们能够自主地感知环境、做出决策,并执行任务。开发智能体的目的是提高决策的质量,优化复杂任务的处理,并为需要智能判断的场景提供支持。相比之下,工作流的功能在于管理和优化业务过程,它们按照预定义的步骤和规则执行任务,目的是提高业务流程的效率和透明度,确保任务按时完成,并符合特定的业务规则和合规要求。

智能体和工作流虽然在某些方面有所不同,但它们在很多情况下可以互补。智能体可以用于优化工作流中的决策过程,提高工作流的智能化水平。同时,工作流可以为智能体提供一个结构化的环境,使智能体的行为更加有序和高效。例如,在一个审批工作流中,智能体可以通过分析相关数据和规则,自动判断某些审批请求是否符合条件,并给出建议或直接进行审批决策。同时,工作流也为智能体提供了一个结构化的环境和流程框架,使其能够更好地与其他环节和参与者进行协作,确保整个业务流程的顺利进行。这种结合可以充分发挥工作流的流程管理优势和智能体的智能决策能力,提高业务流程的自动化水平和智能化程度。

2.1.2 认识 AI 智能体

在科技飞速发展的当下,人工智能正以前所未有的态势深刻变革着人们的生活。在人工智能的庞大体系中,AI 智能体宛如一颗璀璨的新星,逐渐崭露头角,成为推动科技进步与产业变革的关键力量。它不仅悄然改变着人们与机器的交互方式,更在诸多领域展现出巨大的应用潜力与创新活力。

1. AI 智能体简介和决策流程

AI 智能体(AI Agent)在智能体的基础上加上了人工智能技术,使其能够进行更复杂的决策和应对变化的环境。AI 智能体依赖人工智能技术,具备机器学习、深度学习等能力,因此能够从数据中学习,并动态调整其行为。与传统的智能体相比,AI 智能体更强调学习和自适应能力。它们能够分析用户的行为、情绪、语言,进行个性化回应,从而更好地处理复杂任务,如语音助手、推荐系统、自动驾驶等。

1) AI智能体简介

AI智能体,简单来说,是一种具备自主感知、决策和执行任务能力的智能系统。它如同拥有"智慧大脑"的虚拟存在,能够像人类一样,依据周围环境的变化做出合理判断与行动。AI智能体可以是物理机器人、软件程序或任何能够感知环境并采取行动以实现目标的系统。在人工智能的宏大版图中,AI智能体是极为关键的一环,是实现复杂智能任务的核心载体。与传统AI相比,AI智能体具备显著的特性。首先是自主决策能力,传统AI多是基于预设规则和算法执行任务,而AI智能体可以根据环境变化、自身目标和已有知识独立做出决策。例如在自动驾驶领域,传统AI按照设定路线和交通规则行驶,遇到突发状况(如道路临时施工或交通事故)可能无法灵活应对;而AI智能体自动驾驶系统则能实时分析路况,自主规划新路线,保障行车安全和顺畅。

AI智能体并不是一个新兴的概念,早在多年前人工智能领域就已对它展开相关研究。例如2014年由DeepMind推出的引发全球热议的围棋机器人AlphaGo,也可以看作AI智能体的一种。与之类似的还有2017年OpenAI推出的用于玩 *Dota 2* 的OpenAI Five,2019年DeepMind公布的用于玩《星际争霸2》的AlphaStar等,这些AI都能根据对实时接收到的信息的分析来安排和规划下一步的操作,均满足AI智能体的基本定义。

2) AI智能体的决策流程

AI智能体的决策过程是其核心功能之一,它决定了智能体如何根据环境信息采取行动以实现特定目标。AI智能体的决策流程通常涉及感知(Perception)、规划(Planning)和行动(Action)3个基本步骤,简称为PPA模型。这个模型是智能体智能行为的骨架,支撑着其与环境的交互和自主决策。

感知:智能体通过感知系统从环境中收集信息,这些信息可以是文本、图像、声音等多种形式。感知是智能体理解周遭世界的第一道工序,感知能力的发展极大地增强了智能体在复杂多变的环境中做出快速而准确反应的能力,使其能够在多种应用场景中实现高效的任务执行和决策制定。

规划:大多数智能体模型在采取行动前都有一个专门的规划步骤,通过运用一种或多种技术来制订行动计划。值得注意的是,智能体的规划需要依赖推理能力,以便根据新的反馈或所学信息来调整它们的计划。缺乏推理能力的智能体在执行直接任务时可能会误解指令、仅基于字面意思做出响应,或未能预见多步骤行动的后果。表2-2为推理机制与规划算法的描述。

表2-2　推理机制与规划算法的描述

名　称	描　述
推理机制	根据当前的状态表示,智能体会运用逻辑规则、概率推理或其他方法来推断下一步应采取的最佳行动
规划算法	对于需要长期规划的任务,智能体可能会采用路径规划算法(如 A * 搜索)、蒙特卡洛树搜索(MCTS)或者强化学习中的策略梯度方法等来制订详细的行动计划

值得注意的是,马尔可夫决策过程(Markov Decision Process,MDP)在智能体设计

中扮演着核心角色,特别是在需要做出序列决策的问题场景中。

马尔可夫决策过程以数学的形式来描述智能体在与环境交互的过程中学到一个目标的过程,是马尔可夫奖励过程(MRP)的扩展,它引入了"动作"这一外界的影响因素,使得智能体能够主动选择行为,从而影响状态转移和奖励,如图 2-1 所示,其中环境指智能体与之交互的一切外在事物,不包括智能体本身。图中 S_t 表示当前状态,S_{t+1} 表示下一个状态,r 是智能体系统在环境中执行某个动作后立即获得的奖励值。

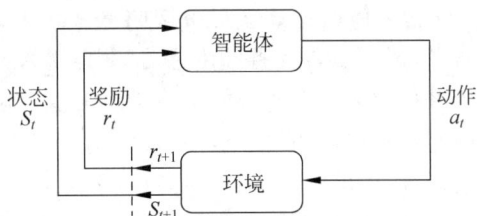

图 2-1　马尔可夫决策过程

表 2-3 为马尔可夫决策过程的关键元素。

表 2-3　马尔可夫决策过程的关键元素

元　素	描　述
状态集合	智能体所有可能状态的集合
动作集合	智能体可以在每个状态下采取的所有可能动作的集合
转移概率	给定当前状态和动作后,转移到下一个状态的概率
奖励函数	执行动作在当前状态下获得的即时奖励
折扣因子	0～1 的值,用来衡量未来奖励的重要性

MDP 由状态集合、动作集合、折扣因子、奖励函数和状态转移函数构成。与 MRP 不同,MDP 中的状态转移和奖励不仅取决于当前状态,还与智能体选择的动作相关。MDP 的核心在于智能体与环境之间的持续交互:智能体根据当前状态选择一个动作,然后环境通过状态转移函数和奖励函数生成下一个状态和对应的奖励,并将这些反馈给智能体。智能体的目标是通过选择策略(即根据当前状态选择动作的规则)来最大化其累积奖励。

策略(Policy)是智能体在马尔可夫决策过程中根据当前状态选择动作的规则。策略可以是确定性策略或随机性策略。在确定性策略中,每个状态只对应一个确定的动作,即该动作的概率为 1,其他动作的概率为 0;在随机性策略中,每个状态对应一个关于动作的概率分布,智能体根据该分布随机选择动作。

MDP 提供了一个数学框架,用于描述智能体如何与环境交互,并基于这种交互来学习最优的行为策略。它不仅帮助智能体定义其操作环境,还提供了求解最优策略的方法,使得智能体能够在不确定性和动态变化的环境中做出高效的决策。例如,智能体(机器人)需要在一个未知环境中找到从起点到终点的最佳路径。使用 MDP,可以通过定义地图上的位置作为状态,移动方向作为动作,以及到达目标点或避开障碍物作为奖励来训练智能体。

行动:最后,智能体根据规划的结果执行行动。这些行动可能是物理的,如机器人的移动,也可能是虚拟的,如软件系统的数据处理。在行动执行期间,智能体会持续监测进展情况,确保一切按计划进行。如果遇到异常情况(如路径受阻、网络超时),则需要及时采取纠正措施。

在一个理想的 AI 智能体架构中,智能体与环境的交互是双向的、动态的,并且是连续的。这种交互模式可以类比于人类与物理世界的互动。正如人类通过感知来理解世界，AI 智能体通过其感知系统收集关于外部环境的数据。这些数据不仅包括直接的观察结果，还可能涉及通过传感器、数据输入或其他方式获得的信息。

以日常生活中的智能语音助手为例，当用户向它发出"查询明天天气"的指令时，它能迅速感知用户的语音信息，通过对语音的识别和语义理解，在庞大的天气数据中进行搜索，然后做出决策，最后以清晰的语音告知用户明天的天气状况。这一系列过程完美地诠释了 AI 智能体的自主感知、规划与行动能力。

2. 基于大语言模型的智能体

大语言模型显现出与人类相当的推理和规划潜力，这与人类对能够感知环境、做出决策和响应的智能体的期望相一致，因此基于大语言模型的智能体被提出。

作为智能体的核心，大语言模型承担着处理信息、进行逻辑推理以及制订行动计划的任务，如大语言模型内部编写了大量的世界知识和语言结构，这使得它能够在没有外部数据的情况下对许多问题提供初步的答案。围绕着大语言模型，Agent 还包含记忆和工具，记忆用于存储短期上下文信息和长期知识信息，工具则承担着感官和四肢的角色。在大语言模型的思考和规划下，Agent 一方面可以通过工具获取外部的各种信息，用于进一步的思考和规划，另一方面可以通过工具执行动作对外部环境施加影响。基于大语言模型的强大文本理解和生成能力，AI Agent 可以进行深层次的逻辑推理。例如，在医疗咨询场景中，智能体可以根据患者的症状描述推断出可能的疾病，并提供相应的建议。

1) 基于 LLM 的智能体框架组成

一般而言，基于 LLM 的智能体框架包括以下核心组件。

用户请求：用户的问题或请求。

智能体：充当协调者的智能体核心。

规划：协助智能体规划未来的行动。

记忆：管理智能体的过往行为。

工具：智能体用来完成特定任务的外部应用或服务接口。

基于 LLM 的智能体框架组件如图 2-2 所示。

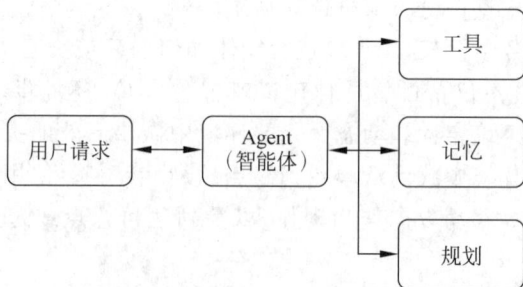

图 2-2　基于 LLM 的智能体框架组件

（1）用户请求。用户的问题或请求，可以是文本形式的命令、问题或者其他类型的交互输入。用户请求作为智能体与外界交互的起点，触发后续处理流程。用户请求可以以多种形式出现，包括但不限于文本命令、问题、语音指令等。理解并准确地解析用户请求对于智能体来说至关重要,因为这直接影响后续的处理步骤和服务质量。

假如用户发出请求:帮我找一家靠近西湖的意大利餐厅。通过分析该用户请求的内容,智能体可以了解用户的偏好和需求,从而提供更加个性化的服务。

(2)智能体。智能体负责接收用户请求、解析意图、调用适当的服务或工具,并生成响应。此外,智能体还需要维护会话状态,确保对话的连贯性。

假如用户发出如下请求:"我想知道下周上海的天气怎么样?"

智能体接收到这条文本请求后,需要解析出用户的意图是查询天气预报,并提取出关键参数"地点:上海""时间:下周";调用天气预报 API,传递参数"上海"和"下周",并通过 API 返回下周上海的天气预报数据;智能体将 API 返回的数据转换为自然语言形式的响应:"下周上海的天气预报如下:周一至周三晴朗,气温为 15～20℃;周四有小雨,气温略有下降……",并将生成的响应通过合适的渠道(如文本消息、语音播放)反馈给用户。

假设用户接着问:"那我应该带什么衣服去上海?"

智能体利用之前存储的会话状态,知道用户正在询问关于下周上海的天气情况;进一步解析用户的意图是寻求穿衣建议;结合天气预报数据,智能体生成响应内容:"鉴于下周上海的天气变化较大,建议您带上轻便的外套和雨具。"

(3)规划。在收集到信息后,智能体需要一个规划系统来确定如何达到目标。这个过程涉及决策制定,将复杂任务分解为可执行的子任务。深度强化学习在 AI 智能体中扮演着关键角色,它融合了深度学习强大的感知能力和强化学习的决策优化机制,使得智能体能够在复杂且动态变化的环境中学习并做出最优决策。表 2-4 为 AI 智能体规划中所涉及的内在推理能力。

表 2-4　AI智能体规划中所涉及的内在推理能力

名　　称	描　　述
逻辑推理	基于大语言模型的强大文本理解和生成能力,AI 智能体可以进行深层次的逻辑推理
上下文理解	智能体能够在对话中维持长期的记忆,记住之前的对话内容,并在此基础上继续交流

规划模块是智能体理解问题并寻找可靠解决方案的关键,它通过分解为必要的步骤或子任务来回应用户请求。任务分解的流行技术包括思维链(COT)和思维树(TOT),分别可以归类为单路径推理和多路径推理。

思维链方法通过分步骤细分复杂问题为一系列更小、更简单的任务,旨在通过增加计算的测试时间来处理问题。这不仅使得大型任务易于管理,而且帮助人们理解模型如何逐步解决问题。图 2-3 显示了思维链方法,其中 Input 表示输入,Output 表示输出。

思维树方法通过在每个决策步骤探索多个可能的路径,形成树状结构图。这种方法允许采用不同的搜索策略,如宽度优先或深度优先搜索,并利用分类器来评估每个可能性的有效性。通过构建思维树,基于 LLM 的智能体可以在每个决策点探索多个可能的路径,而不是局限于单一的推理链路。这种方法特别适用于需要考虑多种因素或存在不确定性的场景。例如,在创意写作中,基于 LLM 的智能体可以构建一个故事发展的思维树,其中每个节点代表故事的一个发展方向。图 2-4 显示了思维树方法。

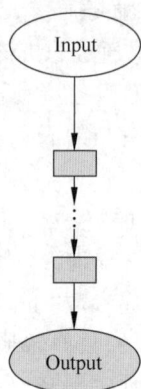

图 2-3　思维链方法　　　　　　　　图 2-4　思维树方法

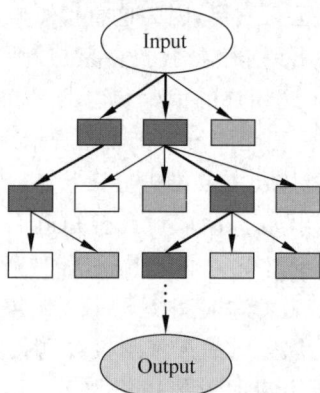

在实际应用中,根据具体问题的特点,可以单独使用思维链或思维树,也可以结合两者的优势。如果问题相对直接且解决方案路径较为单一,那么思维链可能是更合适的选择;对于那些存在多种可能性并且需要权衡不同因素的情况,思维树提供了更为全面的探索空间。甚至有时可以先使用思维树进行初步筛选,然后对选定的几个最有潜力的路径应用思维链进行深入分析,以达到既高效又准确的效果。

此外,智能体在任务完成后,还能够回顾和评估自身表现(反馈循环机制)。这一过程是持续性的,有助于智能体不断学习和改进自身性能。表 2-5 是对智能体的任务完成后评估过程的具体描述。

表 2-5　对智能体的任务完成后评估过程的具体描述

过　　程	描　　述
数据收集	在完成任务后,智能体会首先收集所有相关的数据
效果评估	智能体将基于预设的目标和标准来评估任务的完成情况
问题诊断	如果任务未能达到预期目标或出现偏差,智能体需要深入分析原因
知识更新	根据上述分析的结果,智能体会更新其内部的知识库和算法模型,以优化未来的决策流程

值得注意的是,随着时间的推移,智能体会积累大量的经验数据,这些数据不仅帮助它更准确地理解世界,也为后续的学习提供了丰富的素材。

假设用户请求智能体帮忙规划一次旅行。

用户请求:"帮我规划一次从北京到上海的三天旅行。"

规划流程:

任务分解:将旅行规划分解为预订机票、预订酒店、安排景点游览等子任务。

思维链方法:按顺序处理每个子任务,如先查找合适的航班,再预订酒店,最后安排每日行程。

思维树方法:在每个子任务中探索多个选项,如选择不同价位的酒店或不同的旅游路线,评估每种方案的可行性和满意度。

自我评估与改进:在旅行结束后,询问用户的反馈,记录哪些安排得到了好评,哪些需要改进,以便下一次提供更好的服务。

（4）记忆。记忆可以定义为用于获取、存储、保留以及随后检索信息的过程。如果AI智能体想要实现智能化,记忆机制便是其学习和决策过程中不可或缺的一部分。在AI智能体的实际制作与应用中借鉴人类的记忆机制,其记忆机制可以被分为以下几类。

感觉记忆(Sensory Memory)：对应于智能体接收到原始感官输入的初步处理,通常时间短暂。在AI智能体中,感觉记忆可以理解为对实时数据流的快速响应,如视频帧分析、音频信号处理等。

短期记忆(Short-Term Memory)：用于存储当前会话或任务中的信息,这些信息对于完成手头任务至关重要,但任务完成后通常不再保留。

长期记忆(Long-Term Memory)：用于存储需要长期保留的信息,如用户偏好、历史交互等。长期记忆通常存储在外部数据库中,并通过快速检索机制供智能体使用。

表 2-6 为自动驾驶汽车中的 3 种记忆机制。

表 2-6　自动驾驶汽车中的 3 种记忆机制

名　称	描　述
感觉记忆	通过传感器实时感知周围环境的变化
短期记忆	在行驶过程中临时存储交通灯状态、前方障碍物位置等信息
长期记忆	记录用户的驾驶习惯、常用路线等信息,用于未来的导航建议

对于 AI 智能体系统而言,用户在与其交互过程中产生的内容都可以认为是智能体的记忆,和人类记忆的模式能够产生对应关系。感觉记忆就是作为学习嵌入表示的原始输入,包括文本、图像或其他模态;短期记忆就是上下文,受到有限的上下文窗口长度的限制;长期记忆则可以认为是智能体在工作时需要查询的外部向量数据库,可通过快速检索进行访问。目前智能体主要是利用外部的长期记忆来完成很多的复杂任务,例如阅读 PDF、联网搜索实时新闻等。任务与结果会存储在记忆模块中,当信息被调用时,存储在记忆中的信息会回到与用户的对话中,由此创造出更加紧密的上下文环境。

为了解决有限记忆时间的限制,通常会用到外部存储器,常见的做法是将信息的嵌入表示保存到可支持快速的最大内积搜索(MIPS)的向量存储数据库中。向量数据库通过将数据转化为向量存储,解决大模型海量知识的存储、检索、匹配问题。向量是 AI 理解世界的通用数据形式,大模型需要大量的数据进行训练,以获取丰富的语义和上下文信息,导致了数据量的指数级增长。向量数据库利用人工智能中的 Embedding 方法,将图像、音/视频等非结构化数据抽象、转换为多维向量,由此可以结构化地在向量数据库中进行管理,从而实现快速、高效的数据存储和检索过程,赋予了 Agent"长期记忆"。

假设用户请求智能体推荐一本书。

用户请求："给我推荐一本关于人工智能的好书。"

记忆流程：

短期记忆：记录用户当前的兴趣——"人工智能"。

长期记忆：查询用户的阅读历史,发现用户之前对深度学习感兴趣。

响应生成：结合短期记忆和长期记忆,推荐《深度学习》这本书,并附上简短介绍。

反馈循环：如果用户接受推荐,进一步询问是否需要推荐更多类似书籍,继续丰富用户的长期记忆。

（5）工具。AI Agent 与大模型的一大区别在于能够使用外部工具扩展模型能力。懂得使用工具是人类最显著和最独特的地方，同样地，人们也可以为大模型配备外部工具来让其完成原本无法完成的工作。例如人们让 ChatGPT 买一杯咖啡，ChatGPT 一般给出"无法购买咖啡，它只是一个文字 AI 助手"之类的回答。如果让基于 ChatGPT 的 AI Agent 工具买一杯咖啡，它会首先拆解如何才能购买一杯咖啡，并拟定用某 App 下单以及支付等若干步骤，然后按照这些步骤调用 App 选择外卖，再调用支付程序下单支付，过程无须人类去指定每一步操作。这就是 AI Agent 的用武之地，它可以利用外部工具来克服这些限制。这里的工具是什么呢？工具就是代理用它来完成特定任务的一个插件、一个集成 API、一个代码库等。

AI Agent 中的工具模块指智能体能够利用外部资源或工具来执行任务，如学习调用外部 API 来获取模型权重中缺失的额外信息，包括当前信息、代码执行能力、对专有信息源的访问等，以此来补足 LLM 自身的不足。例如 LLM 的训练数据不是实时更新的，这时可以使用工具访问互联网来获取最新信息。智能体使用工具比人类更为高效，通过调用不同的 API 或工具，完成复杂任务和输出高质量结果，这种使用工具的方式也代表了智能体的一个重要特点和优势。在 ChatGPT 发布的版本中已经正式支持了第三方插件，这一版本通过插件让 GPT 可以联网获取新知识，并且可以与超过 5000 个应用进行交互。通过建立插件体系，ChatGPT 不仅可以查询最新的新闻，还可以帮助用户查询航班、酒店信息，规划差旅并访问各大电商数据，甚至可以比价和下单，这使得 ChatGPT 在更多领域发挥更重要的作用。表 2-7 为 AI Agent 中工具模块的常见功能。

表 2-7　AI Agent 中工具模块的常见功能

名　称	描　述
工具集成	AI Agent 可以集成各种外部工具和服务，以增强其功能
支持插件	通过支持插件，智能体可以轻松地扩展其功能范围
调用函数	除了调用外部工具，AI Agent 还可以执行预定义的函数来完成特定任务

下面列出了一些在构建大语言模型智能体过程中常用的重要工具和框架。

LangChain：一个开发基于语言模型的应用程序和智能体的框架，旨在简化语言模型的应用开发流程。

AutoGPT：提供了一套工具，帮助开发者构建 AI 智能体，简化了 AI 智能体的开发工作。

Langroid：通过多智能体编程，将智能体作为核心组件，通过消息交互协作完成任务，简化了大语言模型应用的构建过程。

AutoGen：一个使多个智能体能够交流协作解决问题的大语言模型应用开发框架，推动了智能体之间的对话和任务解决能力。

OpenAgents：一个开放的平台，用于在实际环境中使用和托管语言智能体，促进了语言智能体的广泛应用。

LlamaIndex：一个连接自定义数据源与大语言模型的框架，扩展了大语言模型的应用场景。

GPT Engineer：专注于自动化代码生成以辅助完成开发任务，简化了编程工作。

DemoGPT：一个能够创建交互式 Streamlit 应用的自主 AI 智能体，增强了应用的互动性。

GPT Researcher：一个设计用于执行各种任务的全面在线研究的自主智能体，提升了研究效率。

AgentVerse：旨在促进在不同应用中部署基于大语言模型的多个智能体，提供了丰富的应用可能性。

Agents：一个开源的构建自主语言智能体的库/框架，支持长/短期记忆、工具使用、网页导航、多智能体通信等功能，还新增了人机交互和符号控制等功能，是构建高级智能体的强大工具。

BMTools：通过工具扩展语言模型的能力，并为社区提供一个构建和分享这些工具的平台，促进了工具的创新和共享。

CrewAI：为工程师设计的 AI 智能体框架，以简单、强大为特点，帮助构建智能体和自动化流程，简化了智能体的开发和部署。

使用 LangChain 进行航班和酒店信息查询的案例如下。

场景：

用户希望智能体帮助规划一次旅行，并查找从北京到上海的航班和酒店信息。

实现步骤：

用户请求："帮我查找下周三从北京飞往上海的航班和附近的酒店。"

智能体：

解析用户的意图：需要查询航班和酒店信息。

调用 LangChain 框架中的相关 API 接口。

工具使用：

航班查询 API：通过调用第三方航班查询 API(如 Amadeus API)，获取航班信息。

酒店查询 API：通过调用酒店预订平台 API 获取酒店信息。

生成响应：

智能体整合返回的信息，生成自然语言形式的回复："以下是下周三从北京飞往上海的航班选项：［航班列表］。附近推荐的酒店有［酒店列表］。"

记忆管理：

将此次查询结果存储在长期记忆中，以便未来参考或进一步优化推荐。

又假设，有一个基于 LLM 的家庭助手智能体，当用户询问"明天北京的天气如何？"时，工作流程如下。

用户请求：明天北京的天气如何？

智能体：

解析用户的意图：查询北京次日的天气。

调用天气 API 获取最新预报。

规划：无须特别规划，直接返回结果即可。

记忆：记录用户对天气的兴趣点，可能用于未来的个性化推荐。

工具：通过集成的天气预报 API 获取准确的天气信息。

这种架构使得智能体不仅能够理解和回应用户的即时需求，还能通过持续学习和适应提高其服务质量和用户体验。此外，随着技术的发展，智能体将能够更好地整合多种来源的信息和服务，为用户提供更全面的支持。

2）大语言模型智能体架构

大语言模型智能体架构代表了人工智能领域的一项重要进展，它不仅扩展了传统大语言模型的功能，还通过引入多种控制机制和外部工具的调用能力，实现了更复杂的交互和任务处理。以下是这种架构的两种主要形式，分别为单智能体架构和多智能体架构。

（1）单智能体架构。单智能体架构由一个语言模型驱动，将独立完成所有的推理、规划和工具执行。智能体被赋予一个系统提示和完成其任务所需的任何工具。在单智能体模式中，虽然没有来自其他 AI 智能体的反馈，但可以通过人类提供的反馈来调整智能体的行为。

假设一个智能客服系统需要回答客户的常见问题并处理订单。

感知器：接收用户的文本输入。

决策系统：分析问题并决定如何回应（例如，查找库存信息、确认订单状态）。

执行器：根据决策结果采取行动（如发送确认邮件、更新数据库）。

反馈：如果用户提供反馈，智能体可以根据反馈优化未来的响应。

值得注意的是，单智能体在运行过程中，尤其是在面对复杂多变的环境时，常会遇到一些环境不适配的问题。这些问题可能源于智能体对环境的理解不足、环境本身的动态变化或者智能体自身的局限性等。例如，在自动驾驶汽车中，摄像头可能会因为恶劣天气（如大雨、大雾）而无法准确地识别道路标志。又例如，基于图像识别的垃圾分拣机器人可能在处理新型材料时出现误判。因此，使用能够适应环境变化的算法，如强化学习中的在线学习方法（智能体在与环境互动的过程中实时地学习并调整其行为策略），使智能体能够在运行过程中不断优化其决策模型。

（2）多智能体架构。多智能体架构通常涉及两个或更多的智能体，不同的智能体可以使用不同的语言模型和工具，适用于更广泛的场景。通常，每个智能体都有自己的角色（智能体在系统或任务中的职能和责任）和个性（智能体的行为特征和风格，它可以通过语言表达方式、决策偏好等方面体现出来），并且智能体之间可以通过专门的通信模块交换信息，协调行动。

在一个复杂的物流管理系统中，多个智能体共同协作完成货物配送任务，角色如下。

路径规划智能体：负责接收订单信息并计算最优配送路线。

货物装载智能体：根据订单详情安排仓库中的货物装载顺序。

交付确认智能体：实时监控运输状态，并在货物送达时通知客户。

同样地，在此物流管理系统中，各智能体的个性如下。

路径规划智能体：逻辑性强，注重效率，倾向于选择最快捷且成本最低的方案。

货物装载智能体：细心谨慎，确保每件货物都能安全、准确地装车。

交付确认智能体：积极主动，善于与客户沟通，确保交付过程顺利、无误。

多智能体架构通过合理的角色分配和个性设计，结合高效的通信机制，能够在复杂的环境中实现有效的协作和协调。无论是物流管理、智能家居还是金融服务等领域,多智能体架构都展现出了巨大的潜力和优势。

在规划与决策方面,单智能体架构和多智能体架构都可以通过推理和工具调用步骤来解决具有挑战性的任务。它们通常通过将一个更大的问题分解为更小的子问题,然后按顺序使用适当的工具来解决每个子问题。

值得注意的是,在多智能体架构中,每个智能体使用大语言模型进行控制,确实可以增强其感知、决策和行动的能力。然而,当多个智能体协同完成一项任务时,除了面临单智能体常见的环境不适配问题外,还必须解决高效沟通和协作的挑战。例如,多智能体架构的一个挑战在于其智能共享消息的能力。多智能体模式更容易陷入礼节性对话中,例如互相询问"你好吗",而单智能体模式由于没有团队动态需要管理,通常更专注于手头任务。多余对话会削弱智能体有效推理和执行正确工具的能力,最终分散智能体的注意力,降低团队效率。

基于大语言模型的智能体的演进方向之一是多智能体间的协同。和人类在现实生活中将不同专长的专家组成团队、发挥集体智慧、共同完成复杂任务的协作方式类似,目前众多理论研究者和应用开发者也在探索多个不同角色的智能体相互协作、共同完成复杂任务的方案。

2.2　AI 智能体的应用

2.2.1　AI 智能体应用概述

AI Agent 是释放 LLM 潜能的关键。当前像 GPT-4 这样的大模型具备很强的能力,但是其性能的发挥却主要依赖于用户写的 Prompt 是否足够合适。AI Agent 则将用户从 Prompt 工程中解放出来,仅需提供任务目标,以大模型作为核心的 AI Agent 就能够为大模型提供行动能力,去完成目标。得益于 LLM 能力边界的不断发展,AI Agent 展现出了丰富的功能性,虽然目前 Agent 还只能完成一些比较简单的任务,但随着 Agent 研究的不断发展,Agent 和人类的合作将越来越多,人类的合作网络也将升级为一个人类与 AI Agent 的自动化合作体系,人类社会的生产结构将会出现变革。

目前,AI Agent 已经在各个领域得到了初步的应用和发展,未来将有望成为 AI 应用层的基本架构,包括 to C、to B 产品等。例如在游戏领域,Agent 将推动游戏里面的每个 NPC 都具有自己的思考能力与行动路线,更加拟人化,整个游戏的沉浸感体验会大大增强;在软件开发领域,Agent 可以根据目标自动完成代码生成、试运行、bug 检查、release 上线等过程。把 Agent 系统作为 AI 应用产品的核心,能够实现比仅采用大模型产品辅助人类工作更高的工作效率,人类的生产力会进一步释放。

2.2.2　AI 智能体应用实例

随着 AI 技术特别是 AI Agent 技术的发展,人们正逐步接近实现通用人工智能的目标。AI Agent 的研究不仅推动了技术的进步,也为各种应用场景带来了革新。随着这些智能体变得越来越可用和好用,"Agent+"产品(即将 AI Agent 与其他技术和应用相结合的产品和服务)逐渐成为未来产品发展的主流方向。

"Agent+"概念意味着 AI Agent 可以与不同的行业和技术结合,如医疗保健中的诊断支持系统、金融领域的风险管理工具、制造业中的自动化生产线管理等。这种跨领域的融合不仅拓宽了 AI 的应用范围,也促进了各行业的数字化转型。对于开发者和创业者而言,"Agent+"产品提供了无限的创新空间。通过将 AI Agent 集成到现有产品或服务中,可以创造出全新的商业模式和服务形态,满足市场上未被充分挖掘的需求。

1. AutoGPT

AutoGPT 是一个致力于简化 AI 智能体开发过程的工具,它特别适用于那些希望通过大型语言模型(如 GPT 系列)来构建自主智能体的应用场景。AutoGPT 旨在帮助开发者通过自动化的方式创建、训练和部署智能体,使得这些智能体能够根据给定的目标自行规划任务、执行操作并持续优化其性能。

2023 年 3 月,开发人员 Significant Gravitas 在 GitHub 上发布了开源项目AutoGPT,它以 GPT-4 为驱动基础,允许 AI 自主行动,完全无须用户提示每个操作。用户给 AutoGPT 提出目标,它就能够自主去分解任务、执行操作、完成任务。作为 GPT-4完全自主运行的最早示例之一,AutoGPT 迅速走红于 AI 界,并带动了整个 AI Agent 领域的研究与发展。

开源项目点燃开发者的热情,基于 AutoGPT 的案例应用层出不穷。基于 GPT-4 的强大能力和 AutoGPT 带来的 Agent 热潮,开发者们很快便基于 AutoGPT 实现了很多有趣的应用案例,例如自动实现代码 debug、自主根据财经网站信息进行投资挣钱、自主完成复杂网站建设、进行科技产品研究并生成报告等。还有开发者为 AutoGPT 开发了网页版本 AgentGPT,仅需给定大模型的 API 即可实现网页端的 AI Agent。

2. 斯坦福学者打造的西部世界小镇

2023 年 4 月,斯坦福大学的研究者们发表了名为 *Generative Agents: Interactive Simulacra of Human Behavior* 的论文,展示了一个由生成代理(Generative Agents)组成的虚拟西部小镇。这是一个交互式的沙盒环境,在小镇上生活着 25 个可以模拟人类行为的生成式 AI Agent。它们会在公园里散步,在咖啡馆里喝咖啡,和同事分享当天的新闻,甚至一个智能体想举办情人节派对,这些智能体在接下来的两天里会自动传播派对邀请的消息,结识新朋友,互相约对方一起去派对,还会彼此协调时间,在正确的时间一起出现在派对上。这种 Agent 具有类似人的特质、独立决策和长期记忆等功能,它们更接近"原生 AI Agent"。在这种合作模式下,Agent 不仅是为人类服务的工具,也能够在数字世界中与其他 Agent 建立社交关系。

生成代理的特点如下。

(1)智能体不仅能够执行特定任务,还能表现出类似于人类的情感反应、兴趣爱好和社交行为。

(2)每个智能体都能够根据自己的偏好和当前情境做出独立的决策。

(3)智能体拥有记忆功能,可以记住过去的事件和互动,并在未来的决策中使用这些记忆。

(4)智能体之间能够建立并维持社会关系,例如朋友关系、同事关系等。

在一个具体的案例中,一名智能体决定举办情人节派对,流程如下。

发起邀请:该智能体首先提出举办派对的想法,并开始通过各种方式传播这一消息,如直接对话、社交媒体公告等。

社交网络效应:其他智能体收到邀请后,会根据自己的日程安排和个人兴趣决定是否参加。如果感兴趣,它们会进一步传播邀请,邀请更多朋友参加。

协调时间:为了确保大家能够在正确的时间一起出现在派对上,智能体会相互协调,讨论并确定最佳的聚会时间。

实际参与:最终,在预定的时间,所有同意参加的智能体会同时出现在派对现场,进行互动交流。

斯坦福大学的这项研究标志着生成代理技术的重大突破,展示了 AI 智能体在模拟人类行为方面的潜力。

3. ModelScopeGPT

在 2023 年 7 月的世界人工智能大会上,阿里云推出了面向开发者们的大模型调用工具 ModelScopeGPT(魔搭 GPT)。魔搭 GPT 的理念类似于浙大和微软团队推出的 HuggingGPT,通过魔搭 GPT,开发者可以一键发送指令去调用魔搭社区中的其他 AI 模型,从而实现大小模型共同协作,进而完成复杂的任务。这也是国内首款大模型调用工具 Agent。

魔搭 GPT 是一个能实现大小模型协同的 Agent 系统。大模型负责复杂的任务理解、规划和高层次的推理;小模型专注于特定领域或任务的高效执行,如图像识别、语音处理、实时数据计算等;而协同机制则通过智能调度,将大模型的广博知识与小模型的专业能力相结合,从而在性能和效率之间取得平衡。

魔搭 GPT 的大小模型协同设计使其在多个领域具有广泛的应用潜力。例如,在供应链优化中大模型进行全局规划,小模型执行具体任务,如库存调整、物流安排等;在内容创作中大模型负责创意构思和文案撰写,小模型生成图像、音频或视频;在教育与培训中大模型提供全面的知识讲解,小模型进行专项练习和评估;在医疗诊断中大模型分析病史和症状,小模型执行影像识别或基因分析。

目前在魔搭社区中所有模型生产者都可以上传自己的模型,验证模型的技术能力和商业化模式,并与其他社区模型进行协作,共同探索模型的应用场景。

4. Manus

不同于当前市场上的大型语言模型和搜索引擎增强工具,Manus 是由中国团队研发的全球首款通用型自主智能体,于 2025 年 3 月 6 日正式发布。其名称源自拉丁语"Mens et Manus"(意为"手脑并用"),旨在强调将知识转化为行动的能力。Manus 的推出标志着 AI 技术从"工具"向"协作者"的跃迁,其核心价值在于将大模型能力转化为生产力工具。这一突破性的技术不仅颠覆了传统 AI 范式,也向世界展示了中国 AI 创新实力的快速跃升。这一技术的进步不仅冲击了硅谷的领先地位,更让全球人工智能竞争进入新的格局。

不同于传统意义上的 AI 工具,Manus 作为协作者能够主动参与到任务规划、执行及优化过程中。Manus 具备高度自主决策能力,能够在没有人类直接干预的情况下完成复杂任务,并根据环境变化调整策略。此外,Manus 还可以根据具体任务自动生成最合适的 Prompt,提高响应的准确性和相关性。更具革命性的是,Manus 并非依赖本地计算,而是以云端为基础运行。这意味着它能够即时获取最新信息,迅速处理海量数据,并通过与其他 AI 系统协同,提高决策质量。

在技术层面,Manus 在权威的 GAIA 基准测试中表现优异,创下 SOTA 成绩,超越同类产品。其核心架构包含规划、执行与验证代理,支持云端异步处理与动态策略调整,可独立完成从任务拆解到成果输出的全流程。其典型应用场景包括生成教学材料、自动化财报分析、个性化旅行规划及代码开发部署等,生成的专业级成果(如 PPT、分析报告、交互网站)质量媲美人工输出。以往,企业主要利用 AI 辅助决策,而 Manus 的出现可能让整个商业运营模式发生颠覆性变化。企业不再需要庞大的数据分析团队,因为 Manus 能够自动完成数据筛选、模式识别、策略制定,甚至直接执行交易、优化运营。这意味着一场新的人工智能驱动的商业革命即将到来。

假设一家电商公司希望提升其客户服务质量和运营效率。

用户请求:"我想要退货,但是不知道具体流程。"

Manus 操作如下。

解析用户意图,确定需要解答的是关于退货政策的问题。

调用电商平台的相关 API 获取最新的退货政策信息。

动态生成回复:"您好! 我们的退货政策如下……",同时提供详细的步骤指导。

如果有必要,还可以进一步协助用户提交退货申请或预约物流取件时间。

Manus 的推出是 AI 技术发展历程中的一个重要里程碑,它不仅展示了中国在人工智能领域的创新能力,也为全球 AI 技术的应用和发展提供了新的思路和方向。

5. 天工 SkyAgents

天工 SkyAgents 是昆仑万维基于其自主研发的天工大模型打造的一款 AI Agent 开发平台。天工大模型在自然语言理解、工程能力、数据能力和存储能力等方面均取得了显著突破,为天工 SkyAgents 提供了强大的底层技术支持。

天工 SkyAgents 将大量任务组件模块化,集成了智能对话、信息加工、信息提取、信息分类、第三方数据获取、向量检索等能力,这使得用户能够轻松地将不同任务模块化,通过操作系统模块的方式实现复杂任务的执行。用户可以通过自然语言构建自己的单个或多个"私人助理",无须复杂的编程知识。这些私人助理能够完成从问题预设、指定回复到知识库创建与检索、意图识别、文本提取等多种任务。

2.3 常见的 AI 智能体平台

随着 AI 智能体技术的发展,构建和部署 AI 智能体的平台正在快速演进。这些平台提供丰富的工具和框架,让开发者能轻松创建复杂的智能体。

2.3.1 Coze 平台

Coze 是字节跳动公司推出的低门槛智能体开发平台,以自然对话体验为核心特色,致力于让开发者无需深厚技术储备即可快速搭建基于大语言模型的各类 AI 应用,并支持将所开发的 AI 应用便捷发布至主流社交平台、通信软件,或集成到企业自有业务系统中,实现 AI 能力与多元场景的深度融合。该平台具备四大核心特性:其一,灵活的工作流设计体系,可处理逻辑复杂且需高稳定性的任务流,通过提供大语言模型、自定义代码、判断逻辑等大量灵活可组合的功能节点,支持开发者以拖拉拽的可视化方式快速搭建工作流;其二,无限拓展的能力集,平台集成了官方发布的多款能力丰富的插件工具,覆盖信息查询、内容生成、数据分析等多元场景,用户可直接将其添加到智能体中;其三,丰富的数据源管理功能,通过简单易用的知识库系统,支持智能体与用户自有数据交互,无论是内容量庞大的本地文件还是网站实时信息,均可上传至知识库,使智能体能够基于这些数据内容精准回答用户问题,满足个性化数据驱动的交互需求;其四,持久化的记忆能力,借助方便 AI 交互的数据库记忆功能,可长期存储用户对话中的重要参数、历史内容及业务数据,智能体在与用户交流时能实时查询数据库信息,结合上下文提供更准确、个性化的回答,有效提升多轮对话的连贯性和服务质量。Coze 通过低门槛的可视化操作、模块化的能力拓展、全链路的数据管理及智能化的记忆机制,构建了"开发-部署-迭代"一体化的智能体开发平台,助力企业与个人高效地将大语言模型能力转化为实际应用,适用于智能客服、内容创作、数据分析、社交互动等多元场景,推动 AI 应用在各领域的普及与创新。

图 2-5 为 Coze 平台。

图 2-5　Coze 平台

2.3.2　豆包平台

豆包智能体是字节跳动公司基于云雀模型开发的 AI 智能体平台,以"边想边搜"的深度思考能力为核心,构建了覆盖文本、图像、音频、视频的多模态交互体系,服务范围涵盖个人用户与企业场景,在汽车、智能终端等行业应用快速增长。该平台创建的智能体覆盖教育、医疗、金融、电商等多个专业领域,支持场景定制,例如南京教师通过其创建的

《城南旧事》人物智能体实现沉浸式阅读教学,退休物理教师王波打造的"明导"智能体精准解答物理难题并生成教学图示;企业端,火山引擎推出的智能体生成平台支持零代码构建智能体,借助知识库检索增强生成技术和插件系统,助力企业在客服、营销等场景实现人工智能转型。此外,在内容生产领域,其集成文生图模型并支持自然语言指令修改图片等功能;效率工具方面提供代码诊疗、合规校验、文献解析等专业服务;交互体验上推出实时语音对话、网页朗读、视频总结等功能,其中,视频总结可生成时间轴脑图精准定位关键内容。硬件生态方面,AI智能体耳机"奥拉伙伴"集成豆包大模型,支持语音唤醒、多轮对话及情感交互,在博物馆导览、英语学习等场景实现"无感陪伴"。豆包智能体通过技术普惠、场景深耕和生态开放,重塑 AI 助手标准,践行字节跳动"技术民主化"战略,降低人工智能使用门槛,为个人和企业赋能。

图 2-6 为豆包 AI 平台。

图 2-6　豆包 AI 平台

2.3.3　Dify 平台

Dify 是一款聚焦生成式 AI 原生应用开发的开源平台,旨在降低开发者门槛、释放大语言模型应用潜力,其核心特点包括:提供从智能体构建到运营的全流程工具及可视化工作站、行业首个可视化知识库管理界面,支持多种索引方法与混合搜索实现精准内容召回的一站式工具链与可视化编排能力;支持聊天助手等五种核心应用类型,提供开箱即用模板与可定制接口,覆盖简单问答到企业级流程自动化需求并支持流式输出与表单配置的多元应用构建能力;兼容多种商业模型和本地推理模型,集成多模态交互能力,支持外部服务调用以扩展大模型现实交互能力的模型与工具生态兼容性;提供推理观测、日志记录等全流程工具,支持团队协作、内容审核及本地化/云端部署,通过知识库管理与提示词变量等功能形成"数据-模型-应用"闭环优化的企业级支持与数据闭环体系;满足新手复用模板、进阶用户自由编排节点,支持多模型对比调试,可生成独立 Web 应用或嵌入第三方系统并追踪应用表现的灵活开发与发布流程。Dify 通过可视化编排、模型兼容、企业级运维与工具扩展,构建了覆盖"开发-部署-迭代"的全周期生态,适用于客服、内容生成、数据分析等场景,助力高效构建安全、可解释、可持续优化的生成式 AI 应用,推动大语言模型技术快速转化为业务价值。

2.3.4　文心智能体平台

百度公司的文心智能体平台依托百度强大的人工智能技术研发实力,整合了自然语言处理、知识图谱等多种先进技术,为开发者和企业提供一站式的智能体开发与应用解决方案。在这个平台,开发者可以借助丰富的预训练模型,快速进行微调以适应不同业务场景,大大缩短开发周期;其知识增强能力,借助百度庞大的知识图谱,能让智能体在回答问题时更全面、准确且有深度。

图 2-7 为文心智能体平台。

图 2-7　文心智能体平台

2.3.5　腾讯元器

腾讯元器是腾讯推出的一站式 AI 智能体创作与分发平台,架构灵活,支持多种类型智能体开发。它的多模态交互能力出色,用户不仅能通过文本对话,还能结合语音、图像等形式实现更自然便捷的人机交互,具有低代码开发、工作流模式、插件支持、知识库功能和腾讯生态集成等核心功能。它支持超长上下文理解,能够处理复杂且连续的任务和回复。用户可以快速创建智能体,定义基本信息、AI 设定和工具配置,打造个性化智能体。在应用场景方面,腾讯元器广泛覆盖企业服务、教育行业和创意娱乐等领域。例如,企业可以利用它实现智能客服和私域运营,教育机构可以创建 AI 班主任和语言学习助手,创意工作者可以借助它生成剧本和虚拟偶像。此外,腾讯元器还支持与微信等腾讯社交产品无缝对接,助力智能体应用社交化传播,进一步扩大了智能体的应用范围。

图 2-8 为腾讯元器。

图 2-8　腾讯元器

2.3.6　星火智能体

科大讯飞的星火智能体平台由智能体、任务链和知识库三大核心模块构成,其中,智能体模块事先配备了预先设置,能够自主规划并调用工具执行任务;任务链为智能体提供执行任务所需要的各类工具,能快速链接企业内部的知识、IT 系统和外部信源;知识库模块能让用户更快捷地查询垂类知识,让智能体更好地解决专业类问题,支撑其高效运行。用户无需深厚技术背景,只需要通过简单的提示词设定,即可快速开发适配不同场景的智能体,极大地降低了人工智能的应用门槛。目前,平台已开放职场办公、营销策划、编程开发、创意写作等多个核心场景。星火智能体覆盖三大类型:一是通过自然语言指令直接创建的零代码智能体,适合快速生成简易功能;二是通过业务流程编排实现复杂意图的低代码智能体,满足企业级流程化需求;三是专注于专业领域的独立轻应用,在特定场景中发挥深度服务能力。以垂类智能体"讯飞晓医"为例,其整合了多种常见疾病知识库、药物信息及医学检验数据,能够为用户提供初步的症状分析、用药建议等医疗支持,切实满足日常健康咨询需求。

图 2-9 为星火智能体平台。

2.3.7　其他平台

天工 SkyAgents 是基于昆仑万维天工大模型平台打造的 AI 智能体开发平台,具有从感知到决策,从决策到执行的自主学习和独立思考能力。用户能够通过自然语言创建一个或多个智能体,并将不同任务模块化。通过操作系统模块,可以执行包括问题预设、指定回复、知识库创建与检索、意图识别、文本提取和 http 请求等任务。

图2-9　星火智能体平台

其中，天工大模型的 MoE 架构能让 AI 获得更快的响应速度且面对复杂任务的处理能力更强。

阿里巴巴的魔塔智能体平台聚焦于电商、物流等核心业务场景，并逐步向其他行业拓展。在电商业务中，它大显身手，智能客服能准确理解消费者问题并快速答复；商品推荐智能体可根据用户数据精准推送商品；还融入严格安全机制，保障电商交易安全可靠。

支付宝推出的智能体开发平台"百宝箱"，聚焦出行、政务、餐饮、医疗等重点行业，突出支付功能。商家机构可调用蚂蚁百灵等多个主流大模型的能力，使用海量第三方应用接口和插件，零代码、最快一分钟创建专属智能体，并一键发布到支付宝小程序、支付宝 App、支小宝 App 等多端。它高效连接服务，与支付宝支付、搜索、小程序等 20 多项经营工具和阵地打通；实现多场景分发，覆盖线上线下多个场景；还聚焦专业智能体，在多行业坚持开放，与行业伙伴及专业机构携手共创。

Manus 是国内的创业公司 Monica 发布的全球首款通用智能体产品。Manus 作为全球首款真正意义上的通用 AI Agent，具备从规划到执行全流程自主完成任务的能力，如撰写报告、制作表格等。它不仅生成想法，更能独立思考并采取行动。以其强大的独立思考、规划并执行复杂任务的能力，直接交付完整成果，展现了前所未有的通用性和执行能力。Manus 在 GAIA 基准测试中取得了当时最先进的成绩，显示其性能超越 OpenAI 的同层次大模型。

OpenAI 的 GPTs 构建平台 GPT builder 允许用户使用自然语言构建各种 GPTs，无须输入代码，大大地降低了 Agent 构建门槛，用户可以轻松创建具有特定功能的智能体。

微软的 Jarvis 是一站式 AI 智能体，名称源自《钢铁侠》电影，它将多个 AI 工具整合到单一系统，利用基于大语言模型的协作框架来规划任务、挑选合适的 AI 工具、执行任务并生成响应，还具备多模态能力，能同时理解音频、图像、文本数据，可自动回复邮件并进行规划安排，从不同格式数据中提取具有可操作性的见解。

　　此外,传统大模型应用大多基于 Prompt 实现,但高质量的 Prompt 对于普通用户来说难以掌握,而天工 SkyAgents 只需用户给定工作目标,即可通过独立思考和调用工具逐步完成任务,极大地降低了大模型技术的应用门槛。

　　随着技术的不断进步,"Agent＋"产品将会在更多领域得到应用,成为未来产品和服务的主要发展方向之一。然而,在这一过程中也需要关注伦理道德、隐私保护等问题,确保技术发展的同时也能造福人类社会。

2.4　本章小结

　　(1) 智能体(Agent)是一个能够感知环境、做出决策并执行任务的"智能个体"。智能体旨在通过一系列决策和行动实现特定目标或完成任务,同时根据环境反馈不断学习和优化其行为。

　　(2) 在基于 LLM 的智能体构建中,LLM 在智能体的智能化中扮演着至关重要的角色。这些智能体能够通过整合 LLM 与规划、记忆以及其他关键技术模块,执行复杂的任务。

　　(3) LLM 的浪潮推动了 AI Agent 相关研究的快速发展。AI Agent 需要做到能够像人类一样进行交互,大语言模型强大的能力为 AI Agent 的突破带来了契机。

　　(4) AI Agent 的研究是人类不断探索接近 AGI 的过程,随着 Agent 变得越来越可用和好用,Agent＋的产品将会越来越多,成为未来产品的主流发展方向。

图 2-10　选择"AI 智能体"

2.5　实训

1. 实训目的
本节实训使用豆包创建用户想要的智能体。

2. 实训内容
　　(1) 运行豆包,网址为 https://www.doubao.com/chat/bot/discover,在页面中选择"AI 智能体",如图 2-10 所示。

　　(2) 在打开的页面中选择"＋创建 AI 智能体",如图 2-11 所示。

　　(3) 输入智能体的名称、设定描述以及权限设置,如图 2-12 所示。

　　(4) 查看已经创建好的智能体,如图 2-13 所示。

　　(5) 与该智能体展开对话,如图 2-14 所示。

图 2-11　选择"＋创建 AI 智能体"

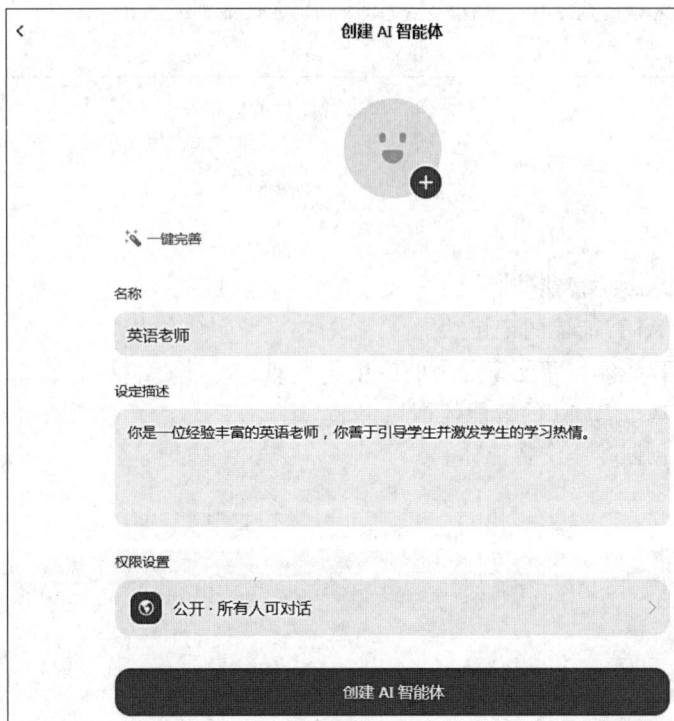

图 2-12　设置智能体

图 2-13　已经创建好的智能体

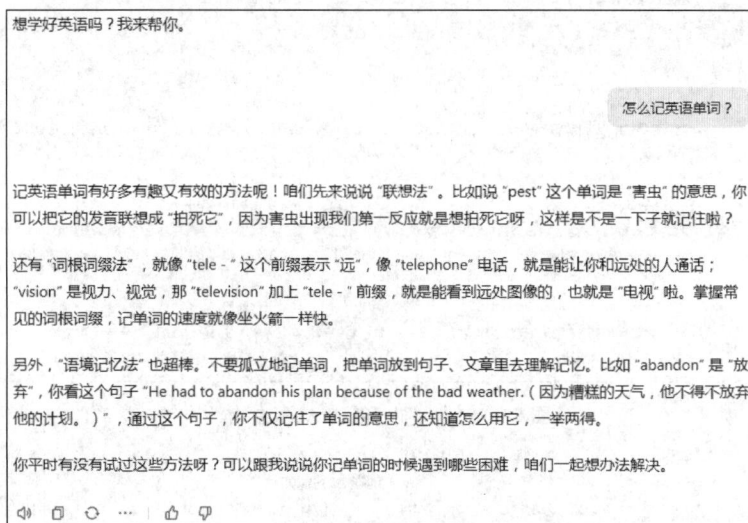

图 2-14　与该智能体的对话

扫一扫

自测题

习题 2

（1）请阐述什么是智能体。

（2）请阐述 AI 智能体的记忆功能。

（3）请阐述智能体在智能家居中的应用。

（4）请阐述基于 LLM 的智能体框架组成。

（5）使用豆包创建一个智能体。

第 **3** 章

AI高效工作

本章学习目标
- 掌握 AI 生成新闻
- 掌握 AI 生成年终总结
- 掌握 AI 生成商业策划书
- 掌握 AI 生成电商文案
- 掌握 AI 生成 PPT

3.1 AI 生成新闻

3.1.1 认识 AI 生成新闻

AI 生成新闻是利用人工智能技术自动生成新闻文章的过程。这项技术可以显著提高新闻生产的效率,特别是在处理大量数据和快速响应突发事件时。

1. AI 生成新闻的技术背景

1) 自然语言处理

自然语言处理是使计算机理解和生成人类语言的技术基础。在新闻写作中,自然语言处理用于解析数据源(如财务报告、体育赛事结果),提取关键信息,并将其转换为连贯的文本。例如,利用摘要技术能够从长篇文章中提炼出最重要的信息点,生成简短而准确的总结。

此外,在某些情况下 AI 还可以根据预定义的模板来生成新闻文章。这些模板包含了固定的句子框架,人们只需插入从数据源中提取的具体数值或事实即可。

例如,通过自然语言处理可以识别出股市波动中的重要变化,自动撰写有关公司业绩的报道。

2) 机器学习模型

机器学习算法通过对大量已有的新闻稿件进行训练,学会模仿特定风格或类型的新闻写作方式。

这些模型能够根据输入的数据自动生成符合语法规范且逻辑清晰的文章,甚至可以根据不同受众的需求调整语气和表达方式。

3)知识图谱

知识图谱是一种结构化的语义网络,它将实体(如人名、地点、事件)及其关系以图形化的方式表示出来。

在新闻写作中,知识图谱可以帮助 AI 更好地理解上下文,从而生成更加准确和丰富的报道。

2. AI 生成新闻的应用场景

1)快速响应突发事件

AI 可以在几秒内生成关于地震、股市波动等突发事件的初步报告,为新闻机构提供及时的信息更新。

此外,对于自然灾害或其他紧急情况,AI 可以迅速整合来自多个渠道的数据,生成简明扼要的新闻摘要,帮助公众第一时间了解最新动态。

2)数据分析与解读

对于基于数据的内容,如财务报表、选举结果、体育赛事统计等,AI 可以处理大量的原始数据,提炼出有价值的信息,并以易于理解的形式呈现给读者。

例如,AI 可以分析球队的历史表现和当前赛季的成绩,预测未来的比赛结果,撰写详细的赛前预览或赛后总结。

3)个性化新闻推送

根据用户的阅读历史和偏好,AI 能够定制化生成适合个人兴趣的新闻摘要或专题文章。此外,分析用户的行为模式,AI 还可以推荐相关的深度报道或专题系列,提升用户的体验和参与度。

3. AI 生成新闻的应用

美联社使用 Automated Insights 的 Wordsmith 平台自动生成季度财报新闻稿。每当一家上市公司发布季度或年度财务报告时,Wordsmith 平台都会自动从这些报告中提取关键数据点,然后基于预设的模板和风格指南自动生成一篇结构化的新闻稿,内容包括收入、利润、每股收益等重要指标的变化情况。这项技术使得美联社能够在短时间内发布大量精确的企业财务报告,大大提高了工作效率。

北京青年报使用阿里云开发的"大鱼号"智能写作助手帮助记者快速撰写新闻稿件。该工具不仅加快了新闻生产的速度,还提升了内容的质量和多样性。

法新社启用了由叙拉古大学和法国国家科学研究中心共同研发的 Newsroom Assistant,用于自动撰写体育新闻。该系统能够实时跟踪比赛进展,即时生成详细的赛事报道。

例如,《纽约时报》使用 AI 生成地方新闻如下。

标题:纽约市推出新公共交通线路,缓解交通拥堵

纽约市政府今日宣布,将推出一条新的公共交通线路,以缓解曼哈顿地区的交通拥堵问题。新线路将连接曼哈顿中城和布鲁克林区,预计将于下月正式投入运营。市长埃里克·亚当斯表示,新线路将为市民提供更便捷的出行选择,改善城市的交通状况。

4. AI生成新闻的提示词

AI生成新闻时,提示词的设计至关重要。一个精心设计的提示词可以引导AI生成更加准确、相关和专业的新闻内容。以下是AI生成新闻常见的提示词类型及其示例。

我希望你作为一位经验丰富的财经新闻记者,撰写一篇关于[主题]的文章。

按照新闻稿的标准格式,包括标题、导语、主体和结尾,撰写一篇关于[事件]的报道。

请以科技专栏作家的身份,分析[技术趋势]对行业的影响。

基于提供的具体数据和背景信息,撰写一篇客观报道:[提供具体数据和背景信息]。

根据最近发布的官方统计数据,描述[经济指标]的变化情况,并预测其未来走势。

例如,要AI撰写一篇基础新闻报道,提示词如下。

作为科技专栏作家,请撰写一篇关于2025年最新推出的量子计算处理器的介绍文章。探讨这项技术的工作原理、主要应用场景(如加密通信、药物研发)、潜在的优势与面临的挑战,以及它对未来信息技术领域可能产生的影响。

3.1.2　AI生成新闻实例

1. 公司财报

提示词:请生成一篇关于苹果公司2023年第三季度财报的新闻文章,包括营收、利润、主要产品销售情况和公司高层的评论。

生成内容:

标题:苹果公司发布2023年第三季度财报,营收同比增长10%

苹果公司今日发布了2023年第三季度财报,报告显示,公司当季营收达到900亿美元,同比增长10%。净利润为210亿美元,同比增长8%。其中,iPhone销售额为450亿美元,同比增长12%;服务业务收入为180亿美元,同比增长15%。苹果公司CEO蒂姆·库克表示,公司将继续投资于创新技术和新产品,以保持市场领先地位。

2. 市场分析

提示词:请生成一篇关于全球股市本周表现的新闻文章,包括主要市场的涨跌情况、重要经济数据和分析师的评论。

生成内容:

标题:全球股市本周表现稳健,主要市场普遍上涨

本周全球股市表现稳健,主要市场普遍上涨。美国道琼斯工业平均指数上涨1.5%,纳斯达克综合指数上涨2.0%。欧洲股市方面,德国DAX指数上涨1.2%,法国CAC40指数上涨1.0%。亚洲市场方面,日本日经225指数上涨1.8%,中国上证综指上涨1.5%。本周公布的经济数据显示,美国就业数据好于预期,欧洲通胀有所缓解,分析师认为这些因素对市场情绪产生了积极影响。

3. 体育新闻

提示词:请生成一篇关于曼城队在英超联赛中击败利物浦队的比赛报道,包括比分、关键事件和教练的评论。

生成内容：

> 标题：曼城击败利物浦，赢得英超冠军
>
> 曼城队在昨晚的英超联赛中以 2:1 击败利物浦队，提前一轮锁定本赛季英超冠军。这是曼城队历史上第六次夺得英超冠军。在比赛中，曼城队凭借斯特林和德布劳内的进球取得领先，利物浦队在下半场由萨拉赫扳回一球，但未能改变比赛结果。曼城队主教练瓜迪奥拉表示，球队的表现令人骄傲，将继续努力争取更多荣誉。

4. 公共服务

提示词：请生成一篇关于上海市推出新的垃圾分类政策的新闻文章，包括政策内容、实施时间和市民的反馈。

生成内容：

> 上海市政府今日宣布，将从 2026 年 1 月 1 日起实施新的垃圾分类政策。新政策要求市民将垃圾分为可回收物、有害垃圾、湿垃圾和干垃圾 4 类，并规定了具体的投放时间和地点。市政府表示，此举旨在提高垃圾分类的效率，减少环境污染。市民对新政策表示支持，认为这将有助于改善城市的环境卫生。

5. 自然灾害

提示词：请生成一篇关于四川发生 6.0 级地震的新闻文章，包括震源深度、伤亡情况、政府的应对措施和专家的评论。

生成内容：

> 标题：四川发生 6.0 级地震，暂无人员伤亡报告
>
> 今日凌晨，四川省某地发生 6.0 级地震，震源深度为 10 千米。据初步统计，暂无人员伤亡报告，部分地区房屋受损。当地政府已启动应急响应，救援队伍已赶赴现场开展救援工作。地震专家表示，此次地震属于正常地质活动，不会造成大规模灾害。

6. 国际会议

提示词：请生成一篇关于联合国气候变化大会的新闻文章，包括会议的主要议题、各国的承诺和专家的评论。

生成内容：

> 标题：联合国气候变化大会召开，各国承诺减排
>
> 联合国气候变化大会今日在巴黎召开，来自全球 100 多个国家的代表出席了会议。会议的主要议题包括减少温室气体排放、加强国际合作和提供资金支持等。各国纷纷作出减排承诺，力争实现《巴黎协定》的目标。专家表示，此次大会的成功将对全球气候变化的应对产生重要影响。

7. 电影首映

提示词：请生成一篇关于电影《星际穿越 2》首映的新闻文章，包括以下信息。

首映时间、地点

导演和主演的出席情况

电影的主要剧情

观众和影评人的评价

生成内容:

标题:《星际穿越2》首映,导演诺兰携主演亮相

电影《星际穿越2》今日在洛杉矶举行首映礼,导演克里斯托弗·诺兰和主演马修·麦康纳、安妮·海瑟薇等出席了活动。《星际穿越2》是2014年同名电影的续集,讲述了一组宇航员在宇宙中寻找新家园的冒险故事。影片延续了前作的科幻风格,加入了更多的情感元素和视觉特效。观众和影评人对电影给予了高度评价,认为《星际穿越2》不仅在视觉上令人震撼,更在情感上触动人心。首映礼现场气氛热烈,观众期待已久的这部电影终于和大家见面。

---

8. 环保新闻

提示词:请生成一篇关于某城市启动大规模植树造林项目的新闻文章,包括以下信息。

项目名称和规模

项目的目标和意义

政府和市民的参与情况

专家的评论

生成内容:

标题:某城市启动大规模植树造林项目,打造绿色生态城市

为改善城市环境,某市政府今日正式启动了"绿动未来"植树造林项目。该项目计划在五年内种植100万棵树,覆盖城市的主要公园、街道和荒地。项目旨在提高城市绿化率,改善空气质量,提升市民的生活质量。政府呼吁市民积极参与,共同为城市绿化贡献力量。环保专家表示,大规模植树造林项目将对城市的生态环境产生积极影响,有助于应对气候变化和改善居民健康。

---

9. 科技新闻

提示词:请生成一篇关于某公司推出新一代AI语音助手的新闻文章,包括以下信息。

产品的名称和功能

技术亮点和应用场景

用户体验和市场反应

专家的评论

生成内容:

标题:某公司推出新一代AI语音助手,智能生活触手可及

某科技公司今日宣布推出新一代AI语音助手"智言",该产品具备强大的自然语言处理能力和多场景应用。用户可以通过语音指令控制智能家居设备、查询天气、播放音乐等。智言采用了最新的深度学习技术,能够理解复杂命令并提供精准服务。用户反馈称,智言的操作简便,功能强大,极大地提升了生活便利性。科技专家认为,新一代AI语音助手将推动智能家居市场的发展,改变人们的生活方式。

3.2　AI 生成年终总结

3.2.1　认识 AI 生成年终总结

AI 生成年终总结是利用人工智能技术,并利用大数据分析和自然语言处理,自动生成具有针对性的年终总结。这种方式可以帮助用户快速完成高质量的年终总结,提高工作效率,并使总结内容更具亮点和说服力。

1. AI 生成年终总结的技术背景

1) 数据整理

AI 系统使用网络爬虫或 API 接口从内部系统(如 ERP、CRM)、外部资源(如市场报告、新闻网站)中自动获取相关数据。接下来对采集到的数据进行清洗,去除重复项和噪声,纠正错误格式,并统一数据标准。针对文本数据,可以进行分词、词性标注、命名实体识别等操作,以便后续分析。

2) 关键信息提取

AI 系统应用信息抽取技术(如命名实体识别、关系抽取)从大量文档中提取出重要的事实和数据点,并将提取的信息按类别整理,例如业绩指标、项目进展、市场趋势等,为后续生成提供结构化输入。

利用机器学习算法(如时间序列分析、回归模型)对历史数据进行分析,识别出年度内的主要变化趋势和发展动向。这些分析结果可以作为年终总结中的重要组成部分,帮助管理层更好地理解公司过去一年的表现。

3) 内容生成

AI 系统设计多种类型的模板,覆盖不同部门或职能领域(如销售、市场、研发等),每个模板包含固定的句子框架和变量槽位。

最后,AI 系统依靠深度学习模型根据上下文自动生成符合语法规范且逻辑连贯的文字内容,并且 AI 还可以撰写评价性语句,提供见解和建议,使得年终总结更加全面和深入。

2. AI 生成年终总结的优点

1) 高效率

传统的年终总结需要花费大量时间和精力,而 AI 工具只需几分钟即可完成高质量的总结。

2) 结构清晰

AI 生成的总结具有明确的结构,包括工作成果、工作亮点、不足与反思、未来规划等部分,便于阅读。

3) 个性化定制

用户可以根据自己的需求调整生成器的参数,使总结更具个人特色。

3. AI 生成年终总结的应用场景

AI 生成年终总结有以下常见的应用场景。

1）企业年报

企业通常需要编制详细的年报,涉及多个部门和复杂的数据集。AI可以帮助企业快速整合信息,生成高质量的年报内容,减轻人工负担。

2）部门总结

部门可以根据自身特点选择合适的模板和风格,AI自动生成各自的年终总结,确保内容的一致性和专业性。

3）员工个人绩效评估

公司人力部门可以利用AI生成员工的个人绩效评估报告,基于工作记录、项目成果等数据,提供客观、公正的评价,支持人才发展决策。

4．AI生成年终总结的提示词

为AI生成年终总结时设计有效的提示词,可以确保生成的内容既全面又贴合实际情况。以下是一些常见的提示词类型及其示例。

（1）明确AI在生成年终总结时的角色和视角,例如作为部门经理、团队领导者或公司高管。提示词：请以一位经验丰富的销售部门经理的身份撰写一份2024年的年终总结。

（2）指定总结的时间跨度,确保内容覆盖正确的时期。提示词：回顾2024年1月到2024年12月期间团队的工作情况。

（3）描述在过去一年中遇到的主要挑战以及如何克服这些挑战。提示词：分析在过去一年中供应链中断对生产计划的影响及我们的解决方案。

（4）根据受众选择合适的语气和风格,例如正式、鼓舞人心或激励性的语言。提示词：用一种鼓舞人心且充满正能量的语气激发团队产生继续前进的动力。

（5）考虑是否需要包含图表、图片或其他多媒体元素来增强总结的表现力。提示词：插入一些团队活动的照片,体现良好的企业文化氛围。

5．AI生成年终总结的应用

AI生成的某员工年终总结如下。

标题：某员工2024年个人工作总结

一、个人基本情况

- **姓名**：张三
- **岗位**：销售经理
- **入职时间**：2018年
- **主要职责**：区域市场的客户开拓和销售管理

二、2024年主要工作内容和成果

（1）**客户开拓**：成功开发20家新客户,其中10家成为长期合作伙伴,客户满意度达到95％。

（2）**销售业绩**：带领团队实现5000万元的销售收入,超额完成年度销售目标。

（3）**市场活动**：组织了多场市场推广活动,有效地提升了品牌知名度和市场影响力。

（4）＊＊团队管理＊＊：通过定期培训和绩效考核提高了团队的专业能力和工作效率。

三、面临的挑战和应对措施

（1）＊＊市场竞争激烈＊＊：通过优化销售策略和提升服务质量，有效应对了市场竞争。

（2）＊＊客户需求多样化＊＊：加强与客户的沟通和交流，深入了解客户需求，提供个性化的产品和服务。

（3）＊＊团队管理＊＊：通过定期培训和绩效考核提高了团队的专业能力和工作效率。

四、个人成长和收获

（1）＊＊专业能力＊＊：通过参加公司组织的培训和自我学习，不断提升了自己的专业能力和管理水平。

（2）＊＊沟通协调＊＊：与同事和客户的良好合作，让我在沟通和协调方面有了很大的提升。

（3）＊＊团队管理＊＊：通过团队建设活动，增强了团队的凝聚力和战斗力。

五、未来的规划和目标

（1）＊＊市场拓展＊＊：进一步开拓新市场，扩大市场份额。

（2）＊＊客户维护＊＊：加强客户关系管理，提高客户满意度和忠诚度。

（3）＊＊团队建设＊＊：继续加强团队建设和人才培养，打造一支高效、专业的销售团队。

（4）＊＊个人发展＊＊：继续提升自己的专业能力和管理水平，为公司的发展做出更大贡献。

总结：2024年是我个人成长和收获的一年。在公司的支持和团队的共同努力下，我取得了显著的工作成果。展望2025年，我将继续努力，为实现更高的目标而奋斗。

3.2.2　AI生成年终总结实例

1. AI生成公司年终总结

提示词：

请生成一篇关于某公司在2023年的年终总结报告，包括以下信息。

公司概况和主要业务

2023年的主要成就和亮点

面临的挑战和应对措施

未来的战略规划和目标

员工和客户的反馈

生成内容：

标题：某公司2023年年终总结报告

一、公司概况和主要业务

某公司是一家专注于信息技术和解决方案的高科技企业，成立于2010年，总部位于北京。公司的主要业务包括软件开发、云计算服务和大数据分析。

二、2023年的主要成就和亮点

（1）**业务增长**：2023年，公司营业收入同比增长20％，净利润增长15％。新客户数量增加30％，客户满意度达到95％。

（2）**技术创新**：成功研发并推出了多款新产品，包括XX云平台和YY数据分析工具，获得市场的广泛好评。

（3）**市场拓展**：成功进入国际市场，与多家海外企业建立了合作关系，国际业务占比提升至25％。

（4）**团队建设**：新增员工100人，员工培训覆盖率100％，团队凝聚力和战斗力显著提升。

三、面临的挑战和应对措施

（1）**市场竞争激烈**：面对激烈的市场竞争，公司加大了研发投入，优化了产品和服务，提高了市场竞争力。

（2）**人才流失**：通过完善薪酬福利体系和职业发展路径，有效地降低了人才流失率。

（3）**供应链不稳定**：建立了多元化的供应链体系，确保了原材料供应的稳定性和可靠性。

四、未来的战略规划和目标

（1）**持续创新**：继续加大研发投入，推出更多创新产品和技术解决方案。

（2）**市场拓展**：进一步拓展国内外市场，提高市场份额和品牌影响力。

（3）**人才培养**：加强员工培训和发展，打造一支高素质的专业团队。

（4）**客户满意**：不断提升服务质量，确保客户的满意度持续提升。

五、员工和客户的反馈

员工普遍表示，公司在2023年取得了显著成绩，团队氛围良好，职业发展前景广阔。客户对公司的产品和服务给予了高度评价，表示愿意继续合作。

总结：2023年是某公司充满挑战和机遇的一年。公司在全体员工的共同努力下取得了显著的成绩。展望2024年，我们将继续秉持创新、合作、共赢的理念，为实现更高目标而努力奋斗。

2. AI生成部门年终总结

提示词：

请生成一篇关于某公司销售部门在2023年的年终总结报告，包括以下信息。

部门概况和主要职责

2023年的主要业绩和亮点

面临的挑战和应对措施

未来的战略规划和目标

团队建设和发展

生成内容:

标题:某公司销售部门 2023 年年终总结报告

一、部门概况和主要职责

销售部门是某公司的重要职能部门,主要负责市场开拓、客户维护和销售管理。销售部门现有员工 50 人,分布在多个区域市场。

二、2023 年的主要业绩和亮点

(1) **销售业绩**:2023 年,部门实现销售收入 10 亿元,同比增长 25%,超额完成年度销售目标。

(2) **客户拓展**:新增客户 100 家,客户满意度达到 90%。成功签约多个重要客户,建立了长期合作关系。

(3) **市场活动**:组织了多场市场推广活动,包括产品发布会、客户交流会等,有效地提升了品牌知名度和市场影响力。

三、面临的挑战和应对措施

(1) **市场竞争激烈**:通过优化销售策略和提升服务质量,有效应对了市场竞争。

(2) **客户需求多样化**:加强了与客户的沟通和交流,深入了解客户需求,提供了个性化的产品和服务。

(3) **团队管理**:通过定期培训和绩效考核提高了团队的专业能力和工作效率。

四、未来的战略规划和目标

(1) **市场拓展**:进一步开拓新市场,扩大市场份额。

(2) **客户维护**:加强客户关系管理,提高客户的满意度和忠诚度。

(3) **团队建设**:继续加强团队建设和人才培养,打造一支高效、专业的销售团队。

五、团队建设和发展

2023 年,销售部门通过定期培训、团队建设活动和绩效激励有效提升了团队的凝聚力和战斗力。员工普遍表示,部门氛围良好,职业发展前景广阔。

总结:2023 年是销售部门取得显著成绩的一年。在全体员工的共同努力下,我们超额完成了年度目标,为公司的发展做出了重要贡献。展望 2024 年,我们将继续努力,为实现更高的业绩而奋斗。

3.3 AI 生成商业策划书

3.3.1 认识 AI 生成商业策划书

商业策划书是创业者向投资人展示其商业模型、市场潜力及团队能力的重要工具。它能够清晰地阐述企业的目标、策略及所需资源,为吸引投资和合作伙伴提供有力支持。

在当今商业环境中,撰写一份有效的商业策划书变得愈发重要。对于许多创业者和企业家而言,这份文档不仅是获得投资的关键,更是展示商业愿景与战略的窗口。

AI生成商业策划书是一种利用人工智能技术自动生成商业计划文档的过程。这种技术可以帮助创业者、企业主和管理者高效地创建详细的商业计划,从而节省时间和资源。

1. 商业策划书的组成

一个完整的商业策划书通常包含以下几个关键部分。

封面:包括公司名称、标志、联系信息等。

目录:列出文档中的各个章节及其页码。

执行摘要:简要概述整个商业计划的核心内容,包括业务概念、市场机会、财务概览等。

公司描述:详细介绍公司的背景、使命、愿景、目标、产品或服务、法律结构等。

市场分析:分析目标市场、行业趋势、竞争对手、客户细分、市场需求等。

组织和管理:介绍公司的组织结构、管理团队、员工情况等。

产品或服务:详细描述公司提供的产品或服务,包括技术、研发、生产过程等。

营销与销售策略:阐述如何推广产品或服务,包括定价策略、销售渠道、促销活动等。

资金需求:说明所需的资金总额、用途、融资方式(如股权融资、债务融资)等。

财务预测:提供未来几年的财务预测,包括收入、成本、利润等。

附录:提供支持性文件,如市场研究数据、简历、合同等。

2. 商业策划书的书写要点

商业策划书的书写要点如下。

1)清晰简洁

使用简单明了的语言,避免行业术语和复杂的表述,并尽量使用简短、直接的句子,让每句话传达一个清晰的信息。

例如:我们使用智能技术改善客户体验,让客户更满意,并增强客户的忠诚度。

2)数据支持

用数据和事实支持论点,增加可信度。

例如:根据最新的市场调查,我们的产品在推出后的前三个月内获得了90%的用户满意度评分。

3)逻辑连贯

确保各部分之间逻辑连贯,内容条理清晰。

例如:我们的产品非常创新,具备多项独特功能。接下来,我们将通过市场分析来展示这些创新如何满足市场需求。

4)视觉辅助

使用图表、图形和列表来增强可读性和吸引力。

例如:使用柱状图、饼图、折线图等展示数据趋势;使用项目符号或编号列表来列举关键点。

5)个性化

突出公司的独特卖点和创新之处,使商业策划书更具个性。

例如:我们的产品通过独特的智能识别技术,能够在几秒内准确地识别客户需求,提供个性化的解决方案。这不仅提高了客户满意度,还显著地提高了工作效率。

6)审查和校对

仔细地审查和校对,确保没有语法错误和拼写错误。

例如:我们的团队由经验丰富的工程师组成,他们拥有多年的行业经验。

修改为:我们的团队由经验丰富的工程师组成,他们拥有多年行业经验。

3. AI生成商业策划书的具体方法

1)明确目标

确定商业策划书的主要用途和受众群体,例如是用于吸引投资者、内部战略规划还是市场推广。

2)结构设计

商业策划书的结构设计需要全面清晰,涵盖核心要素,可以从市场分析、产品或服务、营销策略、运营管理等角度展开。

3)内容生成

根据用户提供的一个主题、关键词或者一段简要描述,AI自动生成商业策划书的内容框架,并根据提供的信息进一步扩展,生成详细的段落、列表、引用等,确保每个章节都有丰富而相关的内容。

4. AI生成商业策划书的提示词

为AI生成商业策划书时设计详细的提示词是确保输出内容既专业又贴合实际需求的关键。以下是一些针对不同部分的提示词示例,它们可以引导AI生成一份高质量的商业策划书。

(1)封面。提示词:创建一个吸引人的封面设计,包括公司名称和联系信息(地址、电话、电子邮件)。

(2)执行摘要。提示词:撰写一段简明的执行摘要,包含使命陈述、业务概述、市场机会、竞争优势等。

(3)组织管理。提示词:介绍公司的法律结构、管理层团队及其职责分配。

(4)公司简介。提示词:详细描述公司的背景信息,包括成立时间、创始人团队、愿景和使命陈述,强调公司在行业内的独特地位及其长期发展目标。

(5)产品或服务。提示词:深入介绍公司的主要产品或服务,涵盖其特点、功能、优势以及如何解决目标客户的问题,可以提及任何专利技术或创新点。

(6)市场分析。提示词:基于最新的市场研究数据进行详尽的市场分析,包括市场规模、增长趋势、竞争格局、消费者行为等,识别并评估潜在的机会和威胁。

(7)竞争对手分析。提示词:列出主要竞争对手的名字,并对每个竞争对手的产品、价格策略、市场份额等方面进行比较。分析我们的差异化优势和市场进入壁垒。

(8)营销策略。提示词:制订全面的营销计划,包括品牌建设、广告宣传、促销活动、公关策略等。描述将采用哪些渠道(线上/线下)来推广产品或服务,并预测预期效果。

(9)资金需求。提示词:明确所需融资金额及用途,如设备采购、市场拓展、研发投资等。说明资金来源的可能性,如银行贷款、风险投资、天使投资人等。

(10)财务预测。提示词:制作损益表、现金流分析、资产负债表和盈亏点的预测。

（11）风险评估与应对。提示词：识别可能面临的各种风险因素，如经济衰退、政策变动、技术革新等。为每种风险提出相应的缓解或预防措施。

3.3.2 AI生成商业策划书实例

1. AI生成商业策划书的执行摘要

提示词：

请生成一份关于某科技公司的执行摘要，包括以下信息。

公司名称：InnovateAI Solutions

业务概述：开发基于人工智能的智能客服系统

市场机会：企业对客户服务自动化需求快速增长

财务概览：预计第一年收入为100万美元，净利润率为15%

融资需求：寻求200万美元的种子轮融资

生成内容：

> 执行摘要
>
> InnovateAI Solutions是一家专注于开发基于人工智能的智能客服系统的高科技公司。我们的核心业务是为企业客户提供高效的客户服务自动化解决方案。随着企业对客户服务自动化需求的快速增长，我们看到了巨大的市场机会。我们预计在第一年的收入将达到100万美元，净利润率为15%。为了支持产品研发和市场推广，我们正在寻求200万美元的种子轮融资。

2. AI生成商业策划书的市场分析

提示词：

请生成一份关于智能客服市场的市场分析，包括以下信息。

行业概况：全球智能客服市场规模达到100亿美元，预计年复合增长率15%

目标市场：中大型企业

竞争对手：Google Dialogflow、IBM Watson、Amazon Lex

客户需求：提高客户满意度，降低运营成本

数据支持：70%的企业计划在未来两年内采用智能客服系统

生成内容：

> 市场分析
>
> 根据Grand View Research的数据，2023年全球智能客服市场规模达到100亿美元，预计到2028年将以年复合增长率15%的速度增长。我们的目标市场是中大型企业，特别是那些需要高效客户服务解决方案的公司。我们的主要竞争对手是Google Dialogflow、IBM Watson和Amazon Lex。根据IDC的研究，超过70%的企业计划在未来两年内采用智能客服系统，以提高客户满意度和降低运营成本。

3. AI生成商业策划书的组织和管理

提示词：

请生成一份关于某科技公司的组织和管理描述，包括以下信息。

组织结构：CEO、CTO、CFO、COO

管理团队成员及背景

员工人数：30 人

技能分布：研发人员占 50%，销售人员占 20%，运营人员占 30%

招聘计划：未来一年内增加 20 名员工

生成内容：

组织和管理

InnovateAI Solutions 的组织结构包括 CEO、CTO、CFO 和 COO。我们的管理团队由经验丰富的专业人士组成。

- CEO 张伟：拥有 15 年科技行业经验，曾担任多家知名科技公司的高管。
- CTO 李华：拥有博士学位，擅长人工智能和自然语言处理。
- CFO 王芳：注册会计师，曾在四大会计师事务所工作多年。
- COO 赵强：拥有 10 年运营管理经验，擅长团队建设和流程优化。

目前，公司共有 30 名员工，其中研发人员占 50%，销售人员占 20%，运营人员占 30%。我们计划在未来一年内增加 20 名员工，重点招聘研发和技术支持人员。

---

4. AI 生成商业策划书的产品或服务

提示词：

请生成一份关于某科技公司的产品或服务描述，包括以下信息。

产品名称：SmartChat 智能客服系统

技术特点：基于深度学习的自然语言处理技术

应用场景：零售、金融、医疗等行业

用户价值：提高客户满意度，降低客服成本

研发过程：从 2021 年开始研发，经过多次迭代和测试

专利和知识产权：已申请两项发明专利

产品路线图：短期目标、中期目标、长期目标

生成内容：

产品或服务

我们的核心产品是 SmartChat 智能客服系统，基于深度学习的自然语言处理技术，能够准确识别客户需求并提供个性化的解决方案。SmartChat 适用于零售、金融、医疗等多个行业，能够提高客户满意度，降低客服成本。自 2021 年开始研发以来，SmartChat 经过多次迭代和测试，目前已经在多个行业进行了试点测试，客户满意度达到 90% 以上。我们已经申请了两项发明专利，并拥有软件著作权和商标权。

产品路线图：

- ** 短期目标 **：完善现有产品功能，扩大市场份额。
- ** 中期目标 **：推出多语言支持版本，进入国际市场。
- ** 长期目标 **：开发更多 AI 相关产品，拓展业务范围。

5．AI生成商业策划书的营销与销售策略

提示词：

请生成一份关于某科技公司的营销与销售策略，包括以下信息。

定价策略：基础版每月100美元，高级版每月500美元

销售渠道：公司官网、第三方电商平台、合作伙伴

促销活动：新产品发布会、社交媒体营销、内容营销

客户关系管理：24/7在线技术支持、客户反馈收集、忠诚度计划

生成内容：

营销与销售策略

　　我们的定价策略是按月收费，基础版每月100美元，高级版每月500美元。销售渠道包括公司官网、第三方电商平台（如Shopify）以及与IT咨询公司和系统集成商的合作。我们将通过举办新产品发布会、社交媒体营销（如LinkedIn、Twitter和Facebook）和内容营销（博客文章、白皮书和案例研究）来推广产品。此外，我们还提供24/7在线技术支持，定期收集客户反馈，并推出客户忠诚度计划，以提高客户满意度和忠诚度。

3.4 AI生成电商文案

3.4.1 认识AI生成电商文案

　　电商文案作为一种商业文体，主要是基于电子商务行业平台，以文字为元素，以吸引消费者为目的而存在的。电子商务文案策划分为两个方向，一个是产品文案，对产品进行包装描述；另一个是营销文案，需要具备产品的卖点、用户的需求以及文案的表达方式。

　　以下是一些针对不同商品的电商文案。

　　时尚女装：【新品上市】优雅女神必备！这款连衣裙采用高品质面料，舒适透气，时尚印花设计，轻松穿出女神范。限时优惠，抢购从速，让你成为街头焦点！

　　智能手机：【旗舰新品】颠覆想象，定义未来！这款智能手机搭载最新处理器，超大内存，高清全面屏，拍照更美，运行更快。限时抢购，赠送多重好礼，让你尽享科技魅力！

　　家居用品：【热销爆款】打造温馨家居，从这款沙发开始！精选优质面料，舒适坐感，时尚简约设计，轻松融入各种家居风格。限时优惠，送货上门，为你的生活增添品质感！

　　美妆护肤品：【明星同款】美丽从护肤开始！这款护肤品富含天然植物精华，深层滋养，保湿锁水，让你的肌肤焕发青春光彩。限时抢购，第二件半价，让你越用越美！

　　伴随着AI技术的日益进步，众多企业已逐步采用AI技术进行电商文案创作。AI以大量数据分析用户行为及消费喜好等关键信息来提供具有特色且符合个人需求的文案内容。运用机器学习与自然语言处理技术，AI可迅速和精确地编制商品说明、广告标语等各类文案，从而提高产品宣传与销售转化效率。

　　在电子商务领域，AI技术在文案制作方面展现出许多优越性。首先，效率显著提升，AI能迅速决策文案，自动推送至受众，极大地缩短了人工撰写所需的时间。其次，AI

技术具备实施个性化服务的能力,依据用户数据与习惯生成专属推荐文案,全面提升用户体验及购买意愿。

表 3-1 为书写电商文案的要点及具体描述。

表 3-1　书写电商文案的要点及具体描述

要　点	描　述
了解目标受众	研究你的目标顾客,了解他们的需求、兴趣和痛点,然后根据这些信息来定制文案
使用强有力的标题	标题是吸引人们注意力的第一要素,确保它简洁、有力、引人入胜
突出卖点	明确产品的独特卖点(USP),并确保它在文案中突出显示
提供价值	告诉顾客你的产品或服务能给他们带来什么价值,无论是节省时间、提高效率还是提升生活质量
讲故事	用故事来展示产品如何解决特定问题或改善生活,故事更容易引起人们共鸣

1. AI 生成电商文案的技术流程

AI 生成电商文案的技术流程如下。

1)数据收集

假设我们已经有一系列关于智能手表的商品描述、用户评论以及销售数据。这些信息可以帮助我们训练 AI 模型,使其更好地理解该类产品的特点和消费者的偏好。

2)模型训练

我们选择了一个基于 Transformer 架构的语言模型(如 GPT-3 或类似的模型),并针对智能手表领域进行了微调,主要包括以下内容。

(1)使用已有的智能手表产品描述作为训练数据。

(2)对数据进行标注,标记出重要的属性,如功能、设计特色、电池寿命等。

(3)训练模型以学习如何根据输入的产品规格自动生成吸引人的文案。

3)构建模板与规则

为了确保生成的文案既专业又符合电商平台的要求,我们可以设定一些基本的模板和规则。例如:

[品牌名称][型号名称]-[一句话亮点]

【主要特点】

-[功能 1]

-[功能 2]

-[设计元素]

【适合人群】

-[目标用户群体]

【特别推荐】

-[额外优惠或服务]

4)输入产品信息

将要发布的新款智能手表的信息输入 AI 系统。

品牌名称:TechWear

型号名称:SmartBand Pro 2024

主要特点：

支持 GPS 定位

内置心率监测器

长达 7 天的续航时间

防水设计

可更换表带

适合人群：健身爱好者、户外运动者

特别推荐：首次购买享受 15％折扣

5）生成文案

AI 系统根据上述信息和预先设定的模板生成如下文案。

TechWear SmartBand Pro 2024-专为活力生活打造的智能伴侣

【主要特点】

-精准的 GPS 定位技术，助你随时掌握位置信息

-实时心率监测，关注你的健康每一步

-强大的电池性能，一次充电可连续使用长达 7 天

-全方位防水设计，无论是游泳还是淋雨都能轻松应对

-时尚，可更换表带，随心搭配，展现个性风格

【适合人群】

-健身爱好者：记录每一次锻炼，激励自己不断突破

-户外运动者：无论登山还是徒步，都是你可靠的伙伴

【特别推荐】

-首次购买即享 15％超值折扣，立即开启智能生活新篇章！

---

2. AI 生成电商文案的常见提示词

AI 生成电商文案的常见提示词如下。

1）电子产品

撰写一段引人入胜的产品描述，突出这款智能手机的独特功能，如摄像头质量、电池寿命、处理器速度等，并强调它如何改善用户的日常生活。

2）时尚服装

创作一段吸引人的商品描述，介绍这款运动鞋的设计风格、材质选择、颜色选项及其适合的场合，同时传达出品牌所代表的生活方式。

3）促销活动

设计一个紧迫感十足的促销文案，告知顾客本次限时折扣的具体时间范围、参与条件以及他们能享受到的最大优惠，鼓励他们立即购买。

4）用户反馈

基于现有客户的正面评价，总结出该产品最被认可的优点，用简洁有力的语言表达出来，增强潜在买家的信心。

5）个性化推荐

基于顾客过去的购买行为，推荐类似或互补的产品，提供个性化的建议，增加交叉销

售的机会。

6）购物呼吁

站在消费者的角度，激发其购买欲，可以从痛点、收益、情感等角度构思。

7）健康生活

对于健康相关产品，如健身器材、有机食品，重点讲述它们如何促进更健康的生活方式，连接到消费者追求更好的生活质量的愿望。

3.4.2 AI生成电商文案实例

1. AI生成服装服饰的文案

提示词：

为一件春季限量版连衣裙写一篇销售文案，描述它的材质（如棉麻混纺）、颜色（柔和的粉色）和款式特色（A字裙型），强调其适合春日出游穿着。

生成内容：

> 迎接春天的到来，穿上这件限量版的棉麻混纺连衣裙吧！它选用柔和的粉色调，搭配经典的A字裙型，不仅凸显女性的优雅气质，还赋予了无限的活力与浪漫情怀。无论是漫步在樱花盛开的小径上，还是参加一场温馨的家庭聚会，这件裙子都是你的最佳选择，带你感受春天的美好时光。

2. AI生成数码电子产品的文案

提示词：

针对一款新型无线耳机，撰写一段吸引消费者的文案，重点介绍其蓝牙5.0的连接稳定性、长续航能力以及舒适的佩戴感，并提到它非常适合运动爱好者使用。

生成内容：

> 释放你的激情，畅享音乐自由！搭载最新的蓝牙5.0技术，我们的新款无线耳机提供无与伦比的连接稳定性和清晰音质。一次充电可支持长达24小时的播放时间，让你无须担心电量问题。轻巧的设计配合人体工学耳塞，即使长时间佩戴也极为舒适。它特别适合跑步、健身或其他户外活动时使用，让你随时随地沉浸在自己的世界里。

3. AI生成家居用品的文案

提示词：

为一款智能空气净化器编写销售文案，突出其高效的过滤系统（HEPA滤网）、低噪声运行特点，以及对改善室内空气质量的作用。请提及它的适用场景，如卧室或办公室。

生成内容：

> 呼吸清新空气从未如此简单！采用先进的HEPA滤网技术，我们的智能空气净化器能够有效捕捉99.97%的小至0.3微米的颗粒物，为你提供一个健康的生活环境。无论是在安静的卧室还是忙碌的办公室，其超静音设计都不会打扰你的日常生活。让每一次呼吸都充满自然的气息，享受纯净的空气，从这里开始。

4. AI生成健身器材的文案

提示词：

请为一款家用折叠跑步机撰写销售文案，重点突出其易于收纳、节省空间的特点，以及适合家庭使用的便捷性，同时提及它配备的速度调节功能和安全锁定机制。

生成内容：

> 在家也能轻松健身！这款家用折叠跑步机专为现代都市生活设计，拥有卓越的便携性和实用性。无论是小户型还是宽敞的家庭健身房，它的可折叠设计都能完美融入，不占用多余空间。它内置多种速度调节选项，满足你从慢走到快跑的不同需求。另外，它特别配备的安全锁定机制，确保你运动过程中的每一步都稳如泰山。让健康与便捷同行，开启你的私人健身之旅吧！

5. AI生成宠物用品的文案

提示词：

请为一款宠物智能喂食器编写销售文案，强调其定时、定量投喂的功能，以及通过手机App远程控制的优势，说明该设备如何帮助主人更好地管理宠物饮食，预防肥胖问题。

生成内容：

> 科学喂养，宠爱更贴心！这款宠物智能喂食器是每位爱宠人士的理想选择。它支持精确到秒的定时、定量投喂设置，确保你的宠物每天都能享用最适宜的食物量。借助便捷的手机App，即使你外出旅行也能随时随地掌控爱宠的饮食情况。同时，有效地避免了过度喂食导致的肥胖问题，让你的宠物始终保持活力四射的状态。给宠物最好的关爱，从智能喂食开始！

3.5　AI生成PPT

3.5.1　认识AI生成PPT

AI生成PPT（PowerPoint演示文稿）是AI生成的一个新领域，它结合了自然语言处理、图像识别、设计美学和自动化技术。随着AI技术的进步，越来越多的工具和服务开始提供自动或半自动创建PPT的功能。这些工具可以根据文本输入自动生成内容结构、选择合适的图表类型、插入相关的图片或图标，并应用专业的设计模板。

1. AI生成PPT的技术要点

1）明确目标

首先需要确定PPT的主要用途和受众群体，例如是用于内部汇报、客户展示还是公开演讲，为后续的内容生成提供指导。

具体来说，PPT的不同用途和受众群体不仅决定了PPT的内容深度和广度，还影响设计风格、语言表达方式以及所使用的视觉元素。

内部汇报：通常需要简洁明了的数据展示和分析，可能包含较多的专业术语和技术细节。

客户展示：注重品牌宣传和产品优势的呈现，语言应更加通俗易懂，视觉上更具吸引力。

公开演讲：更侧重于故事性和互动性，以激发听众的兴趣和共鸣。

2）结构设计

根据主题和内容复杂度规划PPT的整体框架，包括标题页、目录、各个章节以及结尾页等部分。此外，AI还可以设计每个页面的大致布局，如文本框、图表、图片的位置安排。

3）内容生成

AI系统依靠深度学习模型根据上下文自动生成符合语法规范且逻辑连贯的文字内容，并且AI还可以撰写评价性语句，提供见解和建议，使得PPT内容更加全面和具体。最后，AI根据内容的特点自动选择合适的字体、颜色方案和排版方式，确保整体风格统一且美观。值得注意的是，AI可以将图表嵌入PPT中，增强视觉效果，辅助说明关键点。

4）审核与优化

AI系统自动检测并纠正生成文本中的语法错误、拼写错误等问题，确保语言表达的专业性和准确性，并且AI系统还提供智能推荐功能，帮助编辑人员进一步优化文章结构和措辞，提升整体质量。

2. AI生成PPT的常见功能

AI生成PPT的常见功能如下。

1）智能内容生成

基于用户提供的主题或文本描述，AI可以自动生成幻灯片的内容框架，包括标题、要点、段落等。如用户只需提供一个主题、关键词或者一段简要描述，AI就能自动生成幻灯片的内容框架。此外，当用户输入"2023年度销售业绩回顾"时，AI可以生成一系列幻灯片，涵盖销售额增长趋势、区域表现对比、产品线贡献度等内容，并自动添加相应的图表和数据可视化元素。

2）自动排版

AI可以根据内容推荐或自动生成适当的布局和设计方案，确保幻灯片在视觉上具有吸引力且信息清晰易读。此外，AI还提供多种风格的设计方案供用户选择，从正式商务风到现代简约风，满足不同场合的需求。

3）自动图表生成

对于包含数据的内容，AI可以分析并建议最适合展示这些数据的图表类型（如柱状图、饼图等），甚至直接生成图表。如AI可以直接在幻灯片中生成所需的图表，并将其链接回原始数据源，便于后续更新。

4）多媒体元素集成

一些高级AI工具能够根据上下文找到并嵌入相关的图片、视频或其他多媒体资源。如对于适合用视频或音频表达的内容，AI可以帮助查找合适的资源并嵌入幻灯片中，增加互动性和生动性。

3.5.2　AI生成PPT实例

下面以通义千问为例，详细讲述AI生成PPT的流程。虽然通义千问本身是一个文本和对话式AI助手，但用户可以模拟一个假设性的场景，在这个场景中，通义千问集成了先进的 AI 功能来辅助用户创建专业的 PPT 演示文稿。

1. AI 生成 PPT 的流程

1）初始化项目

访问通义千问平台，选择"PPT 创作"选项。

简要描述想要创建的 PPT 的主题、目的以及目标受众（例如"创建一份关于人工智能在医疗保健领域的最新进展的演讲文稿，面向专业医疗人员和技术专家。"）。

2）自动生成内容

通义千问会根据用户的输入自动生成一个初步的内容框架，包括标题幻灯片、几个关键章节（如引言、技术概述、案例研究、结论等）以及每个章节下的子标题或要点提示。

基于对主题的理解，通义千问可能会推荐应该包含的数据类型，并提供获取相关统计数据的链接或 API 接口。

3）设计与排版优化

通义千问会展示一系列适合该主题的专业设计模板供用户选择，这些模板考虑了色彩搭配、字体样式等因素，确保视觉上的统一性和吸引力。

对于添加的每一个内容块（文本框、图片、图表等），通义千问会智能地调整其位置和大小，以保证提供最佳的阅读体验和美学效果。

4）内容填充与多媒体集成

当用户提供了某些段落或要点后，通义千问可以帮助展开这些内容，提供更详细的解释或补充信息，同时保持语言的专业性和准确性。

此外，通义千问可以根据上下文搜索相关的高质量图片、图标、视频片段等，并安全合法地将其嵌入 PPT 中。

5）审查与个性化定制

在整个过程中，用户都可以随时查看 PPT 的实时预览，并进行必要的修改或调整。通义千问还支持撤销操作，允许用户轻松回退到之前的版本。

此外，用户还可以选择不同的动画效果、过渡方式，并可以指定品牌颜色、标志和其他特定的设计元素，使 PPT 符合公司的品牌形象。

6）协作与分享

通义千问允许团队成员加入同一个 PPT 项目，共同编辑和评论，所有更改都会同步更新。

最后，用户可以将完成后的 PPT 直接在线分享给其他人，或者导出为多种格式（如PPTX、PDF 等），以便离线使用或打印。

2. 使用通义千问生成 PPT

1）选择"PPT 创作"选项

用户通过访问通义千问平台选择"PPT 创作"选项，并输入提示词：

创建一份关于人工智能在医疗保健领域的最新进展的演讲文稿，面向专业医疗人员和技术专家。

该界面如图 3-1 所示。

2）确定大纲

单击运行的箭头后，在弹出的界面中确定大纲和演讲的场景，如图 3-2 所示。

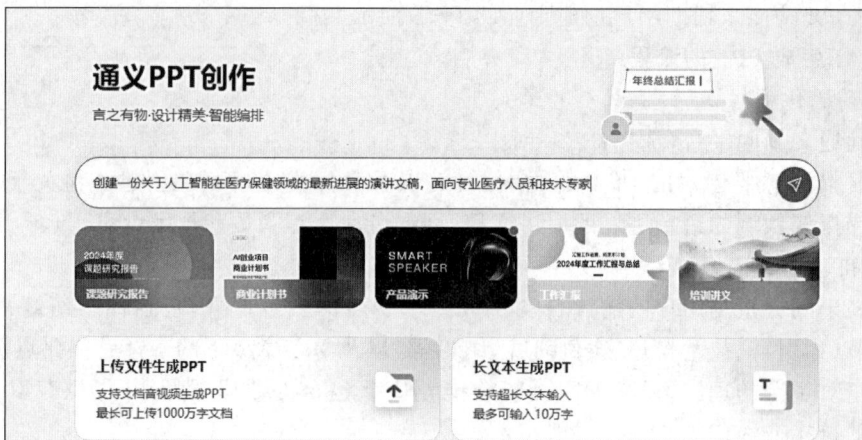

图 3-1 选择"PPT 创作"选项并输入提示词

图 3-2 确定大纲和场景

3）选择模板

单击"下一步"按钮，在相应界面中选择想要的模板，如图 3-3 所示。

图 3-3 选择模板

4）生成 PPT

单击"生成 PPT"按钮，然后查看生成的 PPT，如图 3-4 和图 3-5 所示。

图 3-4 查看生成的 PPT（1）

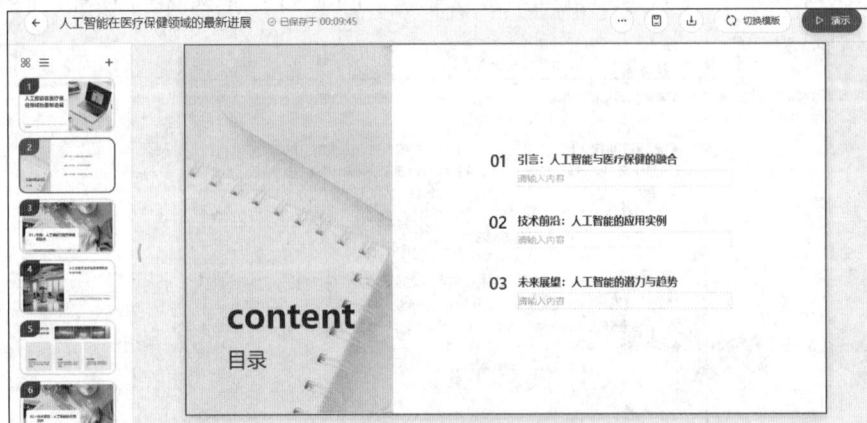

图 3-5 查看生成的 PPT（2）

5）下载 PPT

如果想把此 PPT 下载到本地，用鼠标单击右上方的下载箭头，即可将其导出为想要的格式，如 PPT 或者 PDF，如图 3-6 所示。

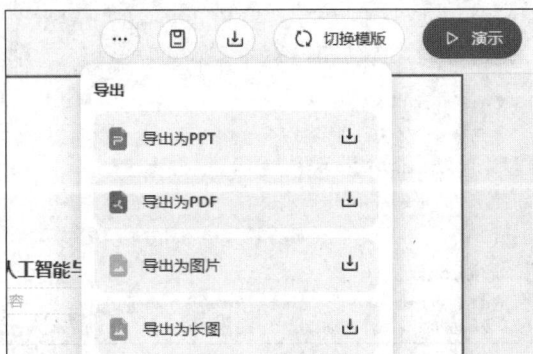

图 3-6 导出 PPT

在将此 PPT 下载到本地计算机中以后,用户还可以对此 PPT 进行修改。

值得注意的是,用户在使用通义千问生成 PPT 时,还可以根据需要上传文件生成 PPT 或者使用一段长文本生成 PPT,如图 3-7 所示。

图 3-7　生成 PPT 的其他功能

6)用长文本生成 PPT

在长文本生成 PPT 区域中输入一段文本,即可由 AI 生成对应的 PPT,如图 3-8~图 3-10 所示。

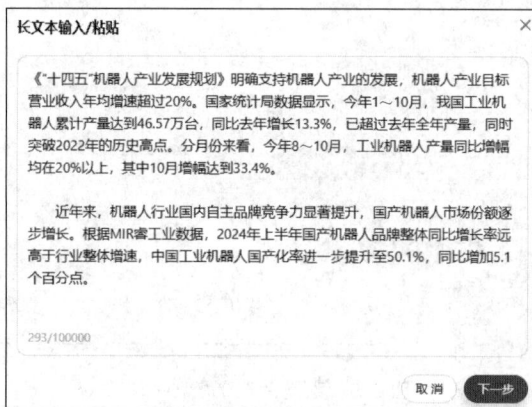

图 3-8　输入文本

图 3-9　生成大纲

图 3-10　生成 PPT

3.6　本章小结

（1）AI生成新闻是利用人工智能技术自动生成新闻文章的过程。这项技术可以显著提高新闻生产的效率，特别是在处理大量数据和快速响应突发事件时。

（2）AI生成年终总结是利用人工智能技术，并利用大数据分析和自然语言处理，自动生成具有针对性的年终总结。这种方式可以帮助用户快速完成高质量的年终总结，提高工作效率，并使总结内容更具亮点和说服力。

（3）AI生成商业策划书是一种利用人工智能技术自动生成商业计划文档的过程。这种技术可以帮助创业者、企业主和管理者高效地创建详细的商业计划，从而节省时间和资源。

（4）运用机器学习与自然语言处理技术，AI可迅速和精确地编制商品说明、广告标语等各类文案，从而提高产品宣传与销售转化效率。

（5）AI生成PPT（PowerPoint演示文稿）是AI生成的一个新领域，它结合了自然语言处理、图像识别、设计美学和自动化技术。

3.7　实训

1. 实训目的

本节实训使用 AI 生成商业策划书。

2. 实训内容

1）为一家名为 GreenBrew 的新型有机咖啡连锁店创建一份商业策划书

提示词：

（1）执行摘要提示词如下：撰写一段不超过 200 字的文本，概括 GreenBrew 公司的核心理念、目标市场以及它打算如何在有机咖啡市场上脱颖而出。

（2）公司描述提示词如下：编写一段描述 GreenBrew 的业务模式、位置选择标准、产品线和其作为有机产品的独特卖点。

（3）市场分析提示词如下：根据最新的行业报告，概述有机食品市场的现状和发展趋势，并分析 GreenBrew 的目标客户群体和竞争环境。

（4）组织和管理提示词如下：描述 GreenBrew 的管理团队成员及其相关经验，同时提供详细的股权结构和员工招聘计划。

（5）营销与销售策略提示词如下：制定一套全面的品牌建设和销售策略，包括线上线下的推广方式、会员制度的设计和潜在合作伙伴的选择。

（6）财务规划提示词如下：基于市场研究数据，创建一个初步的财务模型，包括启动资金预算、收入预测、成本分析和盈亏平衡点的计算。

生成内容：

GreenBrew 有机咖啡连锁店商业策划书概览

1．执行摘要

公司简介：GreenBrew 是一家专注于提供高品质有机咖啡和茶饮的连锁店，致力于可持续发展和社会责任。

使命声明：通过提供健康、环保的产品和服务，促进社区之间的联系与活力。

愿景：成为全球领先的有机饮品品牌，推动绿色生活方式。

目标市场：城市白领、健康生活倡导者、环境意识强的消费者。

2．公司描述

业务类型：零售/餐饮服务

位置选择：主要在一线城市的核心商圈和办公区开设门店。

产品线：包括多种有机咖啡豆、茶叶，以及自制的糕点和小吃。

独特卖点：所有原料均为有机认证，支持本地农业和公平贸易。

3．市场分析

市场规模：根据行业报告，预计到 2025 年全球有机食品市场的复合年增长率将达到 X%。

目标客户群：年龄介于 25 至 45 岁，注重生活质量的人群。

竞争分析：竞争对手包括其他咖啡连锁店和其他形式的休闲餐饮场所。GreenBrew 的竞争优势在于其对有机产品的专注和环保理念。

4．组织和管理

管理层团队：由经验丰富的餐饮业专业人士组成，拥有成功的创业历史。

股权结构：详细列出股东名单及其持股比例。

员工计划：招聘培训有热情的服务人员，确保顾客获得优质体验。

5．营销与销售策略

品牌建设：通过社交媒体平台推广品牌形象，参与环保活动，以提高知名度。

促销活动：推出会员制度，定期举办主题活动，吸引新老顾客。

合作伙伴关系：与当地农场合作，保证原材料供应；与其他环保组织建立合作关系。

6．财务规划

启动资金需求：预计初期投资为 Y 万元人民币，用于店铺装修、设备采购、首批库存等。

收入预测：基于市场研究和类似企业的表现，预测未来 3 年内的月度销售额。

成本分析：详细列出固定成本（如租金、工资）和变动成本（如原材料、包装材料）。

盈亏平衡点：计算出达到盈利所需的最小销售量或营业额。

2）使用 AI 为一款新的面霜产品创建吸引人的电商文案

提示词：

生成一段专业且吸引人的商品描述，适用于一款新的夜间修复面霜。请确保描述中包含以下信息，并使用自然流畅的语言。

-品牌名称：Luminous Skincare

-产品名称：Radiant Revive Night Cream

-核心成分：

　-玻尿酸（Hyaluronic Acid）

　-维生素 C（Vitamin C）

　-胶原蛋白（Collagen）

-功效特点：

　-提亮肤色

　-抗衰老

　-强化皮肤屏障

　-深层保湿

-适合肤质：所有肤质，特别是干燥肌肤

-特别推荐：购买即送旅行装洁面乳

请将文案组织成易于阅读的段落，并突出产品的独特卖点。

生成内容：

Luminous Skincare Radiant Revive Night Cream-夜间焕发光彩的秘密武器

在夜晚，当世界渐渐沉睡，你的肌肤却迎来了修复与重生的黄金时刻。Luminous Skincare 全新推出的 Radiant Revive Night Cream，专为这一珍贵时段设计，致力于为你带来前所未有的护肤体验。

核心成分，科学配比

这款夜间修护面霜融合了 3 种关键活性成分。

玻尿酸（Hyaluronic Acid）：如同海绵般锁住水分，深层滋润肌肤，使皮肤时刻保持水润光泽。

维生素 C（Vitamin C）：有效提亮肤色，对抗自由基损伤，还原年轻光彩，让每一寸肌肤都散发自然健康光彩。

胶原蛋白（Collagen）：增强皮肤弹性，减少细纹和皱纹的出现，重塑紧致光滑的完美肤质。

功效卓越，全面呵护

……

3）撰写一封促销邮件

提示词：

撰写一封欢迎新顾客的促销邮件，突出首次购买的特别优惠。

邮件应包括以下内容：

-欢迎新顾客加入 Luminous Skincare 大家庭

-推广 Radiant Revive Night Cream 这款新产品

-提供首次购买 8 折优惠

-赠送旅行装洁面乳一份

请保持语气热情和邀请性，同时鼓励顾客尝试新产品。

生成内容：

主题：欢迎加入 Luminous Skincare 大家庭！首次购买享 8 折优惠＋免费赠品！

亲爱的护肤爱好者：

热烈欢迎你加入 Luminous Skincare 的美丽大家庭！我们非常荣幸能与你一同踏上追求健康肌肤的旅程。为了庆祝你的到来，我们特别准备了一份惊喜礼物，期待你体验我们最新的护肤奇迹——Radiant Revive Night Cream。

发现夜间护肤的新标准

我们的明星产品 Radiant Revive Night Cream 是专门为夜晚设计的修护面霜，它融合了玻尿酸、维生素 C 和胶原蛋白等核心成分，能够深层保湿、提亮肤色、抗衰老，并强化皮肤屏障。这款面霜适用于所有肤质，尤其是干燥肌肤的理想选择，让你在睡眠中焕发光彩。

首次购买超值优惠

作为新顾客，我们为你提供首次购买享 8 折优惠的机会！只需使用专属折扣码 WELCOME20，即可享受这一特别折扣。此外，我们还为你准备了一份贴心的小礼物——旅行装洁面乳一份，帮助你开启每日护肤的第一步。

立即行动，体验奢华护肤

不要错过这个机会，让 Radiant Revive Night Cream 成为你夜间护肤仪式的一部分。单击下方链接，立即访问我们的官方网站，选购这款神奇的面霜吧！

立即购物

……

扫一扫

自测题

习题 3

（1）请阐述 AI 生成新闻的优点。

（2）请阐述商业策划书的组成。

（3）请阐述如何使用 AI 生成电商文案。

（4）请使用百度文心一言或者通义千问生成 PPT。

第 **4** 章

AI高效学习

本章学习目标

- 掌握 AI 高效背单词
- 掌握 AI 高效制作简历
- 掌握 AI 高效设计个性化学习方案
- 掌握 AI 高效备考
- 掌握 AI 高效面试
- 掌握 AI 试卷生成

4.1 AI 高效背单词

4.1.1 认识 AI 高效背单词

AI 高效背单词指利用人工智能技术来辅助和优化单词记忆的过程。通过 AI 工具，用户可以获得定制化的学习内容、科学的学习方法和实时的反馈监督，从而大大提高单词记忆的效率和效果。

1. AI 高效背单词的技术背景

AI 高效背单词是多种技术相互融合、协同发展的结果，这些技术背景共同为用户提供了更加智能、高效、个性化的单词学习体验。

1）大数据技术

大数据技术能够收集和分析大量用户的学习数据，包括用户的学习轨迹、学习习惯、学习效果等。通过对这些数据的挖掘和分析，AI 可以发现用户在背单词过程中普遍存在的问题和规律，从而不断优化学习模型和算法，提高背单词的效率和效果。

丰富的语料库为 AI 背单词提供了海量的数据支持。这些语料库包含了各种领域、各种风格的文本，如新闻、小说、学术论文等。AI 可以从这些语料库中学习单词的常见用法、搭配和出现频率等信息，为用户提供更全面、准确的学习内容。

2）智能交互技术

智能语音技术使 AI 背单词工具能够实现语音交互功能。用户可以通过语音输入来查询单词、朗读单词、进行口语练习等，AI 系统能够准确识别用户的语音，并给出相应的回答和反馈。这不仅方便了用户的操作，还能提高用户的口语表达能力和听力理解能力。

基于用户的学习历史和当前学习状态，AI 利用智能交互技术可以实时提供个性化的推荐和提示。例如，当用户在背诵单词遇到困难时，AI 可以根据用户之前的学习数据智能地推荐相关的例句、记忆技巧或复习资料，帮助用户克服困难，同时还可以在合适的时间提醒用户进行单词复习和巩固，提高学习的自主性和效率。

3）自然语言处理（NLP）技术

NLP 中的词向量技术能将单词转化为计算机可处理的向量形式，通过这种方式，计算机可以理解单词之间的语义关系。例如 Word2Vec 等算法，可以根据单词在大量文本中的上下文信息生成每个单词的低维向量表示，使得语义相近的单词在向量空间中距离较近，这有助于 AI 系统为用户提供更精准的近义词、反义词等联想记忆内容。

BERT、GPT 等预训练语言模型的出现，让 AI 能够深入理解语言的语法、语义和语用规则。这些模型可以根据给定的单词预测其在不同语境中的用法、搭配和含义，帮助用户更好地掌握单词的实际应用场景，而不仅仅是死记硬背单词的释义。

4）深度学习技术

深度神经网络的多层结构能够自动学习单词的复杂特征和模式。例如卷积神经网络（CNN）可以捕捉单词的局部特征，如词形、词根等方面的特征，有助于对单词进行更细致的分析和理解；循环神经网络（RNN）及其变体长短时记忆网络（LSTM）、门控循环单元（GRU）等，能够处理单词的序列信息，适用于学习单词在句子中的顺序和上下文依赖关系，从而更好地理解单词的语义和语法功能。

深度学习模型具有强大的自动特征提取能力，无须人工手动设计大量的特征工程。它可以从海量的文本数据中自动学习到单词的各种语义、句法和语用特征，例如单词的语义角色、情感倾向等，这些特征能够帮助用户更全面地理解单词，提高记忆效果。

2. AI 高效背单词的应用场景

1）学生群体学习场景

学生在学习学校英语课程时，可利用 AI 背单词工具预习或复习课本中的单词。例如在学习新课文前，通过 AI 工具快速掌握生词的发音、释义和用法，提高课堂的学习效率；课后使用 AI 进行单词巩固，系统地根据遗忘曲线安排复习，强化记忆效果。

针对中考、高考、大学英语四六级、雅思、托福等各类英语考试，AI 背单词应用能提供专门的词库。以雅思考试为例，学生可以使用 AI 工具制订个性化的备考计划，系统会根据考试重点和学生的学习情况有针对性地推送单词进行学习和练习，帮助学生高效积累词汇，提升考试成绩。

对于学习法语、德语、日语、韩语等第二外语的学生，AI 背单词同样适用。以学习日语为例，AI 工具可以帮助学生记忆日语的汉字、假名、词汇等，通过语音跟读、默写、例句练习等多种方式，让学生更好地掌握第二外语的词汇，为进一步学习语言知识和技能打下基础。

2）职场人士提升场景

从事外贸、国际商务等工作的职场人士,需要掌握大量的商务英语词汇。AI背单词工具可以提供商务英语专业词库,涵盖商务谈判、市场营销、国际贸易等领域的词汇。通过模拟商务场景对话、提供商务例句等方式,帮助职场人士快速提升商务英语词汇量,提高在工作中的英语沟通能力。

一些职业需要英语技能,如翻译、英语教师、跨境电商运营等,从事这些职业的人士可以利用AI背单词工具不断扩充词汇量,提升专业素养。例如,翻译人员可以通过AI学习特定领域的专业词汇,提高翻译的准确性和专业性;英语教师可以借助AI背单词工具为学生设计更有效的词汇教学方案,同时自己也能不断地更新知识储备。

3）生活场景

在出国旅游时,AI背单词工具可以帮助用户快速学习常用的旅游英语词汇和短语,如问路、点菜、购物、住宿等场景的实用表达。用户可以利用碎片化时间,通过AI工具随时随地学习,让旅行更加顺畅、便捷,更好地与当地人交流沟通,体验当地文化。

对英语文化、影视、音乐等有兴趣的人群,AI背单词工具可以帮助他们更好地欣赏和理解相关作品。例如,喜欢看美剧的人可以通过AI背单词工具学习剧中常见的口语表达、俚语等,提高英语听力和理解能力,更深入地感受美剧的魅力;喜欢英文歌曲的人可以学习歌词中的词汇和语法,在提升英语水平的同时更好地理解歌曲的内涵。

3. AI高效背单词的应用

1）APP类

百词斩运用图像记忆法,为每个单词匹配有趣的图片,利用图片与单词的关联,强化记忆效果;提供多种复习模式,如单词拼写、词义选择、听力练习等,帮助用户巩固所学单词。它适用于各个年龄段、各种英语水平,只要是有单词记忆需求的人群都能用,尤其适合初学者和那些对传统背单词方式感到枯燥的用户。

扇贝单词提供丰富的词书资源,包括不同版本的英语教材词汇、热门英语考试词汇等。用户可以根据自己的学习目标选择相应的词书;具有打卡、小组学习等功能,通过社交互动的方式增加学习的动力和趣味性。它适合有明确学习目标,希望通过制订计划并坚持执行来提升词汇量的用户,尤其适合学生群体和学习自律性较强的人群。

2）在线网页类

沪江开心词场以游戏化的方式设计学习过程,如闯关、PK等,让用户在轻松、愉快的氛围中学习单词,增加学习的趣味性和互动性;提供多种学习模式,包括单词拼写、听力训练、词义辨析等,全面提升用户的单词掌握能力。它适合各个年龄段,尤其是青少年和喜欢通过游戏方式学习的用户,对于想要在轻松氛围中提升词汇量的人群较为适用。

Quizlet用户可以创建自己的单词卡片集,将单词、释义、例句等内容添加到卡片上,方便随时复习,同时也可以使用其他用户分享的大量优质单词卡片集。Quizlet支持多种学习工具,如闪卡、测试、学习游戏等,满足不同用户的学习需求。Quizlet适合有自主学习能力,喜欢个性化学习方式的用户,尤其适合需要学习各种语言词汇或专业术语的学生和职场人士。

3）智能硬件类

有道词典笔具有智能扫描查词功能,只需用词典笔扫描单词或句子,即可快速获取单词的释义、发音、例句等信息,方便快捷,从而提高学习效率。有道词典笔具备 AI 语音助手功能,用户可以通过语音提问查询单词,还能进行口语练习和翻译等操作。有道词典笔适合学生在课堂学习、课后作业和自主阅读等场景中使用,尤其适合需要快速查词和提升英语阅读能力的中小学生。

科大讯飞翻译机除了具备强大的翻译功能外,还具备单词学习功能,可以根据用户的使用场景和需求智能推荐相关的单词和短语,帮助用户积累实用词汇,并且支持多语言学习,用户可以切换不同语言进行单词学习和翻译练习。它适合经常需要出国旅行、商务交流或学习多种语言的人群,对于需要在实际场景中快速提升语言词汇能力的用户较为适用。

4．AI 高效背单词的优点

1）个性化学习

传统的单词学习方法往往采用"一刀切"的模式,无法满足每个学习者的独特需求。AI 能借助机器学习算法,深度分析学习者的年龄、英语基础、学习习惯、记忆特点等多维度数据。例如,对于基础薄弱的初学者,AI 系统可能会优先推送基础词汇,并放慢学习进度,注重基础知识的巩固;而对于备考雅思、托福这类高级英语考试的学习者,AI 系统会根据其目标考试类型推送高频核心词汇,并匹配难度较高的例句和练习题。这种精准定制的学习计划能使学习者集中精力攻克最适合自己的学习内容,大大提高学习效率。

2）智能复习提醒

遗忘是学习过程中不可避免的问题,AI 背单词系统基于艾宾浩斯遗忘曲线等记忆规律,能精准预测每个单词的遗忘时间节点。例如,当学习者初次学习一个单词后,AI 系统会在学习者即将遗忘的关键时间点(如 1 天后、3 天后、7 天后等)及时推送复习提醒,让学习者重复学习该单词,强化记忆。这种智能化的复习安排避免了盲目复习造成的时间浪费,同时有效地防止了单词遗忘,让学习者能够稳步积累词汇量。

3）丰富多样的学习资源

AI 背单词应用连接着庞大的数据库,拥有海量的单词库,不仅涵盖了从小学到各类专业考试的词汇,还包括不同领域的专业术语、俚语和最新的流行词汇。除了单词本身,AI 背单词应用还提供了丰富的学习素材,如生动的例句,这些例句来源于真实的语境,像新闻报道、影视台词、文学作品等,帮助学习者更好地理解单词在实际场景中的运用。AI 背单词应用还配备了纯正的音频,方便学习者跟读模仿,纠正发音,甚至提供了相关的图片、视频等多媒体资源,以直观的方式加深学习者对单词的印象。例如,学习者在学习"pizza"这个单词时,不仅能看到单词的释义和拼写,还能听到发音,看到制作比萨的视频,全方位强化对单词的记忆。

4）增强学习的趣味性

传统背单词方式枯燥乏味,容易让学习者产生抵触情绪。AI 背单词应用则通过游戏化、社交化等创新手段,为学习过程增添乐趣。在游戏化方面,设计了多种趣味小游戏,如单词拼写闯关、词汇连连看、单词消消乐等,让学习者在轻松的游戏氛围中不知不觉地记住单词。在社交化方面,支持学习者之间组建学习小组、互相打卡监督、分享学习心得和学习成果。例如,学习者可以在小组内进行单词背诵比赛,互相激励,形成良好的学习竞争氛围,大大提高学习的积极性和主动性。

5. AI高效背单词的提示词

构思 AI 高效背单词的提示词,关键在于精准地传达学习需求,从学习目标、词汇范围、学习方式、记忆难点等角度出发。

1) 学习目标导向

备考雅思提示词示例:我准备考雅思,需要背诵雅思高频词汇,帮我制订每天学习30 个新单词,结合例句记忆的计划。

职场英语提升提示词示例:我在外企工作,想要提升商务英语词汇量,推荐一些日常工作、商务会议常用的词汇,通过情景对话加深记忆。

少儿英语启蒙提示词示例:我家孩子 5 岁,想进行英语启蒙,给出简单有趣、适合这个年龄段孩子记忆的单词,搭配简单儿歌或动画片段辅助记忆。

2) 词汇范围明确

医学专业词汇提示词示例:我是一名医学生,需要背诵医学专业词汇,按照人体系统分类,每天学习 20 个新单词,用思维导图梳理词汇关系。

旅游常用词汇提示词示例:我下个月要出国旅游,帮我整理旅游常用的英语词汇,如机场、酒店、餐厅、景点等场景相关词汇,用联想记忆法加深印象。

文学作品词汇提示词示例:我在阅读英文原著《傲慢与偏见》,遇到很多生词,帮我整理书中高频出现但我不认识的词汇,结合书中例句讲解。

3) 学习方式要求

游戏化学习提示词示例:我觉得背单词很枯燥,有没有一些通过游戏方式学习单词的方法,例如单词接龙、猜词游戏等,提供相关单词和游戏规则。

听力口语结合提示词示例:我想通过听和说来背单词,给我推荐一些包含单词发音、例句朗读,且能进行口语练习的学习资源,制订相应学习计划。

小组学习提示词示例:我想和朋友一起背单词,组织一个线上小组学习,设定每周学习目标,提供互相监督、竞赛的单词背诵活动方案。

4) 记忆难点突破

易混淆词汇区分提示词示例:我总是分不清"affect"和"effect"这类易混淆单词,帮我总结常见易混淆单词对,用对比分析和例句加深理解。

长难单词记忆提示词示例:我遇到像"hippopotomonstrosesquippedaliophobia"(长单词恐惧症)这样的长难单词,教我一些拆分、联想等记忆技巧。

快速记忆大量单词提示词示例:我下周要参加英语词汇竞赛,需要在一周内快速记忆 500 个新单词,提供高效的记忆策略和单词清单。

4.1.2 AI高效背单词实例

提示词:

晓妍是一名初三学生,距离中考仅剩 3 个月,英语学科中单词拼写和阅读失分严重。

请为她制订每日学习计划,每天学习 30 个易混淆词汇,并通过对比记忆、例句辨析等方式加深理解。

生成内容:

晓妍中考英语词汇学习计划

距离中考仅剩 3 个月,为帮助晓妍攻克英语学科中单词拼写和阅读的难题,特制订本每日学习计划,每天学习 30 个易混淆词汇,通过对比记忆、例句辨析等方式加深理解。

一、早上:词汇初学习

时间:7:00—7:30

学习内容:

打开中考英语易混淆词汇表,圈出当天要学习的 30 个单词,如"accept"与"receive"、"beside"与"besides"等。

先快速浏览单词的拼写、发音和基本释义,以对这些词汇有初步印象。

学习方法:

利用在线词典,如有道词典、百度翻译等,听每个单词的标准发音,跟读 3～5 遍,确保发音准确。

将单词分为 5～6 组,每组 5～6 个单词,边读边写,每个单词抄写 5 遍,强化拼写记忆。

二、上午:对比记忆

时间:课间 10 分钟(累计 30 分钟左右)

学习内容:

每两组单词为一组对比对象,深入分析它们的词义、用法和搭配的差异。

学习方法:

拿出笔记本,记录对比分析结果。例如,对于"accept"和"receive",写下 accept 强调主观上的接受;receive 仅表示客观上的收到,不一定接受,并配上简单例句,如"I received his gift, but I didn't accept it."(我收到了他的礼物,但我没有接受。)

三、中午:例句辨析

时间:12:30—13:15

学习内容:

为每个单词寻找至少 3 个不同的例句,这些例句最好来自中考真题、模拟题或教材课文。

学习方法:

仔细研读例句,分析单词在不同语境中的含义和用法。例如,对于"beside"和"besides","beside"的例句为"He sat beside me."(他坐在我旁边。),"besides"的例句为"Besides English, we also learn math and Chinese."(除了英语,我们还学习数学和语文。)通过对比例句,明确两者用法的区别。

……

4.2 AI 高效制作简历

4.2.1 认识 AI 高效制作简历

AI 高效制作简历指利用人工智能技术帮助求职者快速、高质量地完成简历制作的过程。这项技术融合了自然语言处理、机器学习、大数据分析等先进技术,旨在简化简历的制作流程,提升简历的专业性与竞争力。

1. AI 高效制作简历的技术背景

1) 机器学习

机器学习算法不断迭代,从传统的浅层学习发展到神经网络算法。这些先进算法能够深度分析海量的简历数据和招聘信息,洞察不同行业、不同职位的简历的核心模式与关键特征。例如,AI 通过分析大量金融分析师岗位的简历,能精准总结出该岗位所需的专业技能、证书要求以及核心项目经验,为求职者制作简历提供精准指导。

2) 云计算

AI 制作简历涉及复杂的算法运行和模型训练,这需要消耗大量的计算资源。云计算按需付费的灵活模式为 AI 提供了源源不断的强大算力。以谷歌云、亚马逊云为代表的云计算平台,助力开发者快速处理海量数据,高效训练模型。在接到用户制作简历的请求后,能在极短时间内完成复杂运算,生成高质量简历。而且,随着云计算成本的不断降低,使得更多求职者能够便捷地使用 AI 简历制作工具,加速了技术的普及。

3) 数据挖掘

互联网的普及使得求职领域的数据呈爆炸式增长。各大招聘平台积累了海量的求职者信息、企业招聘需求以及面试反馈等多维度数据。AI 借助强大的数据挖掘和分析能力,从这些海量数据中提炼出各行业岗位对求职者的具体要求。例如,分析发现市场营销岗位更看重品牌推广、活动策划以及客户增长方面的经验,从而帮助求职者在制作简历时重点突出这些关键经验,大幅度提升简历与岗位的匹配度。

2. AI 高效制作简历的优点

1) 显著提升制作效率

使用 AI 制作简历能极大缩短制作时间。在传统方式下,求职者需花费数小时甚至数天梳理个人信息、构思内容和排版设计;而借助 AI,用户只需输入基本信息,如工作经历、教育背景、技能特长等,AI 便能在短时间内完成从信息提取、内容整合到格式排版的全过程,生成一份初步的简历。例如,一位求职者原本手动制作简历需要 3 小时,使用 AI 工具后,可能仅需 30 分钟就能获得一份完整的初稿,大幅度提高了制作效率,让求职者能将更多的时间用于准备面试等其他重要环节。

2) 优化内容质量

AI 具备强大的语言处理和优化能力。它可以将求职者平淡、冗长的表述转换为简洁有力、专业规范的语言,突出关键成就和能力。例如,将"完成了销售任务"优化为"在［具体时间段］内,成功突破销售目标,销售额达到［X］万元,业绩在团队中排名前

[X]％"，使简历内容更具吸引力和说服力。同时，AI还能根据大量成功简历的范例为求职者提供丰富的表达方式和行业术语，提升简历的专业性。

3）实现高度个性化定制

由于不同企业和岗位对人才的需求各异，AI能够根据求职者的目标岗位和个人独特经历生成个性化的简历。它通过分析目标岗位的要求和关键词，针对性地突出求职者与之相关的技能、经验和成果。例如，对于一位申请软件开发岗位的求职者，AI会着重强调其编程技能、参与的软件项目以及取得的技术成果；而对于申请市场营销岗位的求职者，AI则会突出其市场推广经验、客户拓展能力和营销策划成果，使简历更贴合目标岗位需求，提高获得面试的概率。

4）精准适配招聘系统

许多企业采用招聘管理系统（ATS）进行简历筛选，ATS主要通过关键词匹配来筛选简历。AI制作简历工具能够深入了解ATS的工作原理和关键词匹配规则，帮助求职者在简历中合理分布与目标岗位的关键技能和经验相关的关键词，提高简历在ATS系统中的评分，增加通过初步筛选的机会。此外，AI还能根据不同企业的招聘偏好和文化特点调整简历内容风格，使简历更符合企业的期望。

5）提供安全可靠的保障

部分AI简历制作工具引入区块链技术，为简历信息提供安全、可靠的存储和验证方式。通过区块链的加密和分布式账本技术，确保简历内容的真实性和不可篡改性。这不仅增强了企业对求职者的信任度，有效解决了简历造假等行业痛点，也为求职者提供了一个公平、可信的求职环境。同时，一些AI工具还具备数据加密和隐私保护功能，保障求职者个人信息的安全。

6）整合多元信息资源

AI可以整合多种信息资源，帮助求职者更全面地展示自己。例如，它能够识别和分析求职者上传的证书、作品等图片，自动提取关键信息并整合到简历中，如证书名称、颁发机构、获得时间等，无须求职者手动录入，减少了烦琐和错误。此外，AI还能从社交媒体、专业平台等渠道获取求职者的相关信息，如专业领域的影响力、参与的开源项目等，进一步丰富简历内容，展示求职者的综合实力。

3. AI高效制作简历的应用场景

AI高效制作简历的应用场景十分广泛，以下是一些主要的场景：

1）校园招聘

应届生往往缺乏制作简历的经验，且校园招聘时间集中，需要在短时间内准备多份简历。AI可以帮助他们快速梳理大学期间的学习成绩、社团活动、实习经历等信息，生成简洁明了、重点突出的简历，提高求职效率。在校园招聘会现场，学生可以使用AI简历制作工具根据不同企业和岗位的要求即时调整和优化简历内容，增加简历的针对性，提高获得面试机会的可能性。

2）社会招聘

在职人员由于工作繁忙，可能没有太多时间精心制作简历。AI可以根据他们现有的工作经验和职业目标快速生成高质量的简历，突出其工作成果和专业技能，帮助他们在不影响工作的前提下高效地寻找新的职业机会。

对于想要转行的人来说,AI能够帮助他们挖掘过往经历中与目标行业相关的技能和经验,重新组织和优化简历内容,使他们的简历更符合新行业的要求,增加转行成功的概率。

3）远程招聘

在远程招聘成为常态的情况下,求职者需要通过网络平台向不同地区的企业投递简历。AI可以根据不同企业的招聘需求自动生成个性化的简历,并确保格式规范、内容完整,提高简历在远程招聘中的通过率。

在进行视频面试前,AI可以帮助求职者进行简历预演,分析可能被问到的问题,并提供相应的回答建议,让求职者更好地准备面试,提升面试表现。

4）特定人群招聘

对于残疾人求职者来说,AI可以通过语音交互等方式帮助他们更便捷地输入和整理简历信息,降低制作简历的难度,使他们能够更平等地参与求职竞争。

老年人群体在制作简历时可能面临技术和信息整理方面的困难,AI可以利用其智能分析和优化功能帮助老年人突出他们的工作经验、人生阅历等优势,制作出适合再就业的简历。

5）人力资源服务机构

人力资源服务机构可以利用AI制作简历工具,对大量求职者的简历进行快速筛选和分析,将符合岗位要求的简历推荐给企业,提高招聘效率和精准度。

在为求职者提供简历优化服务时,AI可以作为有力的辅助工具,帮助专业顾问更高效地对简历进行润色和优化,提升简历的质量,为求职者提供更优质的服务。

4. AI高效制作简历的提示词

在使用AI制作简历时,精准的提示词能够引导AI生成更贴合需求的内容。从不同场景、信息侧重点、内容优化角度构思用于AI制作简历的提示词。

1）不同场景

应届毕业生求职提示词示例:计算机科学专业应届毕业生,有过软件项目实习经历,在学校参加过编程竞赛,求一份突出专业技能与实践经历的简历。

职场人士跳槽提示词示例:有5年市场营销经验,成功主导过3次大型营销活动,使产品市场占有率提升20%,现想跳槽到互联网行业,生成一份突出行业经验与成果转化能力的简历。

转行求职提示词示例:从事教育行业3年,想转行做人力资源,有培训组织经验,帮忙制作一份突出可迁移技能与转行优势的简历。

2）信息侧重点

突出工作成果提示词示例:列举销售岗位工作成果,如销售额增长、客户拓展数量、市场份额提升等数据,制作一份突出销售业绩的简历。

强调技能特长提示词示例:擅长Python、Java等编程语言,熟悉机器学习算法,为我生成一份突出技术技能的简历。

细化项目经验提示词示例:参与过[项目名称],负责需求分析、项目进度把控,制作一份详细阐述项目经验与个人贡献的简历。

3）内容优化

语言风格调整提示词示例：把简历语言调整为简洁明了、专业商务风格，去除冗余表述。

格式排版优化提示词示例：将现有简历内容重新排版，采用清晰的结构，突出重点信息，生成一份格式规范、视觉舒适的简历。

关键词优化提示词示例：根据数据分析岗位要求，在简历中合理融入数据挖掘、数据分析工具使用等关键词，提升简历的匹配度。

5. AI 高效制作简历的应用

AI 高效制作简历在以下几个方面有着广泛的应用：

1）快速生成基础简历

AI 可以快速读取求职者输入的个人信息，如教育背景、工作经历、技能证书等，然后按照一定的格式和逻辑自动生成一份基础简历。例如，求职者只需在 AI 简历制作工具中输入自己毕业于某大学的计算机专业，曾在某公司担任软件工程师，参与过哪些项目等信息，AI 就能迅速生成一个包含这些内容的初步简历框架。

根据求职者选择的行业和岗位类型，AI 从大量的简历模板中匹配出最合适的模板，将信息填充进去，使简历在格式上符合目标岗位的常见规范。例如，对于设计类岗位，AI 会匹配具有创意风格的简历模板，突出求职者的设计作品和创意成果。

2）个性化定制

AI 能够分析招聘信息中的关键词和岗位要求，自动调整简历内容，突出与该岗位相关的技能和经验。例如，招聘信息中强调需要具备数据分析能力和项目管理经验，AI 会将求职者简历中相关的数据处理项目和管理经验部分进行重点突出和详细阐述，提高简历与岗位的匹配度。

根据求职者的需求，AI 可以调整简历的语言风格和设计风格。如果求职者希望简历呈现出专业严谨的风格，AI 会使用更正式、规范的语言；若想要突出创意和个性，AI 则会采用更活泼、独特的表达方式和设计元素。

3）智能纠错与优化

AI 能够自动检测简历中的语法错误和拼写错误，确保简历的语言表达准确无误。这对于一些英语非母语的求职者或者在撰写过程中容易粗心的人来说非常实用，可以避免因低级错误而影响求职印象。

AI 可以基于大量的优秀简历数据和招聘经验，为求职者提供内容优化建议。例如，提示求职者在工作经历部分增加具体的成果数据，或者在技能描述中补充更详细的工具和软件使用情况，使简历内容更加丰富和有说服力。

4）多平台适配

AI 可以将简历转换为各种常见的格式，如 PDF、Word 等，以满足不同招聘平台和企业的要求。有些平台可能只接受 PDF 格式的简历，而有些企业则希望收到 Word 文档以便于编辑，AI 能够轻松实现格式的转换，确保简历能够顺利提交。

随着移动办公和求职的普及，AI 制作的简历能够自动适配手机等移动设备的屏幕，保证在移动端查看时排版整齐、内容完整，方便求职者随时随地通过手机进行简历的查看和投递。

5）辅助面试准备

基于简历内容和岗位信息，AI可以预测在面试中可能会被问到的问题，并提供相应的回答思路和建议。例如，根据求职者在简历中填写的项目经验，AI会预测面试官可能会问到项目的难点、解决方案以及取得的成果等问题，并给出合理的回答方向，帮助求职者更好地准备面试。

一些AI工具还可以进行模拟面试，通过语音或文字交互的方式，让求职者进行面试练习。AI会根据求职者的回答给出评价和反馈，帮助求职者发现自己在表达、逻辑等方面的问题，从而进行针对性的改进。

4.2.2　AI高效制作简历实例

1. AI制作市场营销专业职场人士跳槽简历

提示词：

有5年市场营销经验，成功主导过3次大型营销活动，使产品市场占有率提升20%，现想跳槽到互联网行业，生成一份突出行业经验与成果转化能力的简历。

生成内容：

个人简历

姓名：[你的姓名]

联系方式：[手机号码]

电子邮箱：[邮箱地址]

求职意向：互联网营销经理、市场推广经理、品牌运营经理

教育背景

[大学名称]-市场营销（[入学时间]-[毕业时间]）

- **相关课程**：市场营销学、消费者行为学、市场调研与预测、广告学、品牌管理、营销策划、电子商务

工作经历

[公司名称1]-市场营销经理（[入职时间1]-[离职时间1]）

- **成功主导大型营销活动**：成功策划并执行3次大型营销活动，从前期市场调研、活动策划，到中期执行与推广，再到后期效果评估，全程负责。通过精准的市场定位和创新的营销策略，活动覆盖人群超过[X]万，使产品市场占有率在活动结束后的半年内提升了20%，销售额增长了[X]%。
- **跨部门协作与团队管理**：带领营销团队，与产品、研发、销售等部门紧密合作，确保营销活动与产品特性、销售目标相契合。定期组织团队培训和分享会，提升团队的整体营销能力和业务水平，团队成员在一年内获得晋升的比例达到[X]%。
- **市场洞察与策略制定**：定期收集和分析市场数据，深入了解行业动态和竞争对手的情况，为公司制定长期营销策略提供依据。通过对市场趋势的精准把握，成功推出了[X]款新产品，均取得了良好的市场反响。

[公司名称2]-市场营销专员（[入职时间2]-[离职时间2]）

- **协助营销活动的执行**：协助上级完成多个中小型营销活动的执行工作，包括活动现场布置、物料准备、客户接待等。在活动执行过程中，积极收集客户反馈，为活动的优化提供建议，使活动满意度达到[X]％以上。
- **市场调研与数据分析**：参与市场调研项目，收集和整理市场数据，运用数据分析工具进行数据分析，为营销决策提供数据支持。通过数据分析，发现了潜在的市场需求，为公司产品优化和市场拓展提供了方向。

互联网行业相关经验

- **数字化营销实践**：在最近一次营销活动中，引入互联网营销手段，结合社交媒体平台进行活动推广，活动曝光量达到[X]万次，互动量增长了[X]％，有效地提升了品牌知名度和产品影响力。
- **用户增长策略探索**：研究互联网行业用户增长模式，提出了基于内容营销和用户裂变的增长策略，并在公司内部进行了试点。通过制作优质的营销内容，吸引用户关注，再通过用户分享和推荐，实现用户数量的快速增长。在试点期间，用户注册量增长了[X]％。

……

自我评价

- 拥有 5 年市场营销经验，成功主导多次大型营销活动，在提升产品市场占有率和销售额方面取得显著成果；具备扎实的市场营销理论基础和丰富的实践经验，对市场趋势和消费者需求有敏锐的洞察力。
- 积极探索互联网营销领域，将数字化营销手段融入传统营销活动中，取得了良好的效果；对互联网行业充满热情，渴望在互联网营销领域发挥自己的专业优势，为公司的发展贡献力量。
- 具备优秀的团队管理和协作能力，能够带领团队高效地完成工作任务。同时，拥有较强的学习能力和适应能力，能够快速掌握新知识和新技能，适应不断变化的市场环境。

有关细节，例如某次活动的具体推广渠道、数据提升的具体算法等，可以随时告诉 AI，AI 会进一步完善简历内容。

2. AI 制作职业经理人求职简历

提示词：我是一名具有 10 年工作经验的职业经理人，想换一份工作，请帮我生成一份简历模板。

生成内容：

简洁版简历模板(PDF 格式)，如果你需要将简历保存为 PDF 格式，可以使用以下模板：

[姓名]

[联系方式]

[电子邮箱]

求职意向：职业经理人/高级经理/总经理

教育背景

[大学名称]-[专业名称]，[学位]([入学年份]-[毕业年份])

职业经验

[公司名称1]-[职位名称]([入职时间]-[离职时间])

负责公司的整体运营管理,推动业务增长和市场拓展。

管理跨部门团队,优化资源配置,提升团队效率和绩效。

监控财务状况,制定预算并控制成本,确保公司财务健康。

领导市场营销和销售团队,提升品牌知名度和市场份额。

建立和维护关键客户关系,推动重要项目落地,确保客户满意度。

主要成就:成功将公司年收入提升至[X]万元,增长率达[X]%;通过优化运营流程,降低运营成本[X]%。

[公司名称2]-[职位名称]([入职时间]-[离职时间])

负责[具体业务板块]的全面管理,推动业务增长。

管理团队,制定绩效目标,激励团队成员达成目标。

协调跨部门合作,确保项目顺利推进,提升客户满意度。

监控业务财务状况,制定预算并优化成本结构。

领导市场调研和产品开发工作,推出新产品或服务,提升市场竞争力。

主要成就:将市场份额从[X]%提升至[X]%;推出新产品,上市后[X]个月内实现销售额[X]万元。

核心技能

战略规划、团队管理、财务管理、市场营销、项目管理、数据分析、数字化转型、沟通能力、领导力

证书与荣誉

[证书名称]([颁发机构],[获得时间])

[荣誉名称]([颁发机构],[获得时间])

自我评价

拥有[X]年职业经理人经验,具备扎实的管理知识和丰富的行业经验;擅长团队建设和领导,能够激励团队成员达成目标,推动业务增长;具备出色的战略规划能力,能够制定并执行长期和短期业务战略;对数字化转型和创新管理有深刻理解,能够推动公司持续发展;具备出色的沟通和协调能力,能够与不同层级的人员有效沟通,建立良好的合作关系;具备强烈的责任心和敬业精神,能够在压力下高效地完成工作任务。

联系方式

电话:[手机号码]

邮箱:[电子邮箱]

LinkedIn:[LinkedIn 个人主页链接]

4.3 AI 高效设计个性化学习方案

4.3.1 认识 AI 高效设计个性化学习方案

个性化学习方案是一种以学习者个体为中心,充分考虑学习者的独特需求、特点和

目标,量身定制的学习计划与策略,旨在最大程度地满足学习者的学习需求,提高学习效果和效率。

AI高效设计个性化学习方案指利用人工智能技术,根据学习者的个体特征、学习目标、学习风格、知识水平等多维度信息,为其量身定制高效、精准的学习计划与内容的一种创新型学习解决方案。

1. 个性化学习方案的组成

个性化学习方案通常由学习者分析、学习目标设定、学习内容规划、学习方法指导、学习资源整合、学习进度安排、学习评估与反馈以及学习支持服务等多个要素组成。

1)学习者分析

基本信息:包括年龄、性别、学习基础、学习风格、兴趣爱好、学习动机等,这些信息有助于了解学习者的整体情况,为后续方案设计提供基础。

学习能力评估:对学习者的认知能力、理解能力、记忆能力、逻辑思维能力等进行评估,明确其学习优势和劣势,以便在学习内容和方法上进行有针对性的设计。

知识水平测试:通过测试了解学习者在不同学科或领域的知识掌握程度,找出知识薄弱点和已掌握的部分,为制定个性化的学习内容提供依据。

2)学习目标设定

总体目标:根据学习者的需求和期望,确定一个宏观的学习目标,如通过某项考试、掌握某种技能、提升在某个领域的知识水平等。

具体目标:将总体目标细化为具体的、可衡量的阶段性目标,以便于学习过程的实施和评估。

3)学习内容规划

知识体系构建:依据学习目标构建系统的知识体系,确定需要学习的知识点和技能点,并按照逻辑关系和难易程度进行排序。

个性化内容筛选:结合学习者的知识水平和兴趣爱好,从庞大的知识体系中筛选出适合学习者的具体内容,突出重点,突破难点。

拓展与深化内容:为学有余力或有更高追求的学习者提供拓展性和深化性的学习内容,满足其进一步学习的需求。

4)学习方法指导

通用学习方法:介绍一些适用于大多数学习场景的方法,如时间管理技巧、笔记方法、记忆方法等,帮助学习者提高学习效率。

学科或技能特定方法:针对不同的学习内容提供专门的学习方法,如数学的解题技巧、语言学习的听说读写训练方法、编程的代码调试方法等。

个性化学习方法匹配:根据学习者的学习风格推荐最适合的学习方法,如视觉型学习者可多采用图片、图表等视觉资料进行学习,听觉型学习者可多听音频课程或参加讨论。

5)学习资源整合

教材与书籍:挑选权威、适合学习者水平的教材和参考书籍作为学习的基础资料。

在线课程与平台:推荐相关的优质在线课程平台,如Coursera、网易云课堂等,以及平台上的具体课程,为学习者提供丰富的学习资源。

学习工具:介绍一些有助于学习的工具,如语言学习中的翻译软件、数学学习中的绘图工具、知识管理的思维导图软件等。

6)学习进度安排

时间规划:根据学习目标和学习内容的总量合理分配学习时间,制订每日、每周、每月的学习计划,明确每个时间段需要完成的学习任务。

阶段划分:将学习过程划分为不同的阶段,每个阶段设定特定的学习目标和任务,如基础学习阶段、强化提升阶段、冲刺复习阶段等。

弹性安排:考虑到学习者可能会遇到的各种情况,学习进度安排应具有一定的弹性,允许学习者根据实际情况进行适当调整。

7)学习评估与反馈

评估方式:采用多样化的评估方式,如定期测试、作业评估、项目实践评估、课堂表现评估等,全面了解学习者的学习成果。

反馈机制:及时向学习者反馈评估结果,指出优点和不足之处,并提出改进建议,帮助学习者调整学习策略和方法。

自我评估引导:引导学习者进行自我评估,培养其自我反思和自我管理的能力,让学习者能够主动发现问题并及时解决。

8)学习支持服务

教师或导师指导:为学习者配备专业的教师或导师,提供在线答疑、学习指导、心理支持等服务,帮助学习者解决学习过程中遇到的各种问题。

学习社区与伙伴:建立学习社区或学习小组,让学习者能够与同伴交流学习经验、分享学习资源、互相鼓励和支持,营造良好的学习氛围。

技术支持:确保学习过程中所使用的技术工具和平台能够正常运行,为学习者提供技术咨询和帮助,解决技术问题。

2. 个性化学习方案的书写要点

构思个性化学习方案的书写要点,关键在于精准地把握学习者的需求,清晰地规划学习路径。

1)深度剖析学习者

从学习基础、学习风格、兴趣爱好、学习动机等多维度入手,收集学习者的信息。例如,通过过往成绩了解学习基础,利用学习风格测试明确其是视觉型、听觉型还是动觉型学习者。基于收集的信息,找出学习者在学习中存在的问题和困难,如数学计算粗心、英语听力理解困难等,为后续方案制定提供方向。

2)明确学习目标

依据学习者需求和期望确定宏观目标,如高考取得优异成绩、通过职业资格考试等。将总体目标拆解为阶段性、可衡量的小目标,如本月掌握数学某章节知识点、本周背诵50个英语单词等,便于跟踪进度。

3)规划学习内容

按照学科逻辑或技能提升顺序梳理学习内容框架,明确核心知识点和技能点。结合学习者的水平和兴趣,筛选合适的内容,为基础薄弱者强化基础知识,为学有余力者提供拓展内容。

4)指导学习方法

介绍时间管理、笔记记录、记忆技巧等通用学习方法,如番茄工作法、康奈尔笔记法、记忆宫殿法。根据学习风格和内容特点推荐专属学习方法,如视觉型学习者多利用图表、思维导图,语言学习多进行听说读写训练。

5)整合学习资源

挑选教材、在线课程、学习工具等资源,如选择权威教材、知名在线课程平台的课程、实用学习 App。根据学习阶段和内容合理安排资源使用顺序和频率,如前期以教材为主,后期结合在线课程拓展。

6)安排学习进度

划分学习阶段,制订每日、每周、每月学习计划,明确各阶段任务和完成时间。预留一定的弹性时间,应对突发情况或学习进度偏差,确保计划的可操作性。

7)建立评估反馈机制

采用考试、作业、项目实践等多样化评估方式,全面了解学习效果。定期反馈评估结果,根据结果调整学习内容、方法和进度,确保方案的有效性。

3. 个性化学习方案的具体生成方法

生成个性化学习方案,关键在于精准地把握学习者的特点,合理规划学习要素。

1)收集学习者的数据

设计涵盖学习基础、学习风格、兴趣爱好、学习动机等方面的问卷,全面了解学习者的情况。例如,询问学习者对不同学科的喜好程度,过往学习中遇到的最大困难等。

进行知识水平测试,如学科知识点小测验、能力倾向测试等,准确掌握学习者现有的知识和能力水平。同时,借助学习风格测试工具判断其是视觉型、听觉型还是动觉型学习者。

收集学习者过往的学习记录,包括作业完成情况、考试成绩、学习时长等,分析其学习习惯和进步趋势。

2)分析评估学习者

运用数据分析技术挖掘问卷、测试和学习记录中的关键信息,找出学习者的优势和劣势。例如,通过分析成绩数据确定其在数学几何部分得分较低,是知识薄弱点。根据分析结果,提取学习者的个性化特征,如学习风格偏好、知识掌握程度分布、兴趣领域等,为后续方案制订提供依据。

3)设定学习目标

与学习者深入交流,了解其学习期望和未来规划,共同确定总体学习目标。例如,学习者希望在半年内通过英语四级考试,这就是总体目标。将总体目标分解为具体的、可量化的阶段性目标。例如,对于英语四级考试,可细化为每周背诵一定数量的单词、每月完成一套真题模拟等。

4)规划学习内容

依据学习目标和学科知识体系梳理出需要学习的内容框架,明确重点和难点。以英语四级学习为例,涵盖词汇、语法、听力、阅读、写作和翻译等板块。结合学习者的知识水平和个性化特征,筛选适合的学习内容。对于基础薄弱的学习者,先强化词汇和基础语法;对于基础较好的,增加拓展阅读和写作训练。

5) 匹配学习方法和资源

根据学习风格和内容特点,推荐合适的学习方法。视觉型学习者可多使用思维导图、图表等工具;在学习英语写作时,推荐模仿优秀范文、进行写作练习和修改的方法。整合教材、在线课程、学习 App、学习社群等资源。例如,推荐英语学习 App 百词斩用于背单词,在线课程平台网易云课堂上的四级备考课程,以及加入英语学习社群进行交流讨论。

6) 安排学习进度

根据学习内容和目标制定详细的学习时间表,明确每日、每周、每月的学习任务和时间安排。例如,每天安排 1 小时背单词,每周安排两次模拟考试。在学习过程中设置关键里程碑,如完成一个知识模块学习、达到一定的成绩目标等,以便于跟踪进度和评估效果。

7) 建立评估与调整机制

按照设定的时间节点,通过考试、作业、项目实践等方式对学习者进行评估,了解其学习成果和存在的问题。根据评估结果及时调整学习方案,如调整学习内容的难度、更换学习方法、优化学习资源配置等,确保学习方案始终符合学习者的需求。

4. AI 设计个性化学习方案的提示词

1) 学生通用场景

为[姓名]同学设计个性化学习方案,他/她是[年级][学科]的学生,本学期目标是在班级中排名上升[X]名,在最近一次考试中,语文[具体分数]、数学[具体分数]、英语[具体分数],擅长[学科 1],薄弱科目为[学科 2],喜欢通过做思维导图辅助学习。

[姓名]是[学校名称][年级]的学生,对物理实验很感兴趣,但对理论知识的理解吃力,希望在接下来的[X]个月内提高物理学科的整体成绩,为其制订一份详细的学习计划,包括每天的学习时间安排、适合的学习方法及推荐的学习资源。

请为[姓名]同学制订学习方案,他/她即将面临[考试名称],目前总成绩处于班级中游水平。在所有科目中,其化学的学习效率较低,经常混淆概念,希望能通过个性化学习提升化学成绩,进而提高总分排名。

2) 语言学习场景

[姓名]计划在[X]个月后参加雅思考试,目标总分达到[X]分。目前雅思各单项成绩为听力[具体分数]、阅读[具体分数]、写作[具体分数]、口语[具体分数]。他/她平时喜欢通过观看英文电影和听英文广播学习英语,为其设计一个雅思备考学习方案。

[姓名]零基础学习日语,希望在一年内达到 N2 水平,平时每天能抽出 2～3 小时学习;喜欢通过动漫和日语歌曲培养语感,希望学习方案能结合这些兴趣点,同时推荐一些实用的日语学习 App 和在线课程。

[姓名]正在学习法语,目标是能够流畅地进行日常交流和商务沟通,目前已掌握基

础语法和简单词汇,但口语表达不够自信,发音也存在一些问题。为他/她制订一份以提升口语能力为主的个性化学习方案。

3) 职业技能提升场景

[姓名]是一名职场新人,从事[职业名称]工作,希望在接下来的半年内提升自己的[专业技能名称,如数据分析能力],以便更好地完成工作任务。他/她目前对相关软件(如 Excel、SQL)有初步了解,但在数据可视化和复杂数据分析方面能力不足。请设计一套适合他/她的学习方案,包括学习内容、实践项目及学习时间安排。

[姓名]在[行业名称]工作多年,计划转型做[新职业名称],虽然有一定的行业知识,但缺乏新职业所需的核心技能,如[列举核心技能]、[列举核心技能 2]等。为他/她设计一个为期一年的转型学习方案,帮助其顺利进入新职业领域。

[姓名]是一名自由设计师,擅长平面设计,但想拓展业务到 UI 设计领域,希望在[X]个月内掌握 UI 设计的基础理论和常用工具(如 Adobe XD、Sketch),并能够独立完成简单的 UI 设计项目。请根据其需求制订个性化学习方案。

4) 成人兴趣学习场景

[姓名]是一位上班族,平时对摄影感兴趣,希望利用业余时间学习摄影技巧,提升摄影水平。每周能抽出[X]小时学习,希望学习方案涵盖摄影理论知识、实践拍摄以及后期处理等方面,同时推荐一些适合新手的摄影器材和学习网站。

[姓名]退休后想学习绘画,没有任何绘画基础,对水彩画很感兴趣,希望在一年内能够掌握水彩画的基本技巧,画出简单的作品。为他/她设计一份适合零基础成人的水彩画学习方案,包括课程安排、所需绘画工具及学习资源推荐。

[姓名]喜欢音乐,想要学习吉他,目前没有音乐基础,希望在[X]个月内学会弹奏一些简单的歌曲。请为他/她制订一份吉他学习方案,包括学习进度安排、练习方法以及适合初学者的教材和线上教学视频推荐。

4.3.2　AI 高效设计个性化学习方案实例

下面通过一个具体的例子来说明如何使用 AI 设计个性化学习方案。这个例子将围绕一位初中二年级的学生小李(化名),他希望提高自己的英语听说能力。

背景信息:

学生姓名:小李

年级:初中二年级

目标学科:英语

学习目标:提升听说能力,特别是口语表达和听力的理解能力

当前水平:能够进行简单的日常对话,但在理解复杂句子结构以及应对快速语速时存在困难。

提示词:为一名初中二年级的学生小李设计一个为期 3 个月的英语听说能力提升计划。小李目前能够进行简单的日常对话,但在理解复杂句子结构以及应对快速语速时存在困难。请制订一个包括听力训练、口语练习、互动实验和定期反馈调整在内的详细学习计划,并确保每周的学习时间不超过 5 小时。

生成内容:

> 预期生成的学习方案
> 学习计划标题:小李的英语听说能力提升计划
> 总时长:3 个月
> 每周学习时间:不超过 5 小时
>
> ---
>
> 第一阶段(第 1～4 周):基础听力与简单对话
> 目标:提高对简单句子结构的理解和日常对话的流利度。
> 周一至周五:
> 听力训练(1 小时/周):
> 听取并跟读基础听力材料(如简单的日常对话录音),重点关注发音和语调。
> 使用在线平台进行听力练习,获得即时反馈。
> 口语练习(1.5 小时/周):
> 参与模拟日常对话场景(如购物、点餐等),练习常用表达和基本句型。
> 使用语音识别技术实时纠正发音问题,提供即时反馈。
> 周末复习(0.5 小时):
> 复习本周所学内容,完成一份包含多种场景的小测验。
> 系统自动生成学习报告,指出进步之处和仍需加强的地方。
>
> ---
>
> 第二阶段(第 5～8 周):进阶听力与复杂对话
> 目标:增强对较复杂句子结构的理解,提升在不同场景下的口语表达能力。
> 周一至周五:
> 听力训练(1 小时/周):
> 听取并分析中等难度的听力材料(如新闻简报、短篇故事),关注复杂句子结构和连贯性。
> 完成听力理解题,检查对细节和主旨的把握。
> 口语练习(1.5 小时/周):
> 参与模拟复杂对话场景(如讨论兴趣爱好、描述经历等),练习使用复杂句型和表达观点。
> 进行角色扮演活动,模拟真实对话情境,提升流利度和自然度。
> 周末复习(0.5 小时):
> 复习本周所学内容,尝试解决一道综合性听力题目。
> 系统自动生成学习报告,根据表现调整后续学习内容。
> ……

通过上述提示词的设计,可以看到 AI 如何根据具体的学习目标和背景信息生成详细且个性化的学习方案。这种方法不仅提高了学习效率,还能确保每位学习者都能获得最适合自己的教育资源和支持。对于小李来说,这个计划将帮助他在英语听说能力方面取得显著进步,增强他的自信心和实际应用能力。

4.4 AI 高效备考

4.4.1 认识 AI 高效备考

AI 高效备考是一种利用人工智能技术来优化备考过程,以达到提高备考效率和效果的方式。

AI 可以根据备考任务的难度、重要性以及考生的生物钟等因素,为考生制订科学合理的时间管理计划;能够模拟真实的考试环境和考试题型,为考生提供全真模拟考试体验;并且,基于对大量考试数据的分析和学习,AI 可以对考试趋势和可能出现的题目进行预测。AI 还可以整合各种备考资源,如教材、课件、视频课程、在线题库等,并根据考生的学习需求和进度精准地推荐合适的学习资源。

1. AI 高效备考的技术流程

AI 高效备考一般有数据收集与预处理、分析与评估、方案生成、学习与交互、效果监测与方案调整等技术流程。

1) 数据收集与预处理

从多个渠道收集与备考相关的数据,包括但不限于考试大纲、历年真题、模拟试题等考试资料,以及考生在学习过程中产生的行为数据,如学习时间、答题记录、学习轨迹等。这些数据是 AI 进行分析和决策的基础。

对收集到的数据进行清洗,去除重复、错误和不完整的数据,确保数据的准确性和完整性。例如,检查答题记录中是否存在异常值,如答题时间过短或过长、得分明显不合理等情况,并进行相应的处理。

对一些非结构化数据,如文本形式的题目和答案、考生的自由作答内容等,进行标注和分类。例如,将题目按照知识点、题型等进行标注,将考生的作答按照正确、错误、部分正确等进行分类,以便后续的分析和处理。

2) 数据分析与评估

根据考试大纲和相关知识点构建知识图谱,将各个知识点之间的关系进行梳理和建模,形成一个结构化的知识体系。例如,对于数学考试,知识图谱可以展示函数、几何、代数等不同知识点之间的关联和逻辑关系。

通过分析考生的答题数据,利用统计方法和机器学习算法,评估考生对各个知识点的掌握程度。例如,计算考生在不同知识点上的答题正确率、答题时间、错误类型等指标,综合判断考生的知识水平和薄弱环节。

观察考生的学习行为数据,如学习时间分布、学习资源偏好、复习方式等,分析考生的学习风格和习惯。例如,有些考生喜欢通过观看视频学习,有些考生则更擅长阅读文字资料,AI 可以根据这些特点为考生提供适合的学习资源和学习方式。

3) 个性化学习方案生成

根据考生的备考目标,如期望达到的考试分数、希望提升的排名等,结合当前的知识水平和剩余备考时间,制定合理的学习目标和阶段性目标。例如,如果考生希望在一个月内将英语成绩提高 20 分,AI 可以将这个大目标分解为每周、每天的具体学习任务。

基于知识图谱和考生的知识薄弱点,为考生规划个性化的学习路径。例如,对于一个在数学函数部分薄弱的考生,AI 可能会推荐先复习函数的基本概念和性质,然后学习函数的图像和应用,再进行相关题型的专项练习,逐步提升考生的函数知识和解题能力。

根据学习路径和学习内容,从丰富的学习资源库中为考生精准地推荐合适的学习资源,如教材、视频课程、在线讲座、练习题等。例如,如果考生需要学习某一知识点,AI 会推荐相关的优质视频讲解、经典教材章节和配套练习题。

4）学习与交互

按照学习方案和计划,将学习内容推送给考生,考生可以在各种终端设备上进行学习。推送的内容可以包括文字资料、视频讲解、练习题等多种形式,并且可以根据考生的学习进度和时间安排进行定时推送或按需推送。

考生在学习过程中若遇到问题,可以通过文本输入、语音提问等方式向 AI 提问。AI 利用自然语言处理技术理解问题,并从知识图谱和答案库中提取相关信息,为考生提供准确、详细的解答。同时,AI 还可以根据考生的问题分析其可能存在的知识漏洞,主动推送相关的学习资料和练习题。

一些 AI 备考平台还提供学习社区功能,考生可以在社区中与其他考生交流学习经验、分享学习资料、讨论问题等。AI 可以对社区中的讨论内容进行分析和整理,为考生提供热门话题、常见问题解答等信息,促进考生之间的互动和学习。

5）学习效果监测与方案调整

在考生学习的过程中,实时收集考生的学习数据,如答题正确率、学习时间、学习进度等,对考生的学习效果进行动态监测。例如,通过监测考生在每次练习或模拟考试中的成绩变化,了解考生对知识的掌握情况和学习进步趋势。

根据设定的学习目标和评估指标,定期对考生的学习效果进行评估。评估可以采用多种方式,如阶段性测试、作业完成情况评估、知识掌握程度检测等。通过评估,判断考生是否达到了预期的学习效果,是否需要调整学习方案。

根据学习效果评估结果,AI 自动对学习方案进行调整。如果考生在某个知识点上的学习效果不理想,AI 可能会增加该知识点的学习时间和练习量,或者更换教学方式和学习资源;如果考生整体学习进度较快或较慢,AI 会相应地调整学习计划和目标。

6）模拟考试与预测

根据考试的题型、难度和时间要求,AI 为考生组织模拟考试。模拟考试可以在与真实考试相似的环境下进行,让考生熟悉考试流程和节奏,提高应试能力。

对考生的模拟考试成绩进行详细分析,包括各题型的得分情况、知识点的掌握情况、答题时间分布等。通过分析,找出考生在考试中存在的问题和不足之处,如答题速度慢、容易粗心大意、对某些题型不熟悉等。

基于对历年考试数据的分析和学习,以及当前的考试趋势和动态,AI 对正式考试的题型、知识点分布、难度等进行预测,为考生提供有针对性的考前复习建议,帮助考生更好地应对考试。

2. AI 高效备考的常见提示词

构思 AI 高效备考的常见提示词,关键在于精准地传达需求。

1）考试类型明确类

为［考试名称］（如高考、雅思、公务员考试）制订 AI 高效备考方案，涵盖［具体科目，如数学、英语、申论］。

2）考生情况说明类

［考生姓名］，目前［具体学习阶段或工作情况］，备考［考试名称］，知识掌握程度［详细描述，如基础薄弱、中等水平、部分知识点掌握较好］，制订 AI 备考计划。

3）备考目标设定类

目标是在［具体时间］内通过［考试名称］，并取得［具体分数或名次］，请设计 AI 高效备考策略。

4）学习内容聚焦类

针对［考试名称］中［具体知识板块，如物理的电磁学、法律职业资格考试的民法部分］，利用 AI 制订高效学习计划。

5）学习时间限定类

距离［考试名称］还有［X］天，时间有限，借助 AI 规划紧凑且高效的备考方案。

4.4.2 AI 高效备考实例

1. AI 生成雅思备考计划

提示词：

小李的目标是在 3 个月内通过雅思考试取得 6.5 分，请设计高效备考计划。

生成内容：

一、首月：基础夯实与能力诊断

（一）AI 辅助词汇积累

利用 AI 背单词 App，如百词斩、墨墨背单词等，根据雅思考试词汇大纲和小李的学习习惯，制订每日词汇背诵计划，每天背诵 80～100 个新单词，并复习旧单词。AI 会根据艾宾浩斯遗忘曲线智能地推送需要复习的单词，强化记忆。同时，借助 AI 的例句生成功能，帮助小李理解单词在不同语境中的用法。

（二）听力基础训练

使用雅思听力真题和 AI 听力练习软件，如朗易思听，每周进行 3～4 次听力练习，每次练习完成后 AI 会自动分析小李的答题情况，找出其听力薄弱点，如对数字、日期的敏感度不够，或者在特定场景（如校园场景、学术讲座场景）下难以理解与之相关的内容。针对这些问题，AI 会推送相关的听力专项训练材料，如含有大量数字和日期的听力片段，以及不同场景的模拟对话。

……

二、次月：能力提升与技巧训练

（一）词汇拓展与运用

AI 继续优化词汇学习计划，重点帮助小李掌握词汇的同义替换和词性转换，这在雅思考试中非常关键。通过分析历年真题，AI 会为小李整理出高频词汇的同义替换词，以及在写作和口语中常用的词汇搭配，让小李进行记忆和练习。

（二）听力技巧强化

利用 AI 分析功能,总结雅思听力的出题规律和常见陷阱。例如,AI 会发现某些听力题目经常在接近答案的地方设置干扰信息,或者在填空题中对单词的拼写和格式有严格要求。针对这些问题,AI 会指导小李如何在听力过程中快速定位关键信息,排除干扰项,以及注意答题的细节。每周进行 4～5 次听力模拟练习,AI 会根据小李的答题情况调整练习难度和题型。

......

2. AI 生成历史知识备考计划

假设一位学生正在准备历史考试,希望通过生成式 AI 帮助自己复习和巩固知识。通过生成式 AI 的帮助,系统复习工业革命的相关知识点,并生成有助于记忆的内容,如总结、时间线、重要人物介绍等。

（1）**提示词:**

请总结工业革命期间的主要事件和发展历程,包括开始时间、主要发明及其影响。

生成内容:

> 工业革命始于 18 世纪中期的英国。
> 主要发明包括蒸汽机(詹姆斯·瓦特改进)、纺织机械(珍妮纺纱机)等。
> 这些发明极大地提高了生产效率,推动了城市化进程和社会经济结构的变化。

（2）**提示词:**

创建一个关于工业革命的时间线,标记关键年份及其对应的重大事件或发明。

生成内容:

> 1764 年:詹姆斯·哈格里夫斯发明了珍妮纺纱机。
> 1775 年:詹姆斯·瓦特改良了蒸汽机。
> 1785 年:埃德蒙·卡特赖特发明了动力织布机。
> 1807 年:罗伯特·富尔顿建造了第一艘商用蒸汽船。

（3）**提示词:**

简述詹姆斯·瓦特对工业革命的贡献,并至少列举 3 个他所改进或发明的技术。

生成内容:

> 詹姆斯·瓦特是一位苏格兰发明家和机械工程师,他对蒸汽机进行了重大改进,使其更加高效、可靠。
> 瓦特改进了蒸汽机的效率,引入了分离冷凝器、双作用缸等技术,大大提高了机器的工作效率。
> 此外,他还开发了用于测量功率的单位——"马力"。
> ......

4.5　AI 高效面试

4.5.1　认识 AI 高效面试

AI 高效面试指利用人工智能技术来优化和提升面试流程与效果，以更高效地实现招聘目标、评估候选人的一种面试方式。

借助 AI 技术，能够自动处理一些常规性、重复性的工作，如简历筛选、面试时间安排等，大大节省了人力和时间成本。同时，通过自然语言处理、机器学习等技术，智能分析候选人的回答内容、语言表达、情绪状态等多维度信息，更全面地评估候选人。

AI 高效面试会收集和分析大量与面试相关的数据，包括候选人的各项表现数据、岗位匹配度数据等。基于这些数据，运用数据分析和预测模型，为面试官提供客观、量化的评估依据，帮助他们做出更准确的招聘决策。

1. AI 高效面试的技术要点

1）自然语言处理技术

运用词法分析、句法分析、语义角色标注等技术，精准理解候选人回答内容的含义。例如，通过分析句子结构和词语搭配，确定候选人对问题的理解是否准确，回答是否切题。

利用情感词典、机器学习算法等，分析候选人语言中的情感倾向，判断其态度是否积极、自信等。例如，识别出候选人回答时是否带有消极、焦虑或过于自负的情绪。

AI 面试官需要具备自然流畅的语言生成能力，能够根据预设的问题模板和上下文信息生成清晰、准确、合理的面试问题，与候选人进行顺畅的对话。

2）计算机视觉技术

借助深度学习中的卷积神经网络（CNN）等技术，识别候选人的面部表情，如微笑、皱眉、惊讶等，进而分析其情绪状态和心理变化。例如，微笑可能表示自信和友好，皱眉可能暗示思考或困惑。

采用姿态估计、动作识别等技术，分析候选人的肢体动作，如坐姿、手势、身体前倾或后仰等，评估其肢体语言所传达的信息，如自信程度、专注度等。例如，频繁的手势可能显示候选人比较外向和热情，而身体过于放松或晃动可能表示不够专注。

通过眼部特征提取和跟踪技术，判断候选人是否与面试官（摄像头）有足够的眼神交流，眼神交流情况可以反映候选人的注意力集中程度和沟通意愿。

3）语音技术

将候选人的语音实时转换为文字，为后续的自然语言处理和分析提供基础。这需要使用深度神经网络等技术，对不同口音、语速和语调的语音进行准确识别。

提取语音的音色、音高、语速、语调等特征，分析候选人的语音特点，判断其语言表达能力、紧张程度等。例如，语速过快可能表示紧张，而平稳、适中的语速通常更能体现自信和沉稳。

4）数据挖掘与机器学习技术

运用自然语言处理和机器学习算法，对候选人的简历进行自动分析，提取关键信息，并与岗位要求进行匹配，快速筛选出符合基本条件的候选人。

基于大量的面试数据，利用监督学习、无监督学习等机器学习方法构建面试评估模型。该模型可以根据候选人的各项表现数据,如回答内容、语言表达、肢体语言等,对候选人进行综合评估和打分,预测其与岗位的匹配度和未来的工作表现。

在 AI 面试过程中涉及大量候选人的个人信息和面试数据,需要采用加密技术、数据脱敏等手段,确保数据的安全存储和传输,保护候选人的隐私。

2. AI 高效面试的常见功能

AI 高效面试通过运用多种先进技术,实现了一系列有助于提升面试效率和质量的功能。

1)面试前

能够自动扫描和解析简历,提取关键信息,如工作经验、教育背景、技能等,并与岗位要求进行比对,快速筛选出初步符合条件的候选人,减轻人工筛选简历的工作量。

基于机器学习算法,对简历内容与岗位描述进行深度分析,计算候选人与岗位的匹配度得分,为面试官提供量化的参考依据,帮助确定哪些候选人更有可能适合该岗位。

根据面试官和候选人的日历信息,自动协调双方的时间,安排合适的面试时间,并通过邮件、短信等方式发送面试提醒,确保双方都能准时参加面试。

2)面试中

运用自然语言处理技术,实时理解候选人的回答内容,分析语义、语法和逻辑,判断回答的准确性和完整性。同时,能够根据上下文自动生成后续问题,引导面试流程的进行,使对话更加自然流畅。

借助语音识别、机器翻译等技术,实现多语言面试。无论候选人使用何种语言,AI 都能实时翻译并呈现给面试官,也能将面试官的问题翻译成候选人能理解的语言,打破语言障碍,扩大招聘的人才范围。

利用计算机视觉技术,分析候选人的面部表情、肢体语言、眼神交流等非语言信息,评估其情绪状态、自信心、沟通能力等软技能。例如,通过识别微笑、点头等积极的肢体动作,判断候选人的态度和参与度。

自动记录整个面试过程,包括音频、视频和文字记录。同时,能够对关键信息和候选人的重要表现进行实时标注,方便面试官在面试结束后快速回顾和整理面试内容,提高评估效率。

3)面试后

基于预设的评估标准和机器学习模型,对候选人的面试表现进行自动评分,生成详细的面试总结报告。报告内容可能包括回答问题的准确率、语言表达能力、专业知识水平、综合素质评价等,为面试官提供全面的参考。

对多位候选人的面试数据进行综合对比分析,直观展示每个候选人的优势和劣势,帮助面试官更清晰地了解候选人之间的差异,做出更客观的招聘决策。

对大量面试数据进行统计分析,挖掘招聘过程中的潜在信息和趋势,如不同岗位的面试通过率、常见问题的回答分布等。这些数据洞察可以为企业优化招聘流程、调整岗位要求、改进面试问题等提供有力支持。

3. AI 高效面试的常用工具

AI 面试工具正在迅速普及,它们利用人工智能技术来优化招聘流程,提升面试效率,改善候选人体验。

1）视频面试工具

这些工具通过分析候选人的视频回答，评估其语言、表情、语调等，提供综合评分。代表工具有：

HireVue

功能：视频面试、语音分析、表情识别、语言处理。

特点：通过 AI 分析候选人的回答内容、语速、情绪和肢体语言，生成综合报告。

适用场景：初筛、技术面试、行为面试。

MyInterview

功能：视频录制、AI 评分、候选人筛选。

特点：支持自定义问题，AI 根据回答内容评估候选人的匹配度。

适用场景：大规模招聘初筛。

2）编程面试工具

这些工具专注于技术岗位，通过 AI 评估候选人的编程能力和代码质量。代表工具有：

HackerRank

功能：在线编程测试、代码评估、自动化评分。

特点：支持多种编程语言，AI 分析代码的效率、正确性和风格。

适用场景：软件开发、数据科学、算法岗位。

Codility

功能：编程挑战、代码分析、性能评估。

特点：AI 评估代码的时间复杂度和空间复杂度，提供详细反馈。

适用场景：技术岗位初筛。

3）语音和语言分析工具

这些工具通过自然语言处理（NLP）技术分析候选人的语言表达能力、逻辑思维和情绪状态。代表工具有：

Spark Hire

功能：视频面试、语音分析、情绪识别。

特点：AI 分析候选人的语言流畅度、关键词使用和情绪稳定性。

适用场景：沟通能力评估、行为面试。

Interviewer. AI

功能：语音识别、语言分析、情绪检测。

特点：通过 AI 评估候选人的回答逻辑、语言表达和情绪状态。

适用场景：初筛、行为面试。

4）聊天机器人面试工具

这些工具通过聊天机器人模拟面试官，与候选人进行互动，评估其回答内容。代表工具有：

Mya

功能：自动化面试、问题回答、候选人筛选。

特点：通过聊天机器人进行初步面试，AI 评估回答内容并生成报告。

适用场景：初筛、简单问题测试。

Olivia by Paradox

功能：聊天机器人面试、候选人互动、自动化评分。

特点：支持自然语言对话，AI 分析回答内容并推荐最佳候选人。

适用场景：初筛、行为面试。

5）综合评估工具

这些工具结合多种 AI 技术，提供全面的候选人评估，包括技能、性格和文化匹配度。代表工具有：

Pymetrics

功能：认知和情感评估、行为分析、文化匹配。

特点：通过游戏化测试评估候选人的认知能力和性格特质，AI 生成匹配度报告。

适用场景：综合能力评估、文化匹配。

Harver

功能：技能测试、行为评估、文化匹配。

特点：结合 AI 和数据分析，评估候选人的技能、性格和团队适配度。

适用场景：大规模招聘、综合评估。

6）简历筛选工具

这些工具通过 AI 自动分析简历内容，筛选出最匹配的候选人。代表工具有：

Ideal

功能：简历解析、候选人匹配、自动化筛选。

特点：AI 分析简历中的关键词、候选人的工作经验和技能，推荐最佳候选人。

适用场景：简历初筛。

Textio

功能：职位描述优化、简历匹配、候选人筛选。

特点：通过 AI 优化职位描述，吸引更合适的候选人，并自动筛选简历。

适用场景：招聘启事优化、简历筛选。

7）情绪和表情分析工具

这些工具通过分析候选人的面部表情和情绪变化，评估其心理状态和性格特质。代表工具有：

Emotify

功能：情绪识别、表情分析、心理评估。

特点：通过 AI 分析候选人的面部表情，评估其情绪稳定性和性格特质。

适用场景：行为面试、性格评估。

Affectiva

功能：情绪检测、表情分析、心理洞察。

特点：AI 分析候选人的面部表情和语音语调，提供情绪和心理状态报告。

适用场景：行为面试、压力测试。

4. AI 高效面试的流程

1）面试前的准备

企业明确招聘岗位的职责、技能要求、经验需求等，以此为基础构建面试题库。借助

AI 的自然语言处理和数据分析能力,从过往面试数据、行业标准、岗位说明书中提取关键信息,生成涵盖专业知识、技能实操、行为能力、综合素质等多方面的问题。例如招聘软件开发工程师,会生成关于编程语言特性、算法设计、项目管理等问题。

通过招聘平台、邮件等渠道向候选人发送面试邀请,其中包含 AI 面试的链接、详细指南和注意事项。同时,要求候选人提前上传简历、相关证书等资料,AI 系统自动解析这些资料,提取关键信息,如学历、工作经历、专业技能等,建立候选人初步档案,为后续面试评估提供基础数据。

候选人在面试前需确保设备(计算机、手机等)正常运行,摄像头、麦克风、网络连接稳定。AI 面试平台可提供简单的设备测试功能,如开启摄像头和麦克风进行测试,检查网络速度,确保面试过程顺利进行,避免因设备问题影响面试效果。

2)面试过程

候选人进入面试环节,首先通过 AI 的身份验证功能确认身份,常见方式为人脸识别、身份证信息比对等。AI 将候选人提供的身份信息与事先收集的资料进行匹配,确保面试者身份真实,防止作弊行为。

AI 面试官依据预设的面试题库,按照一定的逻辑顺序向候选人提问。这些问题可以是以文本形式展示在屏幕上,也可以通过语音合成技术以语音形式播放。例如,在技术岗位面试中,AI 面试官可能会问"请简述数据库索引的原理和作用"。候选人通过语音或文字输入回答问题,AI 运用自然语言处理技术实时理解回答内容,分析语义、语法和逻辑,判断回答的准确性和完整性。

对于一些需要实际操作技能的岗位,如软件开发、设计等,AI 面试系统会提供相应的实操环境。例如,要求软件开发候选人在在线编程环境中完成特定功能的代码编写,系统实时监测代码编写过程,分析代码质量、编程规范、算法合理性等,评估候选人的实际操作能力。

AI 面试官会提出一些行为面试问题,如"请讲述一次你在团队项目中解决冲突的经历"。通过分析候选人的回答内容、语言表达、情绪状态以及面部表情、肢体语言(借助计算机视觉技术)等非语言信息,评估候选人的团队协作能力、沟通能力、问题解决能力等综合素质。

AI 面试官根据候选人的回答情况进行实时反馈,如确认回答内容、要求进一步阐述等。如果候选人的回答模糊或不完整,AI 会自动追问,引导候选人提供更详细、准确的信息,确保面试评估的全面性。

3)面试后的评估

在面试结束后,AI 系统根据预设的评估标准和权重,对候选人在各个环节的表现进行综合评分。例如,专业知识问题回答的准确性占总分的 40%,技能实操表现占 30%,行为能力评估占 30%。同时,生成详细的面试报告,报告内容包括面试问题及候选人回答、各项得分、综合评价、优势与不足分析等。

将面试过程中产生的所有数据,包括候选人回答内容、行为表现数据、评分结果等,存储在安全的数据库中。企业可以利用这些数据进行深入分析,如分析不同岗位面试通过率、常见问题回答情况等,为后续招聘流程优化、岗位要求调整、面试题库更新提供数据支持。

招聘团队根据 AI 生成的面试报告和评分结果决定是否录用候选人。对于通过面试的候选人,发送录用通知并安排后续入职流程;对于未通过面试的候选人,发送婉拒通知,并可附上 AI 分析的改进建议,体现企业的人文关怀。

4.5.2 AI 高效面试实例

1. 顺丰启用 AI 面试助力一线业务

顺丰集团每年需要招聘海量基层员工,如快递员、操作工、客服等,借助海纳 AI 面试,年面试量 100 万人次以上,顺丰集团基层蓝领面试界面如图 4-1 所示。

图 4-1　顺丰集团基层蓝领面试界面

使用人工面试,顺丰集团在各城市、各网点的面试标准难统一,员工能力匹配度低,离职率高,每场面试 20 分钟,共需占用 200 多位招聘经理 27 万小时,到面率 40%。

使用 AI 面试,顺丰集团在全国的所有网点使用统一招聘标准,精准度高达 98% 以上且可解释,由 AI 自动通过或拒绝,无须人工干预。候选人收到 AI 语音电话、单击短信链接或扫码即可用手机面试,到面率 90%,可同时并行面试数十万候选人,抢人速度提升百倍以上。另外,使用专业主持人录播问题,共收到候选人体验调查 3 万多份,好评率达 98%。

顺丰集团使用人工和 AI 的招聘流程对比如图 4-2 所示。AI 面试工具为顺丰集团定制了专属的岗位模型,在实施阶段,通过梳理考察维度,设置各维度对应的面试问题及考核点,并运用对应的 AI 能力,评估考核点。经过大量 POC 阶段的数据验证,不断调优,最终通过使用配置好的 AI 模型实现自动打分。

2. AI 助力招商银行线上校招省时、省力

从 2020 年至今的秋招和春招,招商银行通过 AI 面试和视频面试,完成了众多分行的优质人才的选拔工作,招商银行 AI 面试界面如图 4-3 所示。早在 2020 年,招商银行武

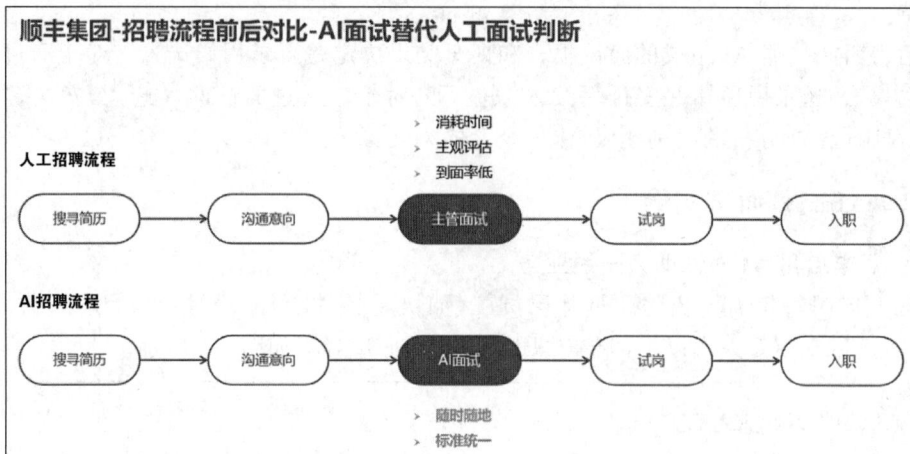

图 4-2　顺丰集团使用人工和 AI 的招聘流程对比

图 4-3　招商银行 AI 面试界面

汉分行率先与海纳展开合作,疫情期间通过排队面试、批量面试在短时间内完成了海量人选的初筛。

招商银行 AI 面试流程如图 4-4 所示。在使用海纳面试之前,每位面试官每天面试上百人,持续 1~2 个月往返多个城市,差旅费达数十万元。

在使用海纳面试后,可以批量创建面试,批量自动发送面试邀请通知,数千候选人在指定时间同时开始面试;自动生成面试报告,缩短招聘流程,在人才抢夺中占据先机。通过海纳排队面试及 1V1 视频面试,可自主叫号排队面试,在一周内快速完成优质人才的筛选与评估,海纳提供可视化的数据报表。

校招季初试阶段,海纳 AI 面试帮助客户考核候选人的各项通用维度,协助 HR/面试官快速完成大规模初筛;复试阶段,海纳排队面试、1V1 视频面试帮助客户快速完成人才甄选,包括市场营销类、职能类、运营支持、信息技术类 4 个系列校招岗位。期间,招商银行还使用了一个通用模型进行初筛,秋招单日面试 4000＋。

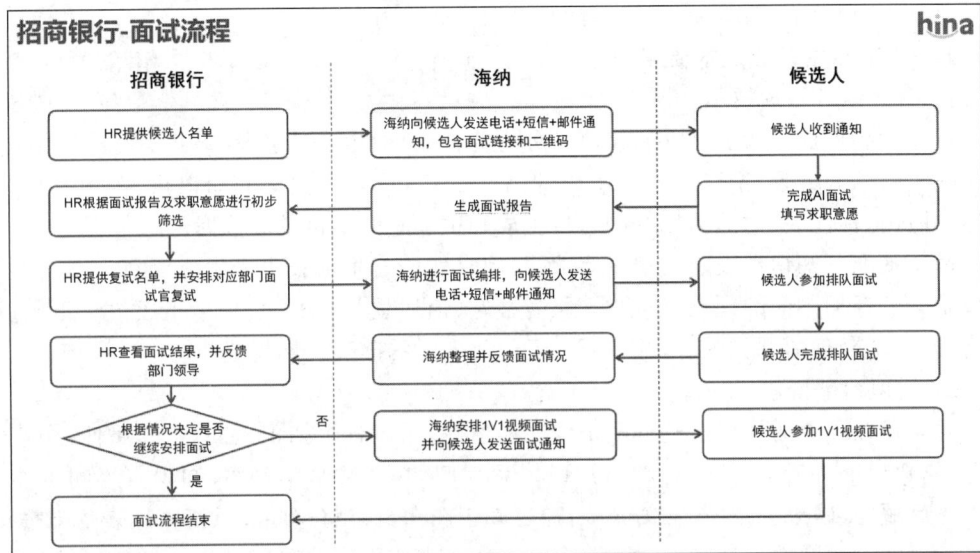

图 4-4　招商银行 AI 面试流程

海纳还为招商银行深度定制 UI 界面,持续优化面试流程及体验;围绕岗位能力模型,设置面试问题及考点,定制校招场景下的 AI 算法模型,旨在考察候选人的各项通用素质。海纳系统还支持多维度条件筛选查询,并可导出数据报表。

校招期间,海纳提供全流程项目支持,包括项目前、项目中、项目后,持续优化面试流程。

4.6　AI 试卷生成

4.6.1　认识 AI 试卷生成

AI 试卷生成是利用人工智能技术自动创建考试试卷的过程,旨在提高试卷生成的效率和质量,实现个性化的考试评估。

教师只需要输入一些基本的要求和参数,如考试时间、总分、各题型分值等,AI 系统就能迅速生成一份完整的试卷,尤其在应对大规模考试或需要多套试卷时,其高效性更为显著。

通过分析学生的学习数据,如平时作业完成情况、测试成绩、知识点掌握程度等,AI 系统能够为每个学生量身定制适合他们的试卷,使考试更能准确地反映学生的真实水平,同时也有助于学生有针对性地进行学习和提高。

AI 系统基于庞大的知识数据库和知识图谱,能够按照预设的知识点分布要求有针对性地选取题目,避免出现知识点遗漏或重复过多的情况,保证试卷能够全面考查学生对所学知识的掌握程度。

AI 系统通过对大量题目数据的分析和学习,能够准确把握题目的难度级别和区分度,根据设定的难度系数和区分度要求来挑选合适的题目,使每份试卷的质量都能得到有效保证,避免了人工出题可能出现的难度波动较大等问题。

1. AI试卷生成的技术要点

1)自然语言处理技术

需要运用词法分析、句法分析、语义分析等技术,对大量的教材、教案、学术文献等文本资料进行深入处理,准确理解文本中的语义信息,抽取出关键的知识点、概念、原理等内容,并进行标注和分类,为后续的题目生成和试卷整合提供基础数据。

基于抽取的知识和设定的题目要求,利用自然语言生成技术来生成题目文本。这要求模型能够根据不同的题型(如选择题、简答题、论述题等)和语言风格生成语法正确、语义清晰、逻辑合理的题目内容,并且要保证题目表述的准确性和规范性。

2)知识图谱构建

对学科领域内的知识点进行系统梳理和建模,明确各个知识点的定义、属性、相互关系等,构建出层次清晰、结构完整的知识体系。例如,在数学学科中,知识点之间可能存在着先后顺序、因果关系、包含关系等,通过知识图谱可以将这些关系清晰地表示出来。

利用知识图谱的推理能力,挖掘知识点之间潜在的关系和逻辑联系,实现知识的拓展和延伸。例如,根据已知的知识点 A 和 B 以及它们之间的关系,推理出与之相关的知识点 C,并确定它们之间的关联,为生成综合性、逻辑性强的试卷题目提供支持。

3)题型生成技术

在确定题干内容后,需要运用算法生成合理的选项,包括正确答案和干扰项。干扰项的设计要具有一定的迷惑性,与正确答案在概念、原理、计算结果等方面有相似之处,但又存在本质区别,以考查学生对知识点的准确理解和辨别能力。

根据知识点的关键内容和考查重点,设计出能够引导学生进行简要回答的问题。问题要明确、具体,能够准确考查学生对某个知识点的掌握程度和简要阐述能力,同时要考虑到答案的多样性和灵活性,以便在评分时能够合理地对学生的回答进行评价。

针对一些需要学生进行深入分析和阐述的知识点,生成具有一定开放性和综合性的论述题。题目要能够引导学生运用所学知识,从多个角度进行思考和分析,提出自己的观点和见解,并进行合理的论证,重点考查学生的综合运用知识能力、思维能力和文字表达能力。

4)难度评估与调整

建立题目难度评估模型,综合考虑知识点的复杂程度、解题所需的步骤和技巧、学生对该知识点的熟悉程度等因素,对生成的题目进行难度评估,为每道题目赋予一个合理的难度值,通常可以采用 $0\sim1$ 的数值来表示,数值越大表示难度越高。

根据预设的试卷整体难度要求,对生成的题目进行筛选和组合,确保试卷中不同难度层次的题目分布合理。一般来说,试卷应包含一定比例的基础题、中等难度题和难题,以全面考查学生的知识水平和能力层次,同时要避免出现题目难度过于集中或跳跃过大的情况。

5)数据管理与更新

广泛收集各种与教育教学相关的数据,包括教材、教案、教学大纲、历年考试真题、学生学习记录等,并对这些数据进行整理和清洗,去除重复、错误和不完整的数据,确保数据的质量和可靠性,为 AI 试卷生成提供丰富、准确的数据源。

建立知识更新机制,及时关注学科领域的最新发展动态和研究成果,定期对知识数据库进行更新和补充。同时,根据教育教学的改革和要求,对相关的教学大纲、考试标准等进行调整和完善,使 AI 试卷生成系统能够始终保持与教育教学实际的紧密结合,生成符合时代要求的试卷。

2. AI 试卷生成的优势

1) 高效性

AI 试卷生成系统能够在短时间内生成大量试卷。传统人工出题需要教师花费大量时间查阅资料、构思题目、编排格式等,而 AI 可以在数分钟甚至更短时间内完成一份试卷的生成,大大提高了出题效率,节省了教师的时间和精力。

AI 可以同时生成多份不同版本的试卷,以满足大规模考试(如学校的期中/期末考试、职业资格考试等)对试卷数量和多样性的需求,确保每个考生拿到的试卷具有一定的差异性,从而有效防止作弊行为。

2) 个性化

根据学生的学习进度、知识掌握情况和能力水平生成个性化试卷。例如,对于学习进度快、掌握程度好的学生,生成的试卷可以包含更多高难度的拓展性题目;对于基础薄弱的学生,则侧重于基础知识和重点内容的考查,帮助学生巩固所学知识,实现因材施教。

教师可以根据不同的教学目标、课程内容和教学阶段,灵活调整 AI 试卷生成的参数,如知识点覆盖范围、题型比例、难度系数等,生成符合特定教学需求的试卷,使考试更好地服务于教学,促进教学质量的提升。

3) 内容质量

AI 系统可以对大量的知识数据进行整合和分析,确保试卷内容能够全面覆盖学科的各个知识点,避免人工出题可能出现的知识点遗漏或不均衡的情况,使考试能够更全面、准确地考查学生的知识水平。

AI 试卷生成遵循一定的规则和算法,能够保证每道题目的质量和准确性,避免出现题目表述不清、答案错误、逻辑混乱等问题,而且在难度控制、知识点分布等方面具有较高的稳定性,使不同批次生成的试卷具有可比性和一致性。

4) 成本效益

AI 减少了对大量出题人员的需求,尤其是在大规模考试或培训场景下,无须组织众多教师进行出题、审题等工作,降低了人力成本和时间成本,提高了考试组织的效率和效益。

传统出题方式可能会因为出题不当或试卷版本过多导致资源浪费,而 AI 试卷生成可以根据实际需求精准地生成试卷,避免了不必要的纸张、印刷等资源的浪费,同时也有利于环保。

5) 创新性

AI 可以通过对大量文本数据的学习和分析,挖掘出新颖的知识点和出题角度,创造出具有创新性的题目,避免试卷题目过于陈旧和传统,有助于激发学生的思维能力和创新能力。

借助于多媒体技术,AI试卷生成可以突破传统纸质试卷的形式,生成包含图片、音频、视频等多种元素的多媒体试卷,使考试内容更加丰富多样,增加考试的趣味性和互动性。

3. AI试卷生成的常见提示词

1)知识范围限定

具体章节提示词示例:"基于高中物理必修一第三章'相互作用'生成试卷""以初中化学下册第八单元'金属和金属材料'为范围出题"。

知识模块提示词示例:"围绕英语语法中的从句模块出一套测试题""以中国古代文学中的唐诗宋词为知识模块进行试卷编制"。

教材版本提示词示例:"根据人教版小学数学教材六年级上册内容生成试卷""按照苏教版高中生物教材必修三的知识点出题"。

2)能力考查相关

计算能力提示词示例:"重点考查学生的分式运算能力,出10道计算题""设计一些能体现复杂数值计算能力的题目"。

逻辑推理提示词示例:"出几道逻辑推理题,如数字推理、图形推理等""以三段论推理为核心,考查学生的逻辑推理能力"。

综合应用提示词示例:"结合多个知识点,出一些综合应用题,考查学生的知识迁移能力""设置场景,考查学生对历史知识的综合运用能力"。

创新思维提示词示例:"设计具有开放性和创新性的题目,激发学生的创新思维""出一些没有固定答案,能体现学生创新能力的论述题"。

3)题目风格偏好

传统经典提示词示例:"以传统经典题型为主,生成一份中考数学模拟试卷""按照高考传统风格,出一套语文基础知识测试卷"。

趣味新颖提示词示例:"设计一些趣味性强的题目,让试卷更具吸引力""采用新颖的题目背景(如科幻故事、游戏场景等)出题"。

图表丰富提示词示例:"试卷中多设置一些图表题,如图形分析、数据统计图表等""以图像题为主,考查学生对物理概念的理解"。

4)其他

区分度提示词示例:"试卷要有较好的区分度,能区分不同水平层次的学生""设置不同难度梯度的题目,以保证良好的区分度"。

答题规范提示词示例:"提醒学生注意答题规范,在试卷上给出必要的答题说明""在题目中明确要求学生写出解题步骤和答题规范"。

答案要求提示词示例:"给出详细的答案和评分标准,以便于教师批改""答案要具有详细的解析过程,方便学生自学"。

4.6.2 AI试卷生成实例

1. 针对知识点生成指定题型的试题

提示词:对于"全球导航系统组成"这一知识点,出一道单选题

生成内容:

单选题

题目：

全球导航系统主要由哪几部分组成？

A. 卫星星座、地面控制站、用户设备

B. 卫星星座、地面控制站、数据传输链路

C. 卫星星座、用户设备、数据处理中心

D. 地面控制站、用户设备、数据传输链路

答案：

A. 卫星星座、地面控制站、用户设备

2. 针对小学科学课程测试的试题

提示词：为小学四年级科学课程生成一套包含选择题、填空题和简答题的单元测试，要求覆盖生命科学(植物与动物)、地球科学(天气与气候)和物理科学(力与运动)3个主要模块，题目总数不少于20道，总分为50分。

生成内容：

试卷标题：小学四年级科学单元测试

总分：50分

时间：45分钟

一、选择题(每题2分，共10分)

下列哪种植物不需要阳光就能生长？

A. 向日葵

B. 蘑菇

C. 玫瑰

D. 柳树

地球绕太阳转一圈需要多长时间？

A. 一天

B. 一个月

C. 一年

D. 十年

……

二、填空题(每题3分，共15分)

力可以使物体发生_____或改变物体的运动状态。

天气预报通常会报告当天的温度、湿度、风速和_____等信息。

……

三、简答题(每题5分，共25分)

描述一下你所知道的水循环过程，并解释为什么它对我们的生活很重要？

如果你在操场上推一个足球，足球会怎样运动？请描述影响足球运动的因素有哪些？

3. 针对商业管理专业的案例分析试题

提示词：为商业管理专业的大学生设计一次案例分析考试，题目应涵盖市场营销策略、财务管理、人力资源管理和运营管理 4 个主要领域，共设置 4 道大题，每题需明确背景信息、问题描述及评分标准。

生成内容：

试卷标题：商业管理案例分析考试

总分：100 分

时间：180 分钟

案例分析题 1：市场营销策略（25 分）

背景信息：一家新兴的咖啡连锁店计划进入竞争激烈的市场。该品牌以环保和社会责任为核心价值观，目标客户群体为年轻的都市白领。

问题描述：

设计一份详细的市场营销计划，包括定位、目标市场、促销策略和品牌形象建设。

分析该品牌的竞争优势，并至少提出 3 种可以增强其市场竞争力的方法。

评分标准：

计划的完整性和逻辑性（10 分）

创新性和实用性（10 分）

文字表达和条理性（5 分）

案例分析题 2：财务管理（25 分）

背景信息：某公司计划进行新一轮融资，以支持其业务扩展。目前该公司拥有稳定的现金流，但面临一定的负债压力。

问题描述：

分析该公司当前的财务状况，并提出适合的融资方案（如股权融资、债务融资或其他）。

计算并解释融资对公司资产负债表的影响。

评分标准：

财务分析的准确性和深度（10 分）

方案的合理性和可行性（10 分）

数据计算和解释的清晰度（5 分）

案例分析题 3：人力资源管理（25 分）

背景信息：一家科技公司在快速发展过程中遇到了人才流失的问题，特别是核心技术人员的离职率较高。

问题描述：

分析可能导致高离职率的原因，并提出改善员工保留率的具体措施。

设计一套激励机制，旨在提高员工的工作满意度和忠诚度。

评分标准：

原因分析的全面性和准确性(10分)

措施和机制的创新性和实际效果(10分)

表达的清晰度和逻辑性(5分)

案例分析题4：运营管理(25分)

背景信息：一家制造企业希望优化其供应链管理,以降低成本并提高效率。当前,该企业的库存周转率较低,且交货时间较长。

问题描述：

分析该企业在供应链管理中存在的主要问题,并提出改进建议。

设计一套具体的实施步骤,确保改进措施能够有效执行。

评分标准：

问题诊断的准确性和深度(10分)

改进措施的可行性和预期效果(10分)

实施步骤的详细程度和合理性(5分)

4. 智能题目生成与难度控制

提示词：生成牛顿第三定律的相关题目,要求如下。

(1)基础题考查作用力与反作用力方向的判断

(2)进阶题结合斜面摩擦力的实际场景

(3)错误选项设计需针对"受力体大小误解"

生成内容：

基础题：作用力与反作用力的方向判断

题目描述：当你用手推墙时,你的手对墙施加了一个向右的力。根据牛顿第三定律,墙对你的手的作用力的方向是?

选项：

A. 向左

B. 向上

C. 向右

D. 向下

正确答案：A. 向左

解析：根据牛顿第三定律,当一个物体对另一个物体施加力时,第二个物体会以相等但方向相反的力反作用于第一个物体。因此,如果手对墙施加的是向右的力,则墙对手的反作用力应为向左。

进阶题：结合斜面摩擦力的实际场景

题目描述：一个质量为 m 的木块静止在倾斜角度为 θ 的光滑斜面上(忽略空气阻力),假设斜面与木块之间的摩擦系数为 μ,此时斜面对木块的支持力 N 和摩擦力 f 分别是多少? 另外,请指出这些力的反作用力分别作用在哪里,并说明它们的方向。

……

错误选项设计：针对"受力体大小误解"

为了特别强调学生可能会因为认为较大的物体对较小的物体施加更大的力而产生的误解，可以这样设计错误选项。

在上述基础题中，可以添加如下错误选项：

E. 因为人的质量比墙大，所以人对墙的力大于墙对人的力。

这种错误选项直接挑战了牛顿第三定律的核心概念，即无论两个相互作用的物体的质量差异有多大，它们之间的作用力和反作用力总是大小相等、方向相反。通过这种方式，可以帮助学生更好地理解并记住这一重要的物理原理。

4.7 本章小结

（1）AI 高效背单词指利用人工智能技术来辅助和优化单词记忆的过程。通过 AI 工具，用户可以获得定制化的学习内容、科学的学习方法和实时的反馈监督，从而大大提高单词记忆的效率和效果。

（2）AI 高效制作简历指利用人工智能技术帮助求职者快速、高质量地完成简历制作的过程。这项技术融合了自然语言处理、机器学习、大数据分析等先进技术，旨在简化简历的制作流程，提升简历的专业性与竞争力。

（3）AI 高效设计个性化学习方案指利用人工智能技术，根据学习者的个体特征、学习目标、学习风格、知识水平等多维度信息，为其量身定制高效、精准的学习计划与内容的一种创新型学习解决方案。

（4）AI 高效备考是一种利用人工智能技术来优化备考过程，以达到提高备考效率和效果的方式。

（5）AI 高效面试指利用人工智能技术来优化和提升面试流程与效果，以更高效地实现招聘目标、评估候选人的一种面试方式。

（6）AI 试卷生成是利用人工智能技术自动创建考试试卷的过程，旨在提高试卷生成的效率和质量，实现个性化的考试评估。

4.8 实训

1. 实训目的

本节实训使用 AI 进行高效学习。

2. 实训内容

为一名高一学生小明设计数学学科的个性化学习方案。

数据收集：了解到小明目前是高一学生，数学成绩处于班级平均水平，对几何部分感到困惑。

数据分析与模型训练：在系统分析了小明的历史作业和考试成绩后，确定几何作为重点突破方向。

个性化内容推荐：向小明推送了一系列针对几何概念讲解的视频教程、练习题集以及互动式模拟实验。

实时反馈与调整：每当小明完成一个单元的学习后，系统会自动生成一份详细的报告，指出他的进步之处和仍需加强的地方，并据此调整下一阶段的学习内容。

提示词：为一名高一学生小明设计一个为期3个月的数学学科个性化学习方案。小明目前的数学成绩处于班级平均水平，对几何部分感到困惑。在系统分析了小明的历史作业和考试成绩后，确定几何作为重点突破方向。请制订一个包括理论学习、实践练习、互动实验和定期反馈调整在内的详细学习计划，并确保每周的学习时间不超过5小时。

生成内容：

预期生成的学习方案

学习计划标题：小明的高中数学几何提升计划

总时长：3个月

每周学习时间：不超过5小时

第一阶段（第1～4周）：基础几何概念

目标：掌握基本几何概念和定理，如平行线、垂直线、三角形性质等。

周一至周五：

理论学习（1小时/周）：

观看关于基础几何概念的视频教程（如平行线与垂直线、角度关系等）。

阅读相关章节的讲义，重点理解并记忆关键定理。

实践练习（2小时/周）：

完成基础几何题目集中的选择题和填空题，巩固所学概念。

使用在线平台进行实时答题，获得即时反馈。

周末复习（1小时）：

复习本周所学内容，完成一份包含多种题型的小测验。

系统自动生成学习报告，指出小明的进步之处和仍需加强的地方。

第二阶段（第5～8周）：进阶几何知识

目标：深入学习三角形、四边形和其他多边形的性质及应用。

周一至周五：

理论学习（1小时/周）：

学习三角形的各种性质（如相似三角形、全等三角形）、四边形的分类及其性质。

观看关于这些概念的实际应用场景的视频教程。

实践练习（2小时/周）：

解决中等难度的几何题目（如证明题、计算题），使用真实数据集进行验证。

参与互动式模拟实验，探索不同形状之间的关系。

周末复习(1 小时):

复习本周所学内容,尝试解决一道综合性的几何问题。

系统自动生成学习报告,根据小明的表现调整后续学习内容。

……

通过这样的流程,AI 可以帮助每一位学习者找到最适合自己的学习方法,有效地提升学习成绩和个人发展。

扫一扫

自测题

习题 4

(1) 请阐述 AI 高效背单词的优点。

(2) 请阐述 AI 高效制作简历的应用场景。

(3) 请阐述个性化学习方案的组成内容。

(4) 请阐述 AI 高效备考的技术流程。

(5) 请阐述 AI 高效面试常用的工具。

(6) 请使用百度文心一言或者通义千问生成一套初中物理试卷。

第 5 章

AI高效生活

本章学习目标

- 掌握 AI 日程管理
- 掌握 AI 健康管理
- 掌握 AI 财务管理
- 掌握 AI 旅行规划
- 掌握 AI 心理咨询
- 掌握 AI 生成表情包

5.1 AI 日程管理

5.1.1 认识 AI 日程管理

日程管理是有效组织和安排个人或团队时间的过程,以确保任务按时完成,并尽可能高效地利用可用的时间。良好的日程管理可以帮助人们提高生产力,减少压力,并确保重要任务不会被遗忘。

AI 在日程管理中的应用能够显著提高效率,帮助用户更好地规划时间、优化任务分配,并确保重要事项不会被遗漏。

1. 认识日程管理

日程管理中的常见方式如下。

1)设定目标

在日程管理中应当设定长期目标和短期目标。这里的目标应该是具体的、可衡量的、可实现的、相关的、有时限的,即满足 SMART 原则。

2)优先级排序

优先分配精力去处理那些对设定的目标最有影响的任务。在此过程中可使用艾森豪威尔矩阵等工具来区分紧急且重要的任务、重要但不紧急的任务、紧急但不重要的任务以及既不紧急也不重要的任务。

3）时间管理

在时间管理中尝试规划与时间分配,如使用日历或日程管理软件来规划每一天、每一周乃至每个月的时间;分配特定的时间块给不同的活动,并尽量遵守这些时间安排;在时间规划中划分出休息时间和缓冲时间,以应对意外情况或任务的延迟。

4）引入激励机制

在日程管理中可适当引入激励机制,如完成任务给予自己适当的奖励,这可以是小小的庆祝或者简单的休息。此外,保持长期积极的心态,专注于进步而不是完美。

2. AI日程管理的技术背景

1）自然语言处理

对于日程管理来说,自然语言处理可以让用户通过语音或文本输入来安排会议、设置提醒等。

例如,用户可以通过语音助手(如 Siri、Google Assistant)说:帮我安排明天下午 3 点与 John 见面。AI 会理解这句话,并自动创建相应的日程项。

2）机器学习与深度学习模型

机器学习与深度学习算法可以从大量的数据中学习模式,预测用户的行为和偏好。它们可以帮助用户优化日程安排,提供个性化的建议。

例如,深度学习模型可以分析用户过去几个月的日程,了解他们通常何时工作最高效,从而推荐最佳的工作时间。

3）时间序列分析

时间序列分析是一种统计方法,用于处理随时间变化的数据点序列。它可以用来识别趋势、周期性和异常值,帮助用户规划未来的活动。

例如,该分析可以预测未来几周内用户可能忙碌的时间段,并提前为重要任务预留足够的时间。

4）知识图谱与语义网络

知识图谱将实体及其关系以一种结构化的方式表示出来,而语义网络定义了这些实体之间的逻辑连接。结合使用它们,可以增强对上下文的理解,提高 AI 日程管理的准确性。

例如,AI 能够正确理解"客户 A"和"项目 B"之间的联系,从而更好地安排与客户相关的会议和任务。

3. AI日程管理的应用

假设你是一个忙碌的企业家,想要利用 AI 来优化日程管理,可以使用以下方式。

设定目标:告诉 AI 助手本周的重点任务是什么,例如准备一个重要演讲稿。

优先级排序:AI 根据你的历史工作模式和个人偏好,建议你应该先着手撰写演讲稿大纲,然后再深入研究具体内容。

规划与时间分配:AI 为你创建了一个详细的时间表,包括每天的具体任务和休息时间,并设置了适当的提醒。

使用工具和技术:借助 Google Calendar 同步所有日程,并通过 Todoist 跟踪每个任务的状态。

定期审查和调整:每周五晚上,AI 会自动生成一份下周计划草案,你可以在此基础上做最后的修改。

　　保持灵活性：当收到其他会议邀请时，AI会检查现有日程，并告知是否有可能影响到你的重点任务，帮助你做出明智的选择。如果有突发情况，例如客户临时要求会议，AI会迅速调整日程，确保你能及时响应。

　　自我激励：每当完成一个重要里程碑时，AI会提醒你给自己一些小奖励，保持积极的心态。

　　通过整合以上方式，AI日程管理不仅能够简化烦琐的手动操作，还能提供更加智能化、个性化的服务，帮助用户更高效地管理时间和任务。

　　用户日程管理中与AI的互动对话如下。

　　用户：我这周的日程非常满，能帮我整理一下吗？

　　AI：当然可以！首先，我会检查您现有的日程安排，确保没有时间冲突，并为您自动安排新的会议或任务。请问您有任何特别的要求或限制条件吗？例如每天早上9点到10点是您的专注工作时段。

　　用户：对，这段时间我希望不要被打扰。另外，有几个项目快要到期了，得优先处理。

　　AI：明白了。我会将这些项目的相关任务标记为高优先级，并尽量安排在您工作效率最高的时间段。对于其他常规任务，如果时间紧张，我会建议适当推迟或重新安排。此外，为了保证您不会错过任何重要的会议或任务，我会提前一天发送提醒。

　　用户：听起来不错。那你能给我做一个每日简报吗？这样我可以快速了解当天的重点。

　　AI：当然可以。每天早晨，我会为您准备一份简洁的日程概览，包括当天的主要安排、需要注意的事项以及任何潜在的时间冲突预警。这份简报会同时发送到您的邮箱和手机上，确保您随时随地都能查看。

　　用户：好的，谢谢你提供的所有帮助！

　　AI：不客气！如果您有任何其他疑问或需要额外的支持，请随时联系我。祝您本周顺利、高效！

4. AI日程管理的提示词

　　为了充分利用AI进行高效日程管理，设计有效的提示词至关重要。这些提示词不仅指导AI理解人们的需求，还能帮助它生成最符合人们期望的日程安排。以下是AI日程管理常见的提示词类型。

　　1）安排会议

　　请在下周三下午3点安排一个与John和Mary的会议，主题是项目进展汇报。

　　2）安排日程

　　请帮我安排下周的工作日程，确保所有重要会议和任务都能顺利进行，并为每个预约提前15分钟发出提醒。

　　3）添加任务

　　请将"回复客户邮件"添加到今天的待办事项列表中。

　　4）设置提醒

　　为我设置一个明天上午9点的提醒，内容是准备销售报告。

5) 会议行程

我周五需要参加在广州举行的行业会议,请帮我安排合适的航班和酒店,并确保我能准时到达会议地点。

6) 工作效率报告

生成一份上周的工作效率报告,显示我在不同活动上花费的时间,并指出哪些时段是高效的,哪些时段存在浪费。

7) 周期性任务

每周五下午两点自动创建一个名为"周报总结"的任务。

8) 团队日程同步

请将我的日程与团队成员的日历同步,并找出下周大家都空闲的时间段。

9) 突发情况调整

由于临时有紧急任务,原定于今天下午 3 点的会议需要推迟,请重新安排一个新的时间,并通知所有参与者。

10) 假期安排

我将在 12 月 20 日至 1 月 5 日期间休假,请在我的日历中标记这段时间,并拒绝所有新的会议邀请。

5.1.2　AI 日程管理实例

1. 安排会议

提示词:请帮我(周项目总监)找到一个合适的时间,在下周与团队成员和客户召开项目讨论会。所有人的日程都已同步到 Google Calendar 中,请确保选择的时间段大家都没有其他安排,并考虑时差问题。

AI 响应:

检查所有相关人员的日历,建议了一个大家都方便且考虑了时差的时间段,并自动创建会议邀请。

2. 设置提醒

提示词:我(张医生)每天有多个预约患者,请为每个预约提前 10 分钟发出提醒。如果我在手术或忙碌中,请延迟提醒直到合适的时间,并通过短信通知我。

AI 响应:

设置了基于状态的智能提醒系统,确保张医生不会错过任何重要预约,同时减少不必要的打扰。

3. 优先级排序与任务管理

提示词:

我(钟项目负责人)今天有很多任务要处理,请根据紧急性和重要性对以下任务进行排序,并生成今天的任务清单:

(1) 完成项目 A 的设计文档

(2) 参加部门周会

(3) 回复客户邮件

（4）准备明天的演示文稿

此外，请考虑到我的工作效率高峰时段是上午9点到11点，尽量在这段时间内安排最关键的工作。

AI 响应：

分析任务列表并提供优化后的顺序，例如，建议您首先参加部门周会，然后在上午9点到11点完成项目A的设计文档，接着回复客户邮件，最后准备明天的演示文稿。

4. 时间块管理

提示词： 我（赵设计师）需要更好地专注于设计工作，请帮我规划一下今天的时间，每25分钟专注工作后休息5分钟。我的主要任务是完成项目B的设计草图，并在下午两点前完成初步审核。

AI 响应：

创建了一天的时间表，包括多个25分钟的工作时间段和相应的5分钟休息间隔，确保赵设计师能够在下午两点前完成初步审核。

5. 数据分析与报告生成

提示词： 我（陈销售总监）想了解过去一个月内我的工作效率，请生成一份详细的报告，显示我在不同活动上花费的时间，并指出哪些时段是高效的，哪些时段存在浪费。此外，请分析是否有特定类型的活动影响了我的整体效率。

AI 响应：

自动生成了一份包含图表的详细报告，清晰地展示了陈销售总监在过去一个月内的工作时间分布，并提出了改进建议。

6. 综合管理

提示词：

任务：请协助我规划接下来一周的日程，确保所有重要会议和任务都能顺利进行。

背景信息：

-我是某科技公司的项目经理，负责多个项目的开发和协调工作。

-我的日程已在 Google Calendar 中同步，所有团队成员的日程也已共享。

-主要任务包括主持每周例会、与客户讨论新需求、审查项目进展报告、参与技术评审等。

具体要求：

（1）找出下周所有团队成员和客户都空闲的时间，安排一次重要的项目讨论会，并考虑时差问题。

（2）为每个预约提前15分钟发出提醒，避免迟到或忘记，特别是在忙碌时段通过短信通知。

（3）根据任务的重要性和紧急程度为我生成每日的任务清单，优先处理最关键的工作，特别是在上午9点到11点的工作高峰期。

（4）规划每天的时间块，保证有足够的时间专注于复杂任务，如审查项目进展报告和技术评审，采用 Pomodoro 计时法（25分钟工作＋5分钟休息）。

（5）生成上周的工作效率报告，分析我在不同活动上的时间分配情况，提出改进建议，特别关注是否有某些类型的任务影响了整体效率。

（6）简化跨部门会议安排，允许市场部和产品部通过 Calendly 直接选择空档发起请求，并通过 Slack 发送确认信息，同时更新 Google Calendar。

（7）我将在周五前往广州参加行业会议，请帮我规划最佳的出行方案，包括航班、酒店和当地交通安排，确保会议当天准时到达。

格式要求：

-所有提醒和通知应通过手机推送消息传递。

-生成的任务清单和报告应以电子邮件形式发送给我。

-差旅安排详情请通过即时通信工具告知我。

请帮我找到一个合适的时间，在下周与团队成员和客户召开项目讨论会。所有人的日程都已同步到 Google Calendar 中，请确保选择的时间段大家都没有其他安排，并考虑时差问题。

AI 响应：

根据您的需求，以下是 AI 助手为您规划的下周日程安排和任务管理方案。

1）项目讨论会安排

行动项：

检查所有团队成员及客户的 Google Calendar，找出共同空闲时间。

考虑到时差问题，确保选择的时间段适合所有参与者。

结果：

建议会议时间为下周三（2025 年 1 月 15 日）下午 3 点至 4 点（北京时间），此时间段内所有相关人员均无其他安排，并且考虑到不同地区的时差影响最小。

已在 Google Calendar 中创建会议邀请，并发送给所有相关方。

2）提醒设置

行动项：

为每个预约提前 15 分钟发出手机推送提醒。

在特别忙碌时段（如上午 9 点至 11 点）通过短信通知重要预约。

结果：

所有预约已设置好提前 15 分钟的提醒，包括短信提醒功能，以确保您不会错过任何关键活动。

3）每日任务清单生成

行动项：

根据任务的重要性和紧急程度排序，生成每日的任务清单。

确保上午 9 点到 11 点的工作高峰期优先处理最关键的任务。

结果：

每日任务清单如下。

周一：主持每周例会、回复客户邮件

周二：与客户讨论新需求、准备技术评审材料

周三：参加项目讨论会、继续准备技术评审材料

周四：审查项目进展报告、进行技术评审

周五：准备出差事宜、整理行业会议资料

4）时间块管理

行动项：

规划每天的时间块，采用 Pomodoro 计时法（25 分钟工作＋5 分钟休息），确保有足够的时间专注于复杂任务。

结果：

每天的时间表已按照 Pomodoro 计时法划分，确保您可以在高效的工作周期内完成任务，同时保持良好的休息节奏。

5）工作效率报告

行动项：

分析上周的工作效率，生成详细报告，并提出改进建议。

结果：

工作效率报告已生成，并通过电子邮件发送给您。报告指出，在上周，您在"会议"和"编程"两类活动中花费了较多时间，而这些活动对整体效率有一定的影响。建议您减少不必要的会议，并优化编程流程。

6）跨部门会议简化

行动项：

设置 Calendly 上的可用时间段，允许市场部和产品部直接发起请求。

通过 Slack 发送确认信息，并同步更新 Google Calendar。

结果：

Calendly 已配置好，市场部和产品部可以直接查看并选择您的空闲时间发起会议请求。所有确认信息将通过 Slack 发送，并自动更新至 Google Calendar。

7）差旅安排

行动项：

规划前往广州参加行业会议的最佳出行方案，包括航班、酒店和当地交通。

结果：

航班：推荐搭乘周四晚上的航班，以便周五早上能精神饱满地参加会议。具体航班为 CA8721，从北京首都国际机场起飞，预计到达时间为周五早晨 7：30。

酒店：预订了位于广州市天河区的某五星级酒店，距离会议地点仅需 10 分钟车程。

交通：安排了从机场到酒店的专车接送服务，并为会议当天预留了打车费用预算。

差旅详情已通过即时通信工具告知您。

提醒与通知格式

所有提醒和通知：通过手机推送消息传递，确保及时收到提醒。

任务清单和报告：以电子邮件形式发送，方便查阅和存档。

差旅安排详情：通过即时通信工具告知，便于随时调整和沟通。

总结

通过上述安排，您的下周日程已经得到了全面规划，确保所有重要会议和任务都能顺利进行。AI助手将持续监测您的日程变化,并根据实际情况提供必要的支持和调整建议。如果您有任何额外需求或需要进一步的帮助,请随时告诉我!

5.2　AI健康管理

5.2.1　认识AI健康管理

AI健康管理是一个综合运用人工智能技术来促进和维护个人健康的领域。它可以通过收集和分析用户的健康数据,如日常活动、睡眠模式、心率等信息,为用户提供个性化的健康建议和支持。

1. AI健康管理的内容

AI在健康管理中的应用可以极大地提升个人健康水平,通过智能化的监测、分析和建议,帮助用户更有效地管理自己的身体状况。

1)个性化健康评估

AI可以通过分析用户的健康数据(如年龄、性别、体重、血压等)以及生活习惯(饮食、运动、睡眠等),为每个用户提供个性化的健康评估报告。

2)智能穿戴设备与监测

智能手表、手环等可穿戴设备能够实时监测心率、步数、睡眠质量等关键指标,并将数据同步到云端进行进一步分析。结合AI算法,这些设备可以预测用户未来的健康趋势,如心血管疾病风险。

3)营养与饮食规划

AI可以根据用户的健康目标和个人偏好制订科学合理的饮食计划,并提供食谱推荐。同时,针对特殊饮食需求(如糖尿病患者),AI还可以定制专属的膳食方案,确保营养均衡。

4)运动指导与训练

AI虚拟健身教练结合计算机视觉技术,能够准确分析用户的动作姿势,提供即时反馈和纠正建议。例如,一些平台上的AI教练可以根据用户的体能水平设计个性化的训练课程,跟踪进度并适时调整强度。

5)药物管理与慢性病护理

AI可以帮助患者管理药物服用时间表,提醒患者按时服药,并监控副作用;对于慢性病患者,AI还可以协助制订长期护理计划。

例如,AI能够预测哮喘发作的可能性,帮助患者采取预防措施。

6)关键信息提取

AI系统应用信息抽取技术(如命名实体识别、关系抽取),从大量文档中提取出重要的事实和数据点,并将提取的信息按类别整理,例如业绩指标、项目进展、市场趋势等,为后续生成提供结构化输入。

利用机器学习算法(如时间序列分析、回归模型),对历史数据进行分析,识别出年度内的主要变化趋势和发展动向。这些分析结果可以作为年终总结中的重要组成部分,帮助管理层更好地理解公司过去一年的表现。

2．AI健康管理的注意事项

目前,用户在使用AI进行健康管理时应该遵守以下几点。

1)遵循专业指导

虽然AI可以提供基于数据分析的健康建议,但这些建议仅供参考。对于任何具体的健康问题或疑虑,用户应当咨询合格的医疗专业人士获取诊断和治疗方案。

2)保护隐私安全

用户在利用AI健康管理服务时,要注意个人健康信息安全,选择可靠的服务提供商,确保个人信息得到妥善保护,并符合相应的法律法规要求。

3)科学理性对待

现阶段,用户不要过分依赖AI给出的结果,保持科学理性的态度。AI健康管理工具可能有其局限性,尤其是在疾病诊断方面的能力有限。

3．AI健康管理的提示词

精心设计的提示词可以帮助用户更有效地与AI互动,并获得个性化的健康管理建议。以下是针对不同健康管理和规划需求的一些常见提示词示例。

(1)请为我制定一个营养早餐安排。

(2)我正在使用Fitbit(美国旧金山的一家新兴公司,其记录器产品名扬世界)追踪我的日常活动,请分析上周的数据,特别是心率变化和睡眠模式,提供改进建议,以提高我的整体健康状况。

(3)我想要改善心肺功能并增强肌肉力量,请根据我的体能水平设计一个适合的家庭锻炼计划,每周3次,每次持续30分钟。并且,请通过摄像头捕捉我的动作,提供即时反馈,以纠正错误姿势。

(4)基于我的健康目标(如减肥、增肌或维持当前状态),请为我制订一份为期一周的饮食计划,考虑到我的个人口味偏好和任何食物过敏情况。同时,请确保每餐都包含足够的营养成分。

(5)最近我感到压力较大,请帮我安排一些放松技巧练习,如冥想或深呼吸练习,并每天提醒我进行这些活动。此外,如果检测到我的情绪有明显波动,请立即通知我并提供相应的建议。

通过这些具体提示词的应用,用户可以更有效地与AI助手互动,确保健康管理既高效又符合个人需求。

5.2.2　AI健康管理实例

1．AI个性化健康评估

问题描述:通过分析用户的个人资料(如年龄、性别、体重、身高)以及生活习惯(饮食、运动、睡眠等),AI可以生成个性化的健康评估报告,指出潜在的健康风险并提供建议。

具体步骤:确保智能穿戴设备(如Fitbit、Apple Watch)正确连接,以便持续收集心率、步数、睡眠质量等数据。使用AI工具定期生成健康评估报告。

提示词：请根据我的年龄(35 岁)、性别(男)、体重(75 千克)、身高(175 厘米),以及过去一周的健康数据(如心率、睡眠质量等),生成一份详细的健康评估报告,并指出我目前存在的潜在健康风险和需要改进的地方。

生成内容：

根据您提供的个人信息(年龄 35 岁、男性、体重 75 千克、身高 175 厘米)以及过去一周的健康数据,以下是 AI 生成的详细健康评估报告。请注意,这份报告旨在提供一般性的健康指导和建议,对于任何具体的健康问题或疑虑,建议咨询专业医疗人员。

健康评估报告

一、基本健康指标

BMI(身体质量指数)：24.49

您的 BMI 位于正常范围(18.5～24.9)内,表明您的体重相对适中。

心率：假设平均静息心率为 65 次/分钟(如果具体数据可用,请提供更精确的数值)

正常成年人的静息心率通常为 60～100 次。您的心率处于健康范围内,但持续较高的静息心率可能提示需要更多的有氧运动来增强心脏功能。

血压：未提供具体数据；建议定期监测并保持在正常范围内(理想值为 120/80mmHg)。

二、睡眠质量

总睡眠时间：假设平均每天 7 小时(请提供具体数据以获得更准确的分析)

成年人每晚推荐的睡眠时间为 7 至 9 小时。您的睡眠时间接近推荐范围下限,确保充足的睡眠对整体健康至关重要。

深睡比例：假设约为 20%(请提供具体数据)

深度睡眠有助于身体恢复和记忆巩固。提高深度睡眠的比例可以通过改善睡前习惯(如减少面对电子屏幕的时间、避免咖啡因摄入等)实现。

睡眠中断次数：假设平均每晚不超过一次(请提供具体数据)

少量的夜间醒来是正常的,但如果频繁打断睡眠,可能会影响第二天的精神状态和工作效率。

三、活动水平与运动

步数：假设日均步数为 8000 步(请提供具体数据)

推荐的日均步数为至少 10 000 步,以促进心血管健康和控制体重,适当增加日常活动量可以帮助达到这一目标。

高强度运动频率：假设每周进行中等到高强度运动 3 次(请提供具体数据)

维持规律的运动习惯对预防慢性疾病非常重要。继续坚持现有的运动计划,并考虑加入更多样化的锻炼形式,如力量训练或柔韧性练习。

四、潜在健康风险与改进建议

心血管健康

建议：虽然您的 BMI 和心率都在健康范围内,但仍需关注长期的心血管健康。建议定期测量血压,保持健康的饮食结构(低盐、少油),并适量增加有氧运动。

睡眠质量

建议：为了提升睡眠质量，可以尝试建立固定的作息时间表，创造一个安静、舒适的睡眠环境，限制晚上使用电子设备的时间，并避免饮用含咖啡因的饮料。

运动与活动

建议：增加每日步行数量，努力达到或超过 10 000 步的目标。此外，可以考虑将力量训练纳入每周的运动计划中，这不仅有助于增肌减脂，还能提高基础代谢率。

营养均衡

建议：确保饮食多样化，摄入足够的蔬菜水果、全谷物食品、优质蛋白质来源（如鱼、鸡胸肉、豆类）以及健康脂肪（如坚果、橄榄油），减少加工食品和高糖饮料的消费。

心理健康

建议：工作压力可能导致情绪波动，影响身心健康。可以通过冥想、瑜伽等方式缓解压力，保持良好的心态。同时，培养兴趣爱好和进行社会交往也有助于心理健康。

五、总结与行动计划

综上所述，您的基本健康状况良好，但在某些方面仍有改进的空间。为了进一步优化健康状态，建议采取以下行动。

定期体检：每年进行全面的身体检查，包括血液检测、心电图等项目，以便及时发现潜在的问题。

调整生活方式：遵循上述各项建议，逐步改正不良的生活习惯，形成健康的生活方式。

保持积极心态：重视心理健康，寻找适合自己的放松方法，维持乐观的心态面对生活中的挑战。

希望这份报告能为您提供有价值的参考。如果您愿意分享更多具体的健康数据，例如详细的睡眠记录、运动详情或其他相关指标，AI 可以为您提供更加个性化的分析和建议。如果有任何疑问或需要进一步的帮助，请随时告知！

2. AI 营养与饮食规划

问题描述：AI 可以根据用户的健康目标和个人偏好制订科学合理的饮食计划，并提供食谱推荐。

具体步骤：首先向 AI 描述用户希望通过饮食达到的目标（如减肥、增肌、维持现状），告知 AI 您的饮食喜好、过敏源及任何特殊要求（如素食主义），接收由 AI 生成的一周饮食计划，包括每餐的具体食材和烹饪方法。记录实际进食情况，反馈给 AI，以便调整未来的建议。

提示词：基于我的健康目标（如减肥、增肌或维持当前状态），请为我制订一份为期一周的饮食计划，考虑到我的个人口味偏好和任何食物过敏情况。同时，请确保每餐都包含足够的营养成分。

生成内容：

> 为了为您制订一份为期一周的饮食计划，首先需要明确您的具体健康目标（减肥、增肌或维持当前状态），以及任何个人口味偏好和食物过敏情况。假设您希望维持当前状态，并且没有特定的食物过敏情况，但喜欢中餐和一些西式健康食品。以下是一份营养均衡的一周饮食计划示例。

一周饮食计划

周一

早餐

燕麦粥（燕麦片 50g＋牛奶 200mL）

水煮蛋一个

新鲜水果（如苹果一个）

午餐

清蒸鱼（鲈鱼 150g）

炒时蔬（西兰花、胡萝卜、青椒各适量）

糙米饭一小碗

晚餐

鸡胸肉沙拉（鸡胸肉 100g、生菜、黄瓜、番茄等，橄榄油醋汁调味）

全麦面包一片

周二

早餐

豆浆（自制无糖豆浆 200mL）

红薯一个

煮鸡蛋一个

午餐

红烧鸡腿肉（去皮鸡腿肉 150g）

清炒菠菜

玉米饭一小碗

晚餐

烤三文鱼（150g）

烤红薯泥

凉拌海带丝

……

注意事项

营养均衡：确保每一餐都包含碳水化合物（如糙米、全麦面包）、蛋白质（如鸡胸肉、鱼类、豆类）和健康脂肪（如橄榄油、坚果）。同时，增加新鲜蔬菜和水果的摄入，以补充维生素和矿物质。

水分摄入：每天至少饮用 8 杯水（约 2 升），保持身体水分充足，避免含糖饮料，尽量选择白开水、茶或无糖果汁。

个性化调整：

如果您有特定的食物过敏，请替换相应的食材。

根据个人口味偏好适当调整菜品，例如喜欢辣味可以加入适量辣椒，不喜欢某种食材可以用相似营养成分的食物代替。

　　如果您的目标是减肥或增肌,可以根据需求调整总热量的摄入,减少或增加主食和蛋白质的比例。

　　通过这份一周饮食计划,您可以确保每天摄入足够的营养成分,同时享受多样化的美味菜肴。如果您有更具体的健康目标(如减肥或增肌),或者需要考虑特定的食物过敏情况,请提供更多信息,以便进一步定制化这份饮食计划。如果有任何疑问或需要进一步的帮助,请随时告知!

3. AI 疾病预测与早期诊断

　　问题描述:通过深度学习模型分析大量的医疗数据,AI 可以在症状显现之前预测某些疾病的发病可能性,并辅助医生做出更准确的诊断。

　　具体步骤:首先在健康管理平台上完整记录个人和家族的病史信息,并持续上传最新的体检报告和其他相关数据。AI 会根据收集的信息计算患病概率,并提出预防性建议。一旦发现异常指标,AI 会及时发出警告,并建议尽快就医检查。

　　提示词:根据我提供的病史和个人健康数据,请评估我患上心血管疾病的风险,并提供预防措施。如果有任何异常指标,请及时提醒我咨询医生。

　　生成内容:

　　为了评估您患上心血管疾病的风险,并提供相应的预防措施,我们需要综合考虑您的病史、个人健康数据以及生活方式等因素。以下是基于您提供的信息的详细分析和建议。

　　心血管疾病风险评估

　　一、基本信息与病史

　　年龄:35 岁

　　性别:男性

　　体重:75 千克

　　身高:175 厘米

　　BMI:24.49(正常范围)

　　病史:请提供任何已知的心血管疾病家族史、高血压、糖尿病、高胆固醇等病史信息。

　　生活习惯:包括吸烟、饮酒、运动习惯等。

　　二、健康数据

　　静息心率:假设为 65 次/分钟(如果具体数据可用,请提供更精确的数值)

　　血压:未提供具体数据;建议保持在正常范围内(理想值为 120/80mmHg)。

　　血脂水平:总胆固醇、低密度脂蛋白(LDL)、高密度脂蛋白(HDL)、甘油三酯等指标(如果有,请提供具体数据)。

　　血糖水平:空腹血糖、糖化血红蛋白(HbA1c)等(如果有,请提供具体数据)。

　　其他相关检查结果:如心电图、超声心动图等(如果有,请提供具体数据)。

　　三、风险因素分析

　　根据现有信息,以下因素可能会对您患心血管疾病的风险产生影响。

　　年龄和性别:

　　男性在中年以后心血管疾病的风险会逐渐增加,但 35 岁的年龄段患病概率相对较低。

BMI：

您的 BMI 处于正常范围内，这有助于降低患心血管疾病的风险。

静息心率：

您的静息心率为 65 次/分钟，属于正常范围，表明心脏功能良好。

血压：

如果您的血压一直保持在正常范围内，这是对心血管健康有利的因素。但如果血压偏高，则需要特别注意。

血脂水平：

高水平的总胆固醇和 LDL（"坏"胆固醇）以及低水平的 HDL（"好"胆固醇）都会增加患心血管疾病的风险。甘油三酯水平也应保持在合理范围内。

血糖水平：

空腹血糖和糖化血红蛋白（HbA1c）是评估糖尿病风险的重要指标，糖尿病患者患心血管疾病的风险会显著增加。

生活方式：

吸烟、过量饮酒、缺乏运动和不健康的饮食习惯都是患心血管疾病的危险因素。

四、预防措施

为了降低患心血管疾病的风险，建议采取以下预防措施。

健康饮食：

减少饱和脂肪和反式脂肪的摄入：选择瘦肉、鱼类、禽类（去皮）、豆类作为蛋白质来源，避免油炸食品和加工肉类。

……

总结

综上所述，虽然您目前没有明显的高风险因素，但采取积极的生活方式和定期进行健康监测可以帮助您进一步降低患心血管疾病的风险。请根据上述建议调整生活习惯，并密切关注自己的健康状况。如果有任何疑问或需要进一步的帮助，请随时告知！

5.3 AI 财务管理

5.3.1 认识 AI 财务管理

AI 在财务管理中的应用正迅速改变着个人和企业处理财务的方式。它不仅提高了效率和准确性，还提供了高度个性化的服务，使得财务管理和规划变得更加智能、便捷和有效。

1. AI 财务管理的内容

AI 财务管理的主要内容如下。

1）自动化财务处理

利用光学字符识别（OCR）技术和自然语言处理（NLP），AI 可以从发票、收据和其他财务文档中提取信息，并自动将其分类录入相应的会计科目。此外，在批量交易处理中

AI能够快速处理大量银行交易数据,自动匹配收入和支出项目,减少手动输入的需求。

2）预算规划与监控

根据历史数据和个人或企业的财务目标,AI可以自动生成详细的月度或年度预算计划。不仅如此,AI还可以持续监控实际支出情况,与预算进行对比,并在接近或超过预算时发送提醒。

3）投资组合管理

AI能够基于用户的风险承受能力、年龄、收入水平等因素,提供定制化的投资策略。此外,利用机器学习算法分析市场动向,AI可以适时调整投资组合以应对变化。

4）现金流预测与优化

基于历史数据和市场趋势,AI可以预测未来的现金流,帮助企业更好地规划资金的使用。此外,AI还能提供优化建议,如调整付款时间、增加短期融资等,以维持健康的现金流。

5）个性化财务咨询

聊天机器人和虚拟助手可以随时回答用户的常见财务问题,并提供实用建议。对于涉及更深层次的专业知识的问题,AI可以将用户转接到真人顾问处获得进一步的帮助。

2. AI财务管理的注意事项

目前,用户在使用AI进行财务管理时应该注意以下几点。

1）寻求专业意见

AI工具可以用来辅助理解复杂的投资环境,并提供信息支持,但它不能像专业的财务顾问一样,给出针对个人财务状况的专属建议。每个投资者的情况都是独一无二的,因此应当寻求专业意见来制定适合自己的投资策略。

2）保持稳定的心态

机器学习模型虽然能够处理大量数据并识别模式,但是它们的表现依赖于输入的数据质量和模型本身的准确性。市场是不可预测的,即使是最先进的算法也无法保证投资的成功率或回报率。

3）选择合适的平台

对于想要利用AI进行投资的人来说,选择可靠的信息源和服务提供商非常重要,要确保所使用的平台和服务经过了适当监管机构的认可,并且有良好的声誉记录。

3. AI财务管理的提示词

提示词可以帮助用户更好地与AI互动,并提供个性化的健康管理和建议。以下是一些常见的提示词。

（1）请评估我当前的投资组合的风险水平,并检查是否符合最新的法律法规要求,提出改进建议。

（2）请根据我的业务历史数据预测未来3个月的现金流情况,并提供优化建议,以确保资金的流动性。

（3）基于我的当前储蓄、投资以及预期退休年龄,请为我制订一个详细的退休计划,包括预计的生活成本和所需的储蓄金额。

（4）我最近考虑购买房产,请告诉我应该注意哪些财务事项,并为我估算首付和月供的大致数额。

(5) 请持续监控我的财务状况,如果发现任何异常支出或收入波动,请立即通知我,并提供相应的建议。

5.3.2 AI 财务管理实例

1. AI 生成个人全面财务管理方案

提示词:

请协助我规划接下来一年的财务管理方案,确保收支平衡、投资稳健,并逐步提高信用评分。

背景信息:

-我是一名 35 岁的科技公司项目经理,年收入约为 20 万元人民币。

-拥有房贷、车贷及一些信用卡债务。

-主要使用支付宝和微信支付。

-每月有一定的储蓄习惯,但希望进一步优化现有资产配置,增加被动收入来源。

具体要求:

(1) 根据我的收入和支出模式,为我设定一个合理的年度预算,并将每笔支出分类记录,以便追踪和分析。

(2) 设置自动化账单支付系统,确保所有固定费用(如房贷、车贷、保险等)都能按时缴纳,避免逾期罚款。

(3) 分析我的投资组合,提出分散风险和提高回报率的建议。

(4) 制订详细的债务偿还计划,优先处理高利率债务,合理利用低息贷款。

(5) 定期评估我的信用评分,提供减少信用卡利用率、增加信用额度等具体建议。

(6) 监控我的财务健康状况,如果发现任何异常支出或收入波动,请立即通知我,并提供相应的建议。

(7) 在购房、投资新产品等重大决策前提供专业财务咨询和支持。

格式要求:

-所有提醒和通知应通过手机推送消息传递。

-投资组合评估和财务报告应以电子邮件形式发送。

-当需要人工介入时,请通过即时通信工具告知详细信息。

生成内容:

> 根据您提供的背景信息和具体要求,以下是一个详细的财务管理方案,旨在帮助您在未来一年内实现收支平衡、投资稳健,并逐步提高信用评分。我们将分步骤进行规划,并确保每一步都符合您的个性化需求。
>
> 1)年度预算设定与支出分类
>
> 步骤:
>
> **收入确认**:年收入约为 20 万元人民币,月均收入约为 16 667 元。
>
> **固定支出**:包括房贷、车贷、保险等固定费用。
>
> **可变支出**:如日常生活开支、娱乐消费等。
>
> **储蓄目标**:每月保留一定比例的收入作为储蓄,建议至少 10%(即 1667 元/月)。

投资资金：从储蓄中拨出一部分用于投资，以增加被动收入来源。

工具推荐：

使用 Mint 或 YNAB 应用程序记录并分类所有支出，自动同步支付宝和微信支付数据，以便实时追踪预算的执行情况。

2）自动化账单支付系统

步骤：

设置自动转账：通过银行网银或相关应用设置自动转账功能，确保房贷、车贷、信用卡账单等按时缴纳。

优化付款时间：结合收入到账时间和账单到期日，调整付款时间，以维持现金流稳定。

工具推荐：

大多数银行提供自动还款服务，也可以使用支付宝或微信支付中的"自动缴费"功能。

3）投资组合分析与优化

步骤：

现有资产评估：列出当前持有的所有投资产品（股票、基金、债券等），计算总价值及各部分的占比。

风险分散策略：根据您的年龄和风险承受能力，建议采用多元化投资组合，适当配置股票、债券、指数基金和其他低风险产品。

定期调整：每季度重新评估投资组合表现，必要时进行调整，以应对市场变化。

……

2. AI 生成小型企业现金流优化与风险管理方案

提示词：

作为一家中型制造企业的财务主管，请帮我制订一个现金流优化和风险管理方案，以应对未来几个月的资金流动不稳定性和市场变化的影响。

具体要求：

（1）基于历史数据和市场趋势，预测未来 3 个月的现金流情况，并提出优化建议。

（2）识别可以削减的成本项，如不必要的开支或效率低下的流程。

（3）评估是否需要短期融资来维持健康的现金流，并推荐合适的融资渠道。

（4）分析当前的投资组合和其他财务活动的风险水平，检查是否符合最新的法律法规要求，提出改进建议。

（5）为可能发生的市场波动或其他突发事件准备应急预案，包括储备金的建立和紧急借款安排。

定期审查：

-每月生成一份详尽的现金流预测报告和风险评估报告，供管理层审阅。

-根据市场变化及时调整策略。

生成内容：

为了帮助您作为中型制造企业的财务主管制订一个有效的现金流优化和风险管理方案,以下是详细的步骤和建议,以应对未来几个月的资金流动不稳定性和市场变化的影响。

1) 现金流预测与优化

步骤:

历史数据分析:收集过去至少一年的现金流入和流出数据,包括销售收入、成本支出、应收账款和应付账款等。

市场趋势评估:分析行业报告、经济指标以及竞争对手的动态,了解当前市场需求的变化趋势。

短期预测模型:利用时间序列分析或机器学习算法构建现金流预测模型,预测未来3个月内每日、每周及每月的现金流情况。

敏感性分析:考虑不同情景(如乐观、中性、悲观)下的现金流表现,识别关键变量及其影响。

优化建议:

加速收款:实施更严格的信用政策,缩短客户付款周期;可以考虑提供折扣激励提前支付。

延缓付款:与供应商协商延长付款期限,但需确保不影响供应链关系。

库存管理:优化库存水平,减少滞销品占用资金,同时保证生产所需原材料供应充足。

2) 成本削减与效率提升

步骤:

全面审查支出:详细审查所有固定和可变成本项,区分必要开支与非必要开支。

流程审计:检查内部运营流程,找出低效环节,通过技术升级或外包服务降低成本。

能源节约:评估工厂能耗情况,采取节能措施,如更换高效设备、优化照明系统等。

人力资源优化:根据实际需求调整员工数量,合理安排工作班次,避免过度雇佣或闲置人力。

3) 短期融资评估

步骤:

流动性评估:计算速动比率、流动比率等指标,评估企业短期偿债能力。

融资需求分析:确定是否需要额外资金来维持日常运营,并估算所需金额。

渠道选择:

银行贷款:联系多家银行,比较利率和服务条款,选择最适合的短期贷款产品。

商业票据:如果公司信誉良好,可以考虑发行商业票据筹集资金。

供应链金融:探索与核心供应商合作开展保理业务或其他形式的供应链融资。

……

5.4　AI 旅行规划

5.4.1　认识 AI 旅行规划

AI 在旅行规划中的应用已经显著改变了人们计划和体验旅行的方式,提供了更加个性化、高效和便捷的服务。

1. AI旅行规划的内容

AI不仅可以在日常旅行事务中发挥作用,还能在长期规划和战略性决策方面提供强有力的支持。无论是个人还是家庭,都可以利用AI提供的智能工具和服务实现更加高效、个性化的旅行体验。

AI在旅行规划中的作用如下。

1) 个性化行程定制

通过问卷调查、多轮智能对话或分析历史行为,AI可以了解用户的兴趣点(如自然风光、历史文化)、旅行习惯(如喜欢徒步、摄影)以及特殊需求(如无障碍设施、儿童友好)。

基于收集到的信息,AI利用大数据分析和机器学习算法为每个用户提供独一无二的旅行路线,包括推荐航班、景点、餐厅、住宿等,并且AI助手还可以全天24小时为用户提供与旅行相关的帮助,如行程咨询、紧急援助等。

2) 实时旅行信息更新

AI系统能够实时处理天气变化、交通状况、突发事件等信息,并据此调整旅游计划,确保旅行顺利进行。此外,目前部分高级AI系统甚至可以通过监测用户的情绪反应来优化活动安排,保证旅途愉快、和谐。

3) 高效的旅行预订方案

AI可以帮助用户快速找到最佳航班、酒店和旅游活动组合,节省时间和金钱。例如,AI可以从多个在线旅行社(OTA)、航空公司网站、酒店预订平台等收集信息,确保覆盖最广泛的选择范围。此外,通过分析历史数据和当前趋势,AI可以帮助用户识别最具成本效益的预订方案。甚至当用户对出发日期有一定灵活性时,AI还可以根据价格波动推荐最佳出行时间。最后,AI助手还可以自动完成机票、酒店、租车等预订服务,节省用户的时间。

4) 交互式体验

目前在旅行规划中,用户可以通过自然语言与AI互动,获得即时的帮助和建议,提升规划体验。不仅如此,现在许多AI工具还提供多种语言版本,方便国际游客使用。

例如,"AI小蚂"是马蜂窝公司推出的AI旅行助手,支持汉语、英语、法语等多种语言输出模式,用户可通过实时对话轻松获取个性化旅游规划。

2. AI旅行规划的注意事项

在利用AI进行旅行规划时,虽然它提供了极大的便利和个性化服务,但也有一些注意事项需要考虑,以确保获得最佳的用户体验和旅行效果。

1) 数据隐私与安全

用户在使用AI时,首先需要确保所使用的AI平台有严格的数据保护政策,不会滥用或泄露其个人资料,并在支付时尽量选择那些提供加密技术和安全支付网关的服务,保障在线交易的安全性。

2) 准确性与时效性

用户需确认AI工具是否能够及时获取最新的航班、酒店和其他服务的价格及可用性信息,并尽最大可能了解平台如何处理预订错误或取消政策的变化,确保有清晰的客户支持渠道。

3）法律合规性

用户在使用 AI 作旅行规划时，需确保 AI 推荐的产品和服务符合目的地国家或地区的法律法规要求，尤其是涉及签证、保险等方面的规定。

3. AI 旅行规划的提示词

在使用 AI 旅行规划工具时，提供清晰、具体的提示词可以帮助用户更有效地获取所需信息和服务。

1）目的地选择

我想要一个适合家庭度假的地方，有美丽的海滩和丰富的户外活动。

我想计划一次以葡萄酒为主题的旅行，参观一些著名的葡萄园并参加品酒会。

我希望找到一个可以深入体验当地文化的旅行目的地，例如参加传统节日或手工艺工作坊。

2）预算安排

我的旅行预算是每人 5000 元人民币，包括机票、住宿和餐饮。

我希望将住宿费用控制在每晚 300 元人民币以内，同时为交通预留足够的资金。

3）交通方式

我倾向于直飞航班，但也可以考虑中途停留不超过两次的选择。

请为我在目的地之间安排高效的公共交通工具，如火车或巴士。

我想租一辆车进行自驾游，请推荐适合的车型和租车公司。

4）住宿选择

我想要一家四星级酒店，带有游泳池和儿童游乐设施。

请帮我找一家位于市中心且靠近地铁站的酒店，以方便出行。

我们需要一间无障碍客房，因为我家里有一位行动不便的老人。

5）时间安排

我们打算在 7 月 25 日出发，进行为期两周的旅程。

如果价格合适，我可以接受前后几天内的任何日期出发。

我希望每天的活动节奏适中，既有充实的内容又留出足够的时间休息。

6）景点推荐

我对历史建筑和博物馆特别感兴趣，请推荐几个必看的景点。

希望有一些能让孩子参与的手工制作或自然探索活动。

请为我规划一条品尝地道小吃和特色餐厅的路线。

7）安全与健康

请提供一份包含当地医院、警察局等重要机构联系方式的信息表。

请问有什么推荐的旅行保险产品能够覆盖医疗急救和行李丢失等情况？

前往这个国家前需要接种哪些疫苗？是否有特定的健康预防措施？

5.4.2　AI 旅行规划实例

1. AI 生成亲子自驾游旅行规划

提示词：

任务：请协助我规划一次既有趣又有教育意义的亲子自驾游，确保整个过程既舒适又安全。

背景信息：

-我们是一家四口,孩子的年龄分别为 6 岁和 9 岁,两个孩子对自然科学非常感兴趣。

-计划于国庆黄金周(10 月初)出发,预计停留时间为一周。

-预算为 1 万元人民币左右,希望能够合理地分配到各个项目上。

-对自驾游有一定的经验,但希望能找到更加便捷和有趣的路线。

具体要求：

(1) 根据我们的兴趣,为此次旅行设定一个主题,例如"探索自然奇观"。

(2) 推荐适合全家人的景点和活动,考虑季节因素(如花开时节),并确保这些地方对孩子具有吸引力。

(3) 规划合理的行车路线,避开高峰时段,选择风景优美的路段,并提供沿途的知识讲解服务。

(4) 安排一些互动性强的游戏或任务,增加亲子间的交流机会。

(5) 确保所有预订(如酒店、门票)都已完成,并生成详细的日程表。

(6) 在做重要决策前(如选择露营地或特别活动)提供专业建议和支持。

(7) 提供中文版的服务界面,以方便操作,同时希望得到一些基础英语短句的学习材料,因为我们可能会遇到外国游客。

(8) 如果出现问题或需要调整行程,应立即通知我,并提供相应的解决方案。

生成内容：

> 根据您的需求,我将为您规划一次既有趣又有教育意义的亲子自驾游。这次旅行的主题定为"探索自然奇观",结合孩子们对自然科学的兴趣,选择适合全家人的景点和活动,并确保整个过程舒适、安全。
>
> 旅行主题：探索自然奇观
>
> 目的地选择：
>
> 考虑到 10 月初正值秋季,建议前往中国的西南地区,如四川或云南,这两个地方不仅有丰富的自然资源,而且此时气候宜人,适合户外活动。这里选择了四川省作为目的地,因为它拥有世界级的自然景观、大熊猫基地以及多样的民族文化。
>
> 行程概览：
>
> 第一天：出发准备与抵达成都
>
> 上午：从家出发前往机场,搭乘早班飞机飞往成都。
>
> 下午：抵达后入住酒店,稍作休息。
>
> 晚上：在成都市区内享用晚餐,体验当地美食。
>
> 第二天：成都大熊猫繁育研究基地
>
> 上午：参观成都大熊猫繁育研究基地,观看可爱的大熊猫及其生活习性,学习关于保护野生动物的知识。
>
> 下午：参与基地组织的家庭互动活动,如制作竹子工艺品等。
>
> 晚上：返回酒店休息,准备接下来的行程。
>
> ……

日程表生成：

我会帮助您整理出一个详细的日程表，包含每日的具体活动时间、地点、所需物品清单等信息，并通过电子邮件发送给您审核确认。

客户支持：

在整个过程中，如果您有任何疑问或者需要调整行程，请随时联系我。我们将通过即时通信工具保持沟通畅通，确保您的旅行顺利、愉快。

希望这个规划能满足您对这次亲子自驾游的所有期待。如果有任何特别的需求或者想要调整的地方，请告诉我，我会尽力满足您的要求。祝您和家人有一个难忘的假期！

2. AI 生成海外商务旅行规划

提示词：

任务：请协助我规划一次高效且舒适的海外商务旅行，确保所有安排都符合公司的规定和标准。

背景信息：

-我是一名企业高管，计划前往德国的法兰克福参加一个重要会议，预计停留时间为三天两夜。

-需要安排从北京出发的往返机票、法兰克福当地的五星级酒店住宿以及地面交通服务。

-公司对差旅费用有严格的预算限制，但同时也强调舒适性和效率。

-我对德语不太熟悉，希望能有一个中文界面的 AI 助手来帮助处理相关事宜。

-由于时间紧迫，所有预订必须尽快完成，并生成详细的日程表供审批。

具体要求：

（1）根据我的需求和公司政策，为此次旅行设定合理的预算范围，并寻找最经济实惠的选择。

（2）推荐符合公司标准的航空公司、酒店和交通方式，确保服务质量可靠。

（3）提供详细的每日行程安排，包括会议地点、用餐时间和休息时段。

（4）确保所有预订都能顺利进行，并提供必要的确认文件用于报销。

（5）在做重要决策前（如选择餐厅或特别活动）提供专业建议和支持。

（6）提供中文版的服务界面，以方便操作，同时也要注意遵守德国的相关法律和文化习惯。

（7）如果出现问题或需要调整行程，应立即通知我，并提供相应的解决方案。

生成内容：

为了确保您的海外商务旅行既高效又舒适，并符合公司规定和标准，以下是详细的规划方案。我们将重点关注预算控制、服务质量、时间安排以及文化适应性。

任务：规划一次高效且舒适的海外商务旅行

背景信息：

身份：企业高管

目的地：德国的法兰克福

停留时间：三天两夜

出发地：北京

预算限制：严格但强调舒适性和效率

语言需求：中文界面支持

紧急程度：时间紧迫,需尽快完成预订并生成日程表供审批

规划方案：

设定合理的预算范围：

根据您提供的信息,我们为此次旅行设定了以下初步预算。

机票：6000～8000 元人民币(经济舱)

酒店住宿：每晚约 2000 元人民币(五星级酒店)

地面交通及其他费用：约 2000 元人民币(包括机场接送、市内交通等)

总预算为 10 000 至 12 000 元人民币。我们将在此范围内寻找最经济实惠的选择。

……

日程表生成：

我会为您整理出一个详细的日程表,包含每日的具体活动时间、地点、所需物品清单等信息,并通过电子邮件发送给您审核确认。

客户支持：

在整个过程中,如果您有任何疑问或者需要调整行程,请随时联系我。我们将通过即时通信工具保持沟通畅通,确保您的旅行顺利、愉快。

希望这个规划能满足您对这次商务旅行的所有期待。如果有任何特别的需求或者想要调整的地方,请告诉我,我会尽力满足您的要求。祝您旅途顺利,会议成功!

5.5　AI 心理咨询

5.5.1　认识 AI 心理咨询

AI 心理咨询指利用人工智能(AI)技术为用户提供心理健康支持和服务的一种方式。它结合了自然语言处理(NLP)、机器学习、大数据分析等先进技术,旨在通过自动化和智能化的方法来评估、指导和支持用户的心理健康需求。

1. AI 心理咨询的领域

AI 在心理咨询领域的应用正在逐渐扩展,它提供了新的方式来增强心理健康服务的可及性和效率。虽然 AI 不能完全替代专业心理治疗师的角色,但它可以作为辅助工具,为用户提供初步的支持、教育和资源链接。

AI 心理咨询的主要领域如下。

1) 自动化筛选

通过问卷调查或对话形式,AI 可以帮助识别用户可能存在的心理健康问题,如抑郁、焦虑等。此外,AI 系统还可以利用机器学习算法分析用户的回答模式,预测潜在的风险因素,并建议进一步的专业干预。

2）全天候陪伴

与人不同，AI能够提供全天候的在线陪伴，无论何时何地，只要用户感到困扰都可以获得即时的帮助和支持。

此外，AI还可以记录用户的情绪变化趋势，帮助他们更好地理解和管理自己的情感状态，同时提醒用户采取积极措施改善心情。

3）个性化内容推荐

AI系统可以根据用户的个人情况（如年龄、性别、生活事件）推送适合的心理健康教育资源，如文章、视频、练习等。不仅如此，AI系统还可以为不同的用户设计具有个性化的行动计划，鼓励用户采取积极的生活方式调整，例如运动、冥想等。

2. AI心理咨询的注意事项

目前，用户在使用AI进行心理咨询时应该注意以下几点。

1）AI缺乏人情味

AI虽然可以模拟对话并提供支持，但它无法完全替代人类治疗师所具备的情感理解和共情能力，特别是对于涉及深层次情感问题或复杂心理状况的情况，面对面的人际互动和专业治疗仍然是不可或缺的。

此外，与人类治疗师不同，AI难以建立起长期的信任关系，这对于某些类型的治疗（如创伤后应激障碍（PTSD））尤其重要。因此，在处理这些敏感问题时，用户应该考虑寻求专业的心理医生或咨询师的帮助。

2）AI准确性有限

尽管AI可以通过分析大量数据来识别常见心理健康问题的模式，但在面对复杂的个体情况时，它的诊断可能不够精确。例如，AI可能无法充分理解文化背景、个人经历等因素对心理健康的影响。

因此，人们不应将AI作为唯一的诊断工具。如果用户怀疑自己患有严重的精神疾病或者感到症状持续恶化，应该及时联系专业医疗人员进行面对面评估。

3. AI心理咨询的提示词

为了确保用户能够有效地与AI心理咨询工具互动，并获得最贴合需求的支持和服务，使用清晰、具体的提示词非常重要。以下是针对不同方面设计的一些具体提示词示例。

1）初次接触与评估

你好，我叫小明，最近感到有些焦虑/抑郁，想寻求一些帮助。

我经常感到失眠、食欲不振、难以集中注意力，请问这些是不是焦虑的表现？

我希望通过这次咨询了解自己的情况，并找到一些缓解的方法。

2）情绪表达

我现在感觉非常难过/愤怒/无助，能帮我分析一下原因吗？

最近我的情绪起伏很大，有时突然就哭了，这是怎么回事？

当我面对工作时，总会感到特别紧张，有什么办法可以应对这种情况？

3）寻求建议

你能教我一些简单的放松方法吗？例如深呼吸练习或正念冥想。

我想改变自己的一些不良习惯，如拖延症或过度思考，你有什么建议吗？

我发现自己在人群中总是很害羞,不知道怎么和别人交流,有没有什么训练方法?

4)长期规划与学习

根据我的情况,能否为我制订一个为期一个月的心理健康改善计划?

我希望每周都能记录自己的情绪变化,并得到相应的指导和支持。

如果我发现情况没有改善,下一步该怎么做?是否需要寻求专业治疗师的帮助?

有没有什么线上论坛或小组可以帮助我与其他有类似经历的人交流?

你能给我推荐一些关于心理健康的好书或文章吗?

5.5.2 AI心理咨询实例

1. 轻度焦虑症患者心理咨询

提示词:

任务:请协助我处理当前的工作压力,减轻焦虑情绪,并提高自我调节能力。

背景信息:

-最近因为项目截止日期临近,我经常加班,感觉身心俱疲。

-已经尝试过一些放松方法,但效果有限,希望能够得到更多专业的指导。

-对于面对面咨询有所顾虑,担心时间和隐私的问题。

具体要求:

(1)进行一次简短的症状评估,了解我的焦虑水平及其对日常生活的影响。

(2)提供一些能立即可用的缓解焦虑的方法,如深呼吸练习、正念冥想等。

(3)推荐适合我的在线课程或应用程序,以系统地学习应对技巧。

(4)建立一个每日情绪日志,记录心情波动情况,以便长期观察。

(5)如果发现需要进一步的帮助,及时提醒我联系专业人员。

(6)确保所有交互都保持匿名,并且遵循严格的数据保护标准。

生成内容:

为了帮助您更好地处理当前的工作压力,减轻焦虑情绪,并提高自我调节能力,我将根据您的具体要求提供一个详细的 AI 心理咨询方案。以下是针对每个要求的具体步骤和建议:

1)进行一次简短的症状评估

症状评估问卷

请回答以下问题,以帮助我们了解您的焦虑水平及其对日常生活的影响:

您最近是否经常感到不安、紧张或担心?

您是否有失眠或睡眠质量差的问题?

您的食欲是否发生了变化(如食欲增加或减少)?

您是否难以集中注意力或记忆力下降?

您是否避免某些社交场合或活动?

您是否经常感到疲惫不堪或缺乏精力?

分析与反馈

基于您的回答，AI会给出初步的评估结果，并指出可能存在的焦虑症状。这有助于确定接下来应采取哪些具体的应对措施。

2）提供一些能立即可用的缓解焦虑的方法

呼吸练习

深呼吸练习：

找一个安静舒适的地方坐下或躺下。

缓慢地通过鼻子吸气，数到四。

屏住呼吸，再次数到四。

然后通过嘴巴缓慢呼气，同样数到四。

重复这个过程5次，直到感觉平静下来。

正念冥想

五分钟正念冥想：

找一个安静的地方坐下，闭上眼睛。

将注意力集中在自己的呼吸上，感受每一次吸气和呼气。

如果思绪飘走，请温柔地将其带回到呼吸上。

继续这样做五分钟，逐渐放松身心。

……

总结

通过上述综合方案，您可以获得即时的支持和个性化的建议，帮助您有效应对工作压力和焦虑情绪。同时，长期的情绪日志记录将为您提供宝贵的自我洞察，并在必要时引导您寻求进一步的专业帮助。如果您有任何其他疑问或需要额外的支持，请随时联系我！希望这份方案能为您带来实质性的帮助。

2. AI与用户多轮心理咨询对话实例

用户：最近总感觉特别焦虑，尤其是面对即将到来的工作期限，有什么办法能帮我缓解一下吗？

AI：非常理解您的感受。首先，让我们做一个简单的评估，以便更好地了解您的情况。请问您最近是否经历过失眠、食欲改变或是难以集中注意力等症状？这些可能是焦虑的表现之一。

用户：是的，我确实遇到了这些问题。晚上很难入睡，白天也总是想着工作的事情。

AI：感谢分享。接下来，我会教您几种简单有效的放松技巧，您可以立刻试一试。例如深呼吸练习，慢慢吸气数到四，屏住呼吸数到四，然后缓慢呼气数到四，重复几次直到感觉平静下来。此外，每天花几分钟做正念冥想也非常有益。

用户：听起来不错。我还应该做些什么呢？

AI：考虑到您现在的时间和隐私顾虑，我建议您可以尝试一些专门为忙碌人群设计的在线心理健康课程或应用程序。它们通常包含认知行为疗法（CBT）的内容，能够帮助您学会更健康的思维方式。

用户：好的，你能给我推荐几个吗？

AI：当然可以。像 Headspace 和 Calm 这样的应用就很不错，它们提供了一系列的冥想和睡眠辅助功能。对于想要深入学习的人来说，"What's Up?"这款应用则结合了CBT 和接纳承诺疗法（ACT），非常适合自我成长。

用户：谢谢你的建议。那我该怎么记录自己的情绪变化呢？

AI：建立一个每日情绪日志是个好主意。您可以通过填写简单的表格或使用专门的应用程序来追踪自己的心情。这有助于您识别出触发焦虑的因素，并找到有效的应对策略。

用户：明白了。如果我觉得情况没有改善，下一步该怎么做？

AI：这是一个重要的问题。如果经过一段时间的努力后仍然感到不适，强烈建议您寻求专业的心理咨询师或精神科医生的帮助。我可以为您提供当地资源的信息，并指导您如何预约面谈。

用户：好的，谢谢你提供的所有帮助！

AI：不客气！如果您有任何其他疑问或需要额外的支持，请随时联系我。祝您早日恢复平静的心态，顺利完成工作。

5.6　AI 生成表情包

5.6.1　认识表情包

表情包是互联网文化中一种独特且广泛使用的交流元素。它们通过图像或简短的动画来表达情感、态度和意图，通常比纯文字更直观、形象。表情包经常被用在即时通信软件、社交媒体平台和论坛上，作为一种更生动、形象的交流方式来补充纯文本信息。

通常来讲，表情包可以是静态图片（如 PNG、JPG 格式），也可以是动态图（GIF 格式）。它们的内容非常广泛，可能包括但不限于以下内容。

真人照片：名人、公众人物的照片，或者是个人自制的照片。

动漫与卡通：动画片、漫画中的角色截图或者绘制的图画。

宠物或其他动物：可爱的小动物照片或视频片段截图。

自制图文：用户自己制作的文字配上简单的图形或符号。

表情符号：一些特殊的表情符号组合成的艺术字或图案。

用户可以通过图像编辑软件制作静态表情包，也可以使用视频编辑工具创建动态GIF。此外，用户还可以从网上下载免费或付费的表情包集合，也可以加入特定的兴趣小组获取自制内容。值得注意的是，在 AI 生成的表情包中用户需要确保所使用的图片素材没有侵犯他人的知识产权。

5.6.2　认识 AI 生成表情包

AI 生成表情包是一个结合了人工智能技术与创意设计的过程，它能够根据用户的需求和设定自动生成独特的表情图像或动画。

1. AI 生成表情包的方式

1）文本到图像

用户输入描述性的文字，如"一只快乐的猫在跳舞"，AI 系统会根据这段描述生成相应的图像。

2）图像编辑与合成

用户提供基础图片后，AI可以根据用户的指示进行编辑，例如改变表情、添加背景元素等，或者将多个图像合成为一个新的表情包。

3）风格迁移

将一种艺术风格应用到现有的图像上，例如将照片转换成卡通画风或特定艺术家的绘画风格。

4）创建动态 GIF

通过算法筛选一系列静态图片，然后将其组合成一段连贯的动画，形成动态表情包。

5）深度伪造

利用深度学习模型替换图像中人物的面部，创造出看起来真实但实际上是合成效果的表情。

2. AI 生成表情包的步骤

使用 AI 生成表情包需要用户提供一段描述性的文本，这段文本应该详细地描绘想要生成的图像内容。用户的描述越具体，AI 生成的表情包越有可能符合预期。

1）明确主题

首先确定想要表达的主题或情感。例如是搞笑、可爱、鼓励还是其他。

2）详细描述

尽可能详细地描述你想象中的画面，包括但不限于以下内容：

角色（人物、动物等）的外貌特征，如穿着、发型、表情。

场景设定，例如背景环境。

动作姿态，即角色在做什么。

情感状态，即角色的感受如何。

特殊元素，如是否需要文字、特殊物件等。

3）考虑风格

说明你期望的艺术风格，例如卡通、写实、简笔画等。

4）选择合适的尺寸

根据表情包的用途选择适合的分辨率。

常见的生成表情包的提示词如下，用户在（　　）中填写要生成的内容即可。

图片主体：一个可爱搞怪的动漫版（　　），脸部特征，上半身或全身

情绪：各种表情和动作，动作夸张，欢乐、生气、悲伤、愤怒、思考、拥抱、奔跑、招手等

风格：可爱动漫插画风格，白色和蓝色主色调

画质：精致的细节，超高清，8K 分辨率

在（　　）中填入"熊猫"，可由 AI 生成表情包如图 5-1 所示。

在（　　）中填入"拿着笔记本的打工人"，可由 AI 生成表情包如图 5-2 所示。

3. AI 生成表情包的实例

1）生成可爱猫咪表情包

提示词：

图 5-1　生成熊猫表情包

图 5-2　生成拿着笔记本的打工人表情包

一只可爱的猫咪,它戴着一顶红色的小帽子,脸上带着满足的笑容。它正坐在一张堆满了书本的桌子前,周围环绕着书籍,显示出它正在享受阅读的乐趣。整体风格为卡通,色彩明亮温馨。

根据用户提供的提示词,AI生成了一个表情包。这只猫咪戴着一顶红色的小帽子,脸上带着满足的笑容,正坐在堆满了书本的桌子前,享受阅读的乐趣。整体风格是卡通,色彩明亮温馨。

生成的表情包如图 5-3 所示。

2)生成可爱小女孩表情包

提示词:

一个小女孩穿着白色长袍,传统服装设计,中国画风格,浅灰色,可爱且谦逊。她正在读书,表情包中包含 9 个表情符号,多种姿势和表情,拟人化风格,黑色笔触,不同的情绪,8K 分辨率,白色干净的背景。

生成的表情包如图 5-4 所示。

图 5-3　可爱猫咪表情包

图 5-4　可爱小女孩表情包

5.7　本章小结

（1）AI在日程管理中的应用能够显著提高效率，帮助用户更好地规划时间、优化任务分配，并确保重要事项不会被遗漏。

（2）AI健康管理是一个综合运用AI技术来促进和维护个人健康的领域。

（3）AI在财务管理中的应用正迅速改变着个人和企业处理财务的方式。它不仅提高了效率和准确性，还提供了高度个性化的服务，使得财务管理和规划变得更加智能、便捷和有效。

（4）AI在旅行规划中的应用已经显著改变了人们计划和体验旅行的方式，提供了更加个性化、高效和便捷的服务。

（5）AI心理咨询指利用AI技术为用户提供心理健康支持和服务的一种方式。

（6）AI生成表情包是一个结合了AI技术与创意设计的过程，它能够根据用户的需求和设定自动生成独特的表情图像或动画。

5.8　实训

1．实训目的

本节实训使用AI实现高效生活。

2．实训内容

1）为一名中国旅客规划一次法国的文化之旅

提示词：

任务：请协助我规划一次深入体验法国文化的旅程，确保整个过程既舒适又富有教育意义。

背景信息：

-我对中国传统文化和艺术有着浓厚的兴趣，希望通过这次旅行了解法国的文化。

-计划于春季假期前往巴黎及周边地区旅行，预计停留时间为两周。

-希望每天的活动节奏适中，兼顾休息时间，确保旅途安全、舒适。

-对法语一知半解，但愿意尝试简单的日常交流。

具体要求：

（1）根据我的兴趣，为此次旅行设定一个主题，例如"中法文化交流"。

（2）推荐适合的博物馆、画廊、音乐会以及其他文化活动，考虑季节因素（如花期、节日庆典），并确保这些地方对我具有吸引力。

（3）规划合理的交通方式，尽量利用公共交通工具，同时安排一些步行游览路线。

（4）提供沿途的知识讲解服务，特别是关于中法两国文化艺术对比的信息。

（5）安排一些互动性强的活动，如烹饪课、手工艺工作坊等，增加文化交流的机会。

（6）确保所有预订（如酒店、门票）都已完成，并生成详细的日程表。

（7）在做重要决策前（如选择餐厅或特别活动）提供专业建议和支持。

（8）提供中文版的服务界面，以方便操作，同时也希望得到一些基础法语短句的学习材料。

生成内容：

法国文化深度体验之旅规划

主题设定：中法文化交流

这次旅行将以"中法文化交流"为主题，通过参观博物馆、参与艺术活动、品尝美食以及亲身体验传统技艺，深入探索法国的文化遗产，并与中国的传统文化进行对比。

旅行日程概览（两周）

第1周：巴黎市区

第1天：抵达巴黎

抵达后入住酒店，适应环境。

下午轻松漫步于塞纳河畔，欣赏两岸风光。

第2天：卢浮宫与拿破仑三世公寓

上午参观卢浮宫，特别关注《蒙娜丽莎》和古希腊雕塑等作品，了解西方绘画与中国水墨画的区别。

下午参观拿破仑三世公寓，感受19世纪欧洲贵族生活与中国宫廷文化的异同。

第3天：奥赛博物馆与拉丁区

参观奥赛博物馆，重点欣赏印象派画家的作品，如莫奈的《睡莲》系列，与中国山水画作比较。

晚上在拉丁区享用晚餐，体验法国的传统咖啡馆文化。

第4天：凡尔赛宫与花园

一日游前往凡尔赛宫，游览宫殿内部及宏伟的花园，探讨巴洛克建筑风格与中国园林设计之间的联系。

第5天：蓬皮杜中心与圣心大教堂

参加蓬皮杜中心的艺术工作坊，尝试动手制作艺术品，了解现代艺术的发展历程。

傍晚登上蒙马特高地，参观圣心大教堂，俯瞰整个巴黎城景。

第6天：休息与自由活动

自由安排，可以选择购物或继续探索周边区域。

第7天：巴黎歌剧院与音乐会

参加一场古典音乐会，提前预订座位，享受优雅的音乐之夜，了解法国歌剧与中国戏曲的不同之处。

第2周：巴黎周边地区

第8天：香波堡与卢瓦尔河谷

乘坐火车前往图尔，然后转乘巴士至香波堡，探索这座文艺复兴时期的城堡及其美丽的自然景观。

……

知识讲解服务：

提前下载相关应用程序，如 Google Arts & Culture、Paris Museum Pass Guide 等，

获取详细的中文解说内容。

考虑雇佣一名私人导游或者加入有中文讲解的服务团，以便获得更深入的文化解读。

互动性强的活动：

在各个景点报名参加手工艺工作坊，如陶艺、玻璃吹制等。

加入当地的烹饪学校，亲手制作法国经典菜品。

预订与支持：

所有酒店预订均已完成，选择了靠近地铁站且评价良好的住宿地点。

博物馆门票也已提前在线购买，避免排队等候。

关键时刻将提供专业建议，帮助您做出最佳选择。

中文版界面与语言学习：

推荐使用 TripAdvisor、Booking.com 等网站的中文版本进行查询和预订。

提供一份基础法语短句手册，涵盖日常对话所需的词汇，如问候、问路、点餐等。

2）一名想要改善自己身体健康的职场人士利用 AI 实现高效健康管理

提示词：

任务：请协助我规划接下来一个月的健康管理方案，确保工作、健康和个人时间都能得到合理安排。

背景信息：

-我是一名 35 岁的科技公司项目经理，平时工作繁忙，但也很注重个人健康和生活质量。

-使用 Fitbit 追踪健康数据，Google Home 作为智能家居控制系统，以及 Google Calendar 管理日程。

具体要求：

（1）根据我的健康数据（如体重、心率、睡眠质量等），为我生成一份详细的健康评估报告，并指出需要改进的地方。

（2）每天早上 7 点前准备好早餐食材，并启动咖啡机，确保我有充足的时间享用早餐。

（3）分析上周的健康数据，特别是睡眠质量和运动量，提出具体的改进建议。

（4）制订一周的饮食计划，考虑到我的工作日程和个人口味偏好，确保营养均衡。

（5）规划每周三次的晨跑或晚间瑜伽活动，每次持续 30 分钟，避开工作高峰期。

（6）在工作日期间，为我提供每日的新闻摘要和行业动态更新，确保我不错过重要信息。

（7）如果出现任何健康问题或异常情况，请立即通知我，并提供相应的建议或联系医生。

生成内容：

个性化健康管理方案

（1）健康评估报告。

根据您提供的背景信息，我将基于您的健康数据（如体重、心率、睡眠质量等）生成一份详细的健康评估报告。假设您已经通过 Fitbit 收集了一段时间的数据，以下是初步分析。

体重：保持在标准范围内,但轻微波动可能与饮食和运动习惯有关。

心率：平均静息心率处于正常范围,但有时在工作压力大的日子会有所升高。

睡眠质量：总体良好,但存在间歇性浅睡和醒来次数较多的问题。

步数/运动量：工作日活动量较少,周末有所增加,整体运动量略显不足。

改进建议：

保持当前的体重管理策略,注意饮食结构的多样性。

尝试通过冥想或深呼吸练习来降低日常压力水平,特别是当心率异常时。

改善睡眠环境,确保卧室安静、黑暗且温度适宜,睡前避免使用电子设备。

每周至少进行三次中等以上强度的有氧运动,以提高体能和促进心血管健康。

……

（5）运动规划。

为了避开工作高峰期,您可以安排如下运动时间表。

周一：早晨 7:00—7:30,晨跑

周三：晚上 8:00—8:30,瑜伽

周五：早晨 7:00—7:30,晨跑

（6）新闻摘要与行业动态更新。

利用 Google Assistant 的"每日简报"功能,设定每天早晨 7:30 播放最新的新闻摘要和行业动态。此外,订阅专业的科技资讯平台,如 TechCrunch、Wired 等,以便及时获取相关信息。

（7）健康监控与紧急通知。

通过 Fitbit 应用程序设置健康警报,一旦发现任何异常情况(如持续高心率、异常低血氧饱和度等),系统将立即发送推送通知给您,并提供相应的处理建议,必要时直接联系家庭医生寻求专业意见。

以上就是为您定制的一个月健康管理方案,旨在帮助您更好地平衡工作、健康和个人生活。请根据实际情况调整各项安排,确保实施方案的可行性和有效性。祝您身体健康,工作顺利!

习题 5

（1）请阐述 AI 日程管理的优点。

（2）请阐述如何使用 AI 实现健康管理。

（3）请阐述如何使用 AI 实现财务管理。

（4）请使用百度文心一言或者通义千问实现日程管理。

（5）请使用百度文心一言或者通义千问实现旅行规划。

（6）请使用百度文心一言或者通义千问实现心理咨询。

扫一扫

自测题

第 **6** 章

AI 绘 画

本章学习目标

- 了解什么是 AI 绘画
- 了解 AI 绘画提示词
- 掌握 AIGC 风景画
- 掌握 AIGC 人物画
- 掌握 AIGC 广告画
- 掌握 AIGC 插画
- 掌握 AIGC 室内装饰图
- 掌握 AIGC 3D 模型设计

6.1 AI 绘画简介

6.1.1 什么是 AI 绘画

AI 绘画是 AIGC 的一个重要分支,它通过机器学习和深度学习等技术让计算机能够自动生成具有艺术价值的图像。

AI 绘画的实质是使用人工智能算法来生成图像,其模型从一组训练图像中学习如何创作一幅画,然后根据训练图像的风格创作一幅新画。

1. 认识 AI 绘画

大多数人对于 AIGC 绘画的认识始于《空间歌剧院》,这是一幅由 AIGC 创作的绘画作品,如图 6-1 所示。《空间歌剧院》是由美国游戏设计师杰森·艾伦(Jason Allen)

图 6-1 AI 绘画作品

使用 AIGC 绘图软件 Midjourney 创作完成的,是在近千次的尝试后生成的。2022 年 8 月,该作品获得了美国科罗拉多州艺术博览会数字艺术类别的冠军。《空间歌剧院》描绘了一个奇怪的场景,看起来像是一个太空歌剧院。在巴洛克风格的大厅里,有一个圆形的观景口,其中是阳光普照、光芒四射的景象。从画作本身来看,构图无可挑剔,笔触细腻,是一幅极具想象力的超现实作品,使人仿佛置身于另一个宇宙。

在国内外网络上,AIGC 绘画成为焦点话题之一,Midjourney、Disco Diffusion、Stable Diffusion 等 AIGC 绘图产品开始被越来越多的人熟知,大量 AIGC 绘图作品随之被产出。一时间,AIGC 绘画席卷了微博、Facebook 等国内外社交媒体平台。人们惊讶于只用在软件中输入几个关键词就能在十几秒内生成一幅画作,也惊讶于 AIGC 绘图产品在精细度与风格化上的成果。无论何种风格、什么题材,AIGC 都可以生成高水平的艺术作品。

相比人类,AIGC 的想象力似乎没有边界,几乎能满足创作者的所有需求。一些过于奇怪的需求则让 AIGC 的画作展现出了奇特的效果,如人体变形、线条错位,在水平参差不齐的 AIGC 绘图产品的创作下,AIGC 的画作也一度成为不少人的快乐源泉。

目前,大部分 AIGC 绘图产品的底层逻辑仍旧是学习与临摹。事实上,AIGC 绘图产品本身并不具备创作能力,这些产品需要大量绘画作品的图像数据,并通过不断地深度学习将其“消化”,再通过理解关键词的方式进行创作输出。

2. AIGC 图像内容

AIGC 在图像生成领域中能够模拟和学习现实世界中图像的特征,并生成逼真、具有创造性的图像内容。

1)文本到图像的生成

AIGC 可以从文本描述中生成图像,例如生成完全虚构的图像,包括人物、风景、物体、虚拟场景、角色设计等。首先,将输入的文本描述转换为计算机可理解的向量表示,可通过将单词映射为词向量或使用预训练的语言模型来实现。这样可以捕捉文本中的语义和上下文信息。文本到图像的生成的关键是设计一个有效的图像生成模型。常用的模型包括卷积神经网络 CNN、循环神经网络 RNN 和生成对抗网络 GAN。这些模型通过学习文本和图像之间的映射关系,生成与文本描述相匹配的图像。在训练过程中,模型接收文本描述作为输入,并尝试生成与描述相符的图像。最后,模型生成的图像需要经过评估和改进的过程。评估可以使用人类评价,如主观评分或比较实验,以及客观评价指标,如图像质量评估指标。根据评估结果,可以对生成模型进行调整和改进,以提高生成图像的质量和准确性。

文本到图像的生成技术在很多应用领域都具有潜在的应用价值。例如,它可以用于辅助虚拟场景的构建、帮助人们将想法和描述转化为可视化的形式、辅助创作艺术作品等。随着深度学习和自然语言处理领域的不断发展,文本到图像的生成技术也将不断进步和完善。

图 6-2 显示了以星际航行为主题的不同 AI 绘画作品。

2)图像修复和增强

AIGC 可以根据输入的图像自动修复或增强图像的质量。它可以修复损坏的图像、

图 6-2　AI 作品

去除噪声、调整亮度和对比度、改变颜色等，使图像看起来更加清晰和美观。通过图 6-3
可以看出利用 AI 进行图像修复的对比，其中(a)是原图，(b)是 AI 修复后的图，(b)中书
的轮廓边缘线更加清晰。

(a) 原图　　　　　　　　　　　　　(b) AI修复后的图

图 6-3　AI 的图像修复

3）图像转换

AIGC 还可以通过修改图像的特定属性或进行内容转换，实现图像编辑的功能。
例如，它可以将一张夏季风景的图像转换成冬季风景，或者将一张人物照片中的发型
和服装进行修改。图 6-4 是网友使用 Stable Diffusion 完成的一棵树在夏季和冬季的对
比图。

4）风格迁移

风格迁移是将不同风格迁移到任何图像的过程。通过风格迁移可以将一个图像的
风格与另一个图像的内容相结合，生成具有新颖艺术风格的图像。这项技术通过结合机
器学习和深度学习的方法，让计算机能够理解和应用不同图像之间的风格及内容。风格
迁移技术在艺术创作、图像编辑和设计等领域有着广泛的应用。它可以让人们将不同风
格的艺术特征应用到自己的图像中，创造出个性化的艺术作品。此外，风格迁移还可以
用于图像增强、图像风格转换和虚拟现实等方面，为图像处理带来了新的可能性。

(a) 在夏季　　　　　　　　　　　(b) 在冬季

图 6-4　使用 Stable Diffusion 完成一棵树的季节变化图

图 6-5 是网上用梵高的《星空》和一个女孩照片通过 AI 工具生成的迁移图。

梵高的《星空》

人物画像

融合成品

图 6-5　风格迁移示意图

5）交互式图像生成

交互式图像生成允许用户通过与计算机系统进行实时的、双向的交互来生成图像。与传统的图像生成方法相比，交互式图像生成赋予用户更多的控制权和参与度，使其能够直接参与图像的创作过程。交互式图像生成方法通常结合了计算机视觉、计算机图形学和人机交互等领域的技术。深度学习生成模型是常见的交互式图像生成方法，如生成对抗网络 GAN 和变分自编码器 VAE，可以用于交互式图像生成。这些模型可以通过与用户进行实时的交互，根据用户的输入和反馈来生成图像。用户可以通过向模型提供不同的输入，如文字描述、草图或引导图像，来指导生成过程。

6）虚拟展示

AIGC 可以在无须物理样品的情况下让用户"试穿"衣物或"试用"化妆品，极大地提升了在线购物的便利性和趣味性。

例如，如果你正在网上购物并且不确定某件衣服是否适合你，你可以上传一张自己的照片，然后使用 AIGC 服务选择想要试穿的衣服款式。系统会自动生成你穿上这件衣服后的效果图片，帮助你更好地做购买决策。

图 6-6 是使用虚拟人物试穿不同衣服的效果图。在这个图像中,一个年轻的女性虚拟角色站在虚拟试衣间里,穿着一件适合探险者的轻便夹克和耐磨裤子。背景是一个简单而优雅的试衣间环境,旁边还有一个数字界面显示其他服装选项。这样的效果图可以帮助用户更好地想象衣服穿在自己身上的效果。

6.1.2 AI 绘画提示词

1. AI 绘画正面提示词

AI 绘画正面提示词是用于指导 AI 绘画软件生成特定图像的关键词和短语。这些提示词涵盖了多个维度,以确保生成的艺术作品符合用户的创作意图。

图 6-6 虚拟展示

最简单的绘画提示词如下。

问:一只红苹果

答:

生成图像如图 6-7 所示。

设计详细提示词,如对该提示词加入描述信息如下。

问:一只刚从树上摘下的红苹果,表面还带有清晨的露珠,在温暖的阳光下闪耀,周围是轻微虚化的绿叶背景,采用印象派风格绘制

答:

生成图像如图 6-8 所示。

图 6-7 最简单的绘画提示词

图 6-8 加入描述信息的图像

从图 6-7 和图 6-8 可以看出,简单提示产生的图像直接展示了核心对象——一只红苹果,而详细提示不仅描绘了红苹果,还加入了更多元素和风格指导,创造了更具故事性和艺术感的画面。

当编写 AI 绘画提示词时,需要具体而详细地描述用户想要生成图像的各个方面,包括其风格、色调、色彩组合、主题等。

表 6-1 显示了常见的风格提示词。

表 6-1 常见的风格提示词

提示词	描 述
单色画	灰阶风景、单色静物、黑白色调人像、复古单色街景、银灰情绪肖像
水彩画	轻盈花卉、晨雾山水、透明质感花瓣、湿润纸面风景、淡彩梦幻之城
铅笔画	精细素描肖像、深浅交织的静物、光影交错的城市速写、细腻毛发动物描绘、怀旧老照片风格
油画	厚重笔触的风景、古典人物肖像、印象派日落海滩、色彩丰富的市场场景
水墨	山水意境、墨竹幽兰、留白哲学、泼墨荷花、写意山径行旅
蜡笔	儿童乐园色彩、柔和生活小品、鲜艳抽象构成、厚涂质感水果篮、温暖午后阳光下的静物
粉彩	柔和色彩风景、梦幻轻盈人物、温馨室内静物、朦胧晨曦氛围、细腻皮肤质感
原画	未来科技城市、奇幻生物设计、游戏角色造型、史诗战斗场景、魔法与机械融合世界观
素描	线条勾勒人物动态、光影塑造立体感、建筑结构分析、快速场景捕捉、情绪表达脸部特写
手绘	复古旅行日记、自然风光描绘、个性字体设计、细腻植物插图、故事绘本风格
草图	创意构思快照、产品设计初稿、服装设计草图、建筑设计蓝图、动态姿势研究
漫画	热血战斗场面、校园日常喜剧、科幻未来世界、古风历史剧情、夸张表情对话框
封面	神秘小说封面、动感音乐专辑、科幻杂志扉页、文艺诗集插画、色彩鲜明品牌宣传
剪纸	红色喜庆图案、生肖动物形态、窗花装饰、民俗故事场景、几何图形组合、阴阳对称美
插画	儿童绘本风格、时尚杂志配图、幻想世界构建、科普知识图表、角色设计展现、故事性场景构图
线稿	精细轮廓描绘、黑白对比美感、建筑结构线条、人物速写动态、图案纹理设计、极简主义风格
浮世绘	江户时代风情、名胜风景描绘、歌舞伎演员肖像、华丽和服仕女、海浪与富士山、平面色彩块面
复古艺术	20 世纪海报风格、旧时广告重现、怀旧色彩搭配、老照片质感、装饰艺术运动、古典油画质感
仿手办风格	立体感强、细节丰富、动漫或游戏角色再现、光滑表面处理、动态姿势定格、鲜艳色彩搭配、仿真材质质感
赛博朋克	霓虹光影、未来都市景观、高科技低生活、义体改造、数字雨效果、反乌托邦氛围、金属与霓虹色彩、黑客文化元素
照片	高清晰度、自然光线、真实场景捕捉、细腻纹理表现、瞬间冻结情感、黑白经典、色彩准确还原、深度聚焦效果
印象派	水面的闪烁、树叶的颤动,传达时间流逝的感觉
动漫风格	大笑时的星星眼、愤怒时的火苗特效
超现实主义风格	梦境景象、不合逻辑组合、变形物体、超自然元素、心理意象、时空错乱、无重力空间、象征性符号
哥特风格	耸尖塔、暗黑美学、复杂装饰、蝙蝠与乌鸦、玫瑰与荆棘、幽灵般苍白、黑色与暗紫色调、神秘氛围

提示词	描 述
巴洛克风格	繁复装饰、曲线流动、戏剧性照明、金色辉煌、宗教题材、动态构图、强烈对比、豪华壮观、错视画技巧
洛可可风格	轻盈优雅、细腻曲线、繁复装饰、浅色系与金色、贝壳与花卉图案、不对称布局、镜面反射、浪漫情怀、宫廷气息
拜占庭风格	穹顶结构、马赛克镶嵌、金色背景、宗教主题、几何图案、浓重色彩、东正教象征、圆拱门、集中式平面
哥特复兴风格	尖顶塔楼、飞扶壁、彩绘玻璃窗、尖拱门、垂直线条、深色调、哥特式装饰、复古浪漫、中世纪氛围
极简主义风格	简约线条、色彩单一、无多余装饰、功能至上、空间留白、材料本真、几何形状、平衡和谐、减少主义
波普艺术风格	大众文化、商业广告、明亮色彩、重复图案、讽刺幽默、名人肖像、拼贴技法、消费主义、通俗与高雅结合
数字艺术风格	虚拟现实、像素化、动态影像、算法生成、互动体验、新媒体技术、赛博空间、未来感、无限复制与变形
蒸汽朋克艺术风格	维多利亚时代、机械美学、齿轮与管道、复古未来主义、铜与皮革材质、蒸汽动力幻想、冒险故事、科幻与历史混搭

表 6-2 显示了常见的色调提示词,表 6-3 显示了常见的色彩组合提示词。

表 6-2 常见的色调提示词

提 示 词	描 述
明亮	高亮度,给人愉悦感
柔和	低饱和度,温和舒适
深沉	低亮度,营造稳重感
清新	轻盈透明,如薄荷绿、天蓝
浪漫	柔和且略带粉嫩,如淡紫、浅粉
复古	暗淡且饱和度低,如旧照片的色调
寒冷	偏蓝或绿的色调,给人冷静之感
暖和	偏黄或红的色调,营造温馨氛围
强烈	高饱和度,鲜明且引人注目
暗淡	低饱和度与低亮度结合,沉闷或忧郁
温暖色调	包括黄色、橙色、红色等,营造温馨、舒适或活跃的氛围
冷色调	如蓝色、绿色、紫色,给人宁静、清爽或稳重的感觉
柔和色调	使用低饱和度的颜色,如淡粉、米白、浅灰,适合营造温馨、平和的环境
鲜艳色调	使用高饱和度的颜色,如鲜红、亮黄、翠绿,传递活力和兴奋感
复古色调	模仿旧时光的颜色搭配,如暗黄、橄榄绿、酒红,带有时光的痕迹和怀旧情感
自然色调	取自自然界的色彩,如棕色、苔绿、土黄,营造自然和谐的氛围
对比色调	使用色轮上处于相对位置的颜色,如蓝与橙、红与绿,增加视觉冲击力
渐变色调	由一种颜色平滑过渡到另一种颜色,营造梦幻或现代感
金属色调	如银色、金色、铜色,增加奢华或现代科技感
透明色调	轻薄透明的颜色效果,适用于营造轻盈或梦幻的场景
暗黑色调	以深色或黑色为主,营造神秘、庄重或戏剧性的效果

表 6-3　常见的色彩组合提示词

提　示　词	描　述
波西米亚风情	土耳其蓝＋玛瑙红＋金色
地中海风情	蔚蓝与白色
梦幻紫罗兰	粉紫色＋雾霾蓝＋珍珠白
摩洛哥风格	宝石蓝＋珊瑚粉＋陶土红
新古典主义风格	象牙白＋古金色＋深海绿
工业风	暗灰＋深棕＋生铁黑
法式乡村风	奶油黄＋粉玫瑰＋天空蓝
斯堪的纳维亚风格(北欧风)	米白＋浅木色＋淡蓝/淡粉
工业复古	石板灰＋深藏蓝＋焦糖棕
极简北欧	白雪白＋灰阶色＋浅木色
自然森系	橄榄绿＋暖木棕＋米白
秋日森林	橙黄、赤褐与金黄
冬季仙境	雪白、冰蓝与银灰
春意盎然	嫩绿、粉色与淡黄
夏日海滩	海蓝、沙色与珊瑚红
古典优雅	绛紫＋古金＋珍珠白
现代简约	灰蓝色＋浅木灰＋黑白灰
热带雨林	翠绿＋热带橙＋沙滩黄
甜美马卡龙	淡粉＋薄荷绿＋柔薰衣草
东方禅意	竹绿＋米白＋淡茶色
节日庆典	热情红＋闪亮金＋雪花白
秋日枫情	枫叶红＋深棕色＋暖米色
晨曦微光	柔和粉＋淡雅蓝＋朦胧灰
冰雪奇缘	雪白色＋冰川蓝＋银白色
复古旅行	复古棕＋暗橄榄绿＋古董黄

　　所有 AI 绘画提示都应包含要创建的主题的描述,可以是任何东西,从人、动物或物体到抽象的概念或情感。具体的描述能够让 AI 艺术生成器更好地理解创作意图,从而生成更符合预期的作品。表 6-4 为常见的主题描述提示词。

表 6-4　常见的主题描述提示词

提示词	描　述
人物与肖像	一位穿着华丽维多利亚时代服饰的女士站在古老的城堡前,背景是夕阳余晖。 在未来城市中,一个拥有闪耀银色机械臂的赛博朋克侦探凝视着雨中的霓虹灯。 在温暖的阳光下,小女孩在野花丛中自由奔跑,笑容灿烂。 一位身着华丽绸缎长袍的贵族女性,坐在装饰精美的室内,阳光透过高窗洒在她细腻的肌肤上,手中轻握一束未完成的刺绣,眼神深邃而遥望,仿佛在沉思过往与未来。 穿着旗袍的女子站在旧上海的石库门建筑前,背景是雨后的街道,湿润的青石板路反射着朦胧的灯光,她手执一柄油纸伞,侧脸温婉,透出那个时代的风情与故事。 在晨雾缭绕的密林深处,一名拥有透明翅膀的精灵正坐在巨大的蘑菇上,她的长发与裙摆随风轻扬,周围环绕着好奇的小动物,画面色彩斑斓而梦幻,充满了童话般的纯真与奇幻

提示词	描述
动物与自然	在幽静的森林深处,一只雄壮的狮子静卧于光影交错之中,眼神深邃。 在星空下,一群狼在雪地中奔跑,留下一串串足迹,月光洒满大地。 在非洲大草原的日落时分,一群狮子慵懒地躺在草地上,不远处羚羊群警惕地进食,大自然的食物链平静而微妙地展现。 海洋深处的珊瑚礁,五彩斑斓的鱼群穿梭其间,海龟缓缓游过,光线从水面穿透而下,照亮了这个神秘而多彩的水下世界。 北极冰原,一只北极熊妈妈带着幼崽行走在雪白的冰面上,夜空中舞动着绚烂的极光,寒冷而纯净的景象中蕴含着生命的坚韧与温情
抽象与概念	在时间的河流中,记忆的碎片缓缓汇聚又消散,色彩斑斓而朦胧。 "孤独"被描绘成一座孤岛,岛上有一棵孤独的树,四周是无尽的海洋,天空呈现出淡淡的忧郁蓝。 爱情以两颗交织的心形星云在宇宙中相遇的景象展现,周围是绚丽的星尘和光带
历史与幻想	古埃及的黄昏,法老王站在雄伟的金字塔前,手握权杖,身后是狮身人面像与象形文字的壁画。 中世纪的骑士,身穿闪亮盔甲,骑着白马穿越阴暗的森林,前往拯救被巨龙囚禁的公主。 在异世界的魔法学院里,年轻的巫师们围坐在巨大的水晶球旁,专注地学习古老咒语,周围飘浮着悬浮的书籍与闪烁的光球
科技与未来	在太空站的观景窗前,宇航员眺望浩瀚的银河,地球仅是远方一抹蓝色,未来科技感十足的生活环境环绕周围。 高速运行的磁悬浮列车穿越灯火辉煌的未来都市,建筑以流线型设计向上延伸,空中交通繁忙而有序。 在人工智能实验室中,一台拥有透明外壳的先进机器人正在进行自我升级,电路板和光纤在内部发出柔和的光芒,展现出科技的精密与美感
文化与艺术	在中国古典园林里,一袭汉服的女子手持油纸伞漫步于曲折的小桥流水间,四周是精致的亭台楼阁与盛开的荷花。 印度泰姬陵,在晨曦的第一缕阳光的照射下,洁白的大理石建筑闪耀着柔和的光辉,倒映在前方的水池中。 西班牙的弗拉门戈舞者,身着鲜艳的红裙,在热烈的吉他声中激情舞动,表情丰富且充满力量
日常生活	咖啡馆的一角,在温暖的灯光下,人们或阅读或交谈,桌上散落着笔记本和咖啡杯,空气中弥漫着咖啡香。 老街的转角,一家传统糕饼店前排着长队,橱窗内展示着各式精美的点心,引人驻足。 家中的书房,书架上摆满了各式书籍,窗外是落日余晖,主人正坐在摇椅上,身旁蜷缩着一只打盹的猫
梦幻与超现实	漂浮岛屿,数座小岛轻轻悬浮在云层之上,岛上郁郁葱葱,瀑布从岛边直落云海,彩虹横跨其间,如同仙境一般不可思议。 时间之门,一扇古老的石门矗立在荒野之中,门后是不断变换的四季景象,春花秋月、夏日冬雪快速交替,仿佛能穿越时空。 星际花园,巨大的花朵绽放于宇宙背景中,花瓣如星云般绚烂,每一朵花的中心都有一颗小小的行星,展现了宇宙的浪漫与神秘。 城市的轮廓在水面下倒映,与天空之城形成完美的对称,建筑物既是实体也是倒影,人们在两座城市间自由穿梭,似乎重力法则在此失效。 想象一位飘浮在璀璨星河之中的旅人,身着流光溢彩的太空服,周身环绕着微光粒子,远处是旋转的星系与跃动的彗星尾巴,脚下是无垠的宇宙深渊

2. 负面提示词

在生成图像时,负面提示词指那些用来指示 AI 避免在图像中包含特定不希望出现的元素或特征的词汇。这些提示可以帮助精炼图像内容,确保最终作品符合更具体或敏感的要求。如果希望生成一幅风景画但不希望画面中出现人物,可以使用像"无人""没有人物"这样的负面提示词来确保最终的图像中不含人物。这些词汇帮助细化生成过程,使得输出更加符合用户的特定需求,通过减少不需要的细节或潜在的误导信息,提高图像的质量和与预期的契合度。例如,"不要模糊""无像素化""无机械化外观"等都是典型的负面提示词,用于引导 AI 生成更清晰、自然且具有创意的图像。通过这种细致的指导,AI 绘画工具能够创造出更加符合用户意图的作品。

如果要让 AI 生成包含北极熊场景的图像,并且避免某些可能不符合愿景的内容,可以加入如下的负面提示:

请确保画面中不包含任何人类活动的迹象,例如废弃物、脚印或是远处的船只,保持环境的原始与纯净。避免展现出北极熊显得瘦弱或处于困境的状态,以免传达错误的生态信息。不要在冰川或天空中出现任何人为的污染迹象,如烟雾或塑料垃圾,确保画面展示的是一个未受破坏的自然景观。

在图像中不应体现出季节性的矛盾,例如夏季的绿意或过多的融化水体,维持冬季北极固有的冷冽氛围。请勿让北极熊显得过于卡通化或失去真实感,维持其作为野生动物的尊严与威严。同时,确保所有动物和自然元素的表现都遵循现实逻辑,避免不合常理的色彩搭配或构造。

最后,确保画面中没有令人不安或恐惧的元素,例如凶猛的捕食场景,让整幅画传递宁静与和谐的信息,适合各年龄段的观众欣赏。

通过加入这些负面提示词,人们能指导 AI 绘画过程,排除那些与预期主题不符或可能引起不适的元素,从而更精准地创造出理想的视觉艺术作品。

使用负面提示词来细化图像的实例如下。

问:生成浪漫海滩日落场景图像,不包括人群或游客,确保海滩看起来私密而宁静。避免出现任何现代社会标志,如高楼、电线杆或路标,维持自然风光的纯洁。请勿展现海洋污染,如漂浮的垃圾或油污,保持海水清澈见底。不要让天空过于阴沉或有暴风雨的预兆,确保日落是温暖而祥和的。避免色彩过于饱和或不自然,保持夕阳色调的柔和与真实。

答:

生成图像如图 6-9 所示。

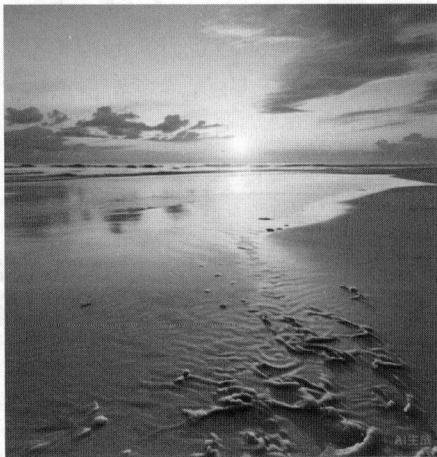

图 6-9　浪漫海滩日落场景

6.2 AIGC 绘画实例

6.2.1 AIGC 风景画生成

AIGC 风景画生成指利用人工智能技术创建艺术性的风景图像。这类技术通过深度学习模型训练，能够根据给定的文本描述、风格参考或随机种子生成逼真且富有创意的风景画作。

1. AIGC 风景画的常见类型与常见提示词

以下为 AIGC 风景画的常见类型与常见提示词。

1）场景描述

一幅描绘北京的风景画

日出/日落时分的海边小镇

冬季覆盖着白雪的山脉

春天盛开樱花的公园

2）时间和天气条件

清晨的第一缕阳光洒在山谷间

黄昏时分，天空布满橙红色的晚霞

雨后晴朗的下午，空气中弥漫着清新的气息

夜晚星空璀璨，银河横跨天际

3）季节特征

秋天金黄的树叶随风飘动

夏季绿意盎然的森林深处

冬日寒冷的冰湖表面反射着月光

春花烂漫，万物复苏的景象

4）风格参考

印象派油画风格，带有柔和的笔触和明亮的颜色

超现实主义风格，充满梦幻般的元素

写实摄影风格，捕捉每一个细节

水墨画风格，注重线条和留白的艺术表达

5）情感氛围

宁静而祥和的画面，让人感受到内心的平静

充满活力与生机，仿佛能听到鸟儿的歌声

神秘莫测，隐藏着无数未知的故事

温馨浪漫，适合情侣共度美好时光

6）构图要素

前景是一片繁茂的草地，中景是蜿蜒的小溪，背景则是连绵起伏的山峦

画面中心有一座古老的石桥横跨河流之上

左侧是郁郁葱葱的树林,右侧是一片开阔的田野

上方天空占据画面的三分之一,下方地面则分为沙滩和海洋两部分

7) 特定艺术手法

采用点彩派技法,用细小的色点构成整个画面

模仿梵高的《星夜》,运用旋转的笔触营造动感十足的效果

借鉴中国传统的山水画,强调远近层次感和意境传达

结合立体主义的特点,打破常规视角,展现多角度观察的结果

2. AIGC 风景画实例

图 6-10 为日落时分的海边小镇;图 6-11 为秋天金黄的树叶随风飘动;图 6-12 为前景是一片繁茂的草地,中景是蜿蜒的小溪,背景则是连绵起伏的山峦;图 6-13 为模仿梵高的《星夜》,运用旋转的笔触营造动感十足的效果。

图 6-10　日落时分的海边小镇

图 6-11　秋天金黄的树叶随风飘动

图 6-12　前景是一片繁茂的草地,中景是
蜿蜒的小溪,背景则是连绵起伏的山峦

图 6-13　模仿梵高的《星夜》,运用
旋转的笔触营造动感十足的效果

6.2.2 AIGC 人物画生成

AIGC 人物画通常依赖于深度学习模型,尤其是生成对抗网络、变分自编码器和其他先进的机器学习架构。这些模型经过大量的人类艺术作品训练,能够理解和模仿不同的绘画风格。

与传统的人工绘制方式相比,AIGC 可以在短时间内完成高质量的人物画创作,大大提高了工作效率,尤其适合需要快速迭代设计稿或概念验证的场景。

值得注意的是,AIGC 人物画也带来了关于原创性和版权归属的新挑战。由于作品是由算法生成的,所以对于谁应该拥有最终作品的权利存在争议。此外,还需考虑 AI 是否有可能复制或过于接近受版权保护的艺术品的问题。

1. AIGC 人物画的类型与常见提示词

在使用 AIGC 工具生成人物画时,提示词是非常关键的。它们是用户与 AI 之间沟通的桥梁,用来指导 AI 创建特定风格、主题或细节的作品。以下是几个常见的提示词类别及其示例。

1)主体描述

性别:男性/女性

年龄:儿童/青少年/成年人/老年人

种族特征:亚洲人/欧洲人/非洲人等

2)外貌特征

发型:长发/短发/卷发/直发

眼睛颜色:蓝色眼睛/棕色眼睛

皮肤色调:浅色皮肤/深色皮肤

3)表情和情绪

笑容/严肃/悲伤/惊讶等

4)姿势和动作

坐着/站着/跑着/跳跃等

挥手/拥抱/阅读一本书等

5)服饰

衣服类型:休闲装/正装/传统服饰

特殊配饰:帽子/眼镜/项链等

6)背景

室内/室外

自然景观:森林/海滩/城市夜景等

季节性元素:春天的花朵/秋天的落叶等

7)艺术风格

经典油画风格/动漫风格/卡通风格/现代艺术风格等

8)光照效果

日光/月光/灯光下的阴影效果等

此外,为了得到更精确的结果,可以将多个提示词组合起来,形成一个复杂的描述。例如,一位穿着红色连衣裙、有着金色卷发的年轻女子站在夕阳下的沙滩上,面带微笑,背景是橙色和紫色相间的天空,采用浪漫主义绘画风格。

该提示词由 AI 生成的图像如图 6-14 所示。

2. AIGC 人物画实例

(1)**提示词**:一幅文艺复兴时期的画作,展现两个人在古老的图书馆中探讨哲学

生成图像如图 6-15 所示。

图 6-14 一位穿着红色连衣裙、有着金色卷发的年轻女子

图 6-15 一幅文艺复兴时期的画作

(2)**提示词**:年轻画家在画室里专注地创作,老师站在一旁观察,画室弥漫着创作的激情和学习的氛围

生成图像如图 6-16 所示。

(3)**提示词**:一家三代人站在他们位于乡村的老房子前拍照,每个人脸上都洋溢着幸福的笑容,背景是老旧但维护良好的木质房屋和院子,周围种满了各种花卉,采用复古色调,仿佛是从 20 世纪 50 年代的家庭相册中取出的照片

生成图像如图 6-17 所示。

图 6-16 年轻画家在画室里专注地创作,老师站在一旁观察

图 6-17 一家三代人

提示词：豪华的中世纪城堡大厅内正在举行一场盛大的舞会，贵族们穿着华丽的服饰翩翩起舞，墙壁上挂着精美的挂毯，烛台和水晶吊灯散发出温暖的光芒，地面铺着红色地毯，采用文艺复兴时期的艺术风格。

生成图像如图 6-18 所示。

图 6-18　一场盛大的舞会

6.2.3　AIGC 广告画设计

AIGC 广告画设计是一种利用人工智能技术来创建广告视觉内容的过程。这种方法可以显著提高创意产出的效率，并且能够根据特定的目标受众或市场趋势快速调整和优化广告素材。

AIGC 广告画设计依赖于大量的数据输入，包括但不限于目标受众的人口统计信息、行为模式、偏好以及过往营销活动的效果分析。通过这些数据，AI 系统可以学习哪些元素最能吸引特定群体，并据此生成创意。传统的广告设计通常需要设计师花费大量时间进行构思、草图绘制、修改等过程，而 AIGC 可以在短时间内自动生成多个版本的设计草案，减少了人工干预的需求，加快了从概念到成品的速度。

由于减少了对人力资源的依赖，AIGC 可以帮助企业节省开支。同时，由于它可以迅速迭代并测试多种设计方案，所以还可以降低失败成本，增加成功的概率。尽管 AIGC 提供了强大的功能，但人类的创造力和判断力还是不可或缺的。设计师和市场营销专家仍然扮演着重要的角色，在过程中提供指导、设定边界条件以及最终审核生成的作品。

1. AIGC 广告画的常见提示词

在 AIGC 广告画设计中，为了获得理想的结果，提示词需要尽可能详细和具体。以下是一些常见的提示词类别以及例子。

1）主题/概念

明确广告的主题或想要传达的核心信息。

科技感未来城市夜景

温馨家庭晚餐时刻

2）风格与美学

指定视觉风格或艺术流派。

复古 60 年代波普艺术海报

极简主义现代家居广告

3）色彩方案

定义希望使用的颜色或色调。

使用柔和的粉色和白色作为主色

深蓝和金色搭配的奢华感

4）情绪/氛围

描述期望唤起的情感反应或氛围。

充满活力和激情的运动场景

宁静和平和的自然风光

5）目标受众

考虑广告的目标人群特征。

面向年轻上班族的专业形象提升课程

为父母设计的儿童安全产品宣传

6）物品/元素

指出广告中应包含的具体物品或元素。

一辆红色跑车停在一座豪华别墅前

一杯冒着热气的咖啡旁边放着一本打开的书

7）行动呼吁

鼓励观众采取某种行动的指令。

立即注册获取限时优惠

加入我们，共同创造更美好的世界

8）角色/人物

说明应该出现的人物类型或角色。

快乐的一家四口正在享受周末野餐

自信的职业女性站在高楼顶端俯瞰城市

9）场景设定

构建具体的环境或情境。

在一个繁忙的都市街头，人们匆匆走过，但都停下来看着一个特别的展示窗口

海边的日出，情侣手牵手漫步沙滩

10）品牌要素

包括品牌的标识、口号或独特卖点。

带有公司标志的创新电子产品

强调"速度与激情"的品牌精神

值得注意的是，当准备提示词时，越具体越好，因为这可以帮助 AI 更好地理解用户的意图，并生成更符合预期的内容。

2. AIGC 广告画实例

1）运动鞋品牌推广

提示词：为年轻的跑步爱好者设计一幅充满活力的现代街头文化风格的广告画，使用明亮鲜艳的颜色，如荧光绿、橙色和黑色。画面展示夜晚的城市街道上，一群年轻人穿着最新款的运动鞋跑步，背景中有霓虹灯标志。品牌标志和口号清晰可见，配以行动呼吁"立即购买，享受更快的速度和更舒适的体验！"

生成图像如图 6-19 所示。

2）咖啡连锁店新品发布

提示词：为一家咖啡连锁店设计一款温馨的家庭风格广告画，展现早晨的第一杯咖啡带来的宁静与舒适。画面使用温暖的棕色、米色和淡黄色作为主色调。画面中有一位

女性在窗边的小桌子上享受着新品咖啡、一本书和一片新鲜面包,阳光从窗外洒入。品牌标志和早间优惠的行动呼吁自然地融入环境中。

生成图像如图 6-20 所示。

图 6-19　运动鞋品牌推广

图 6-20　咖啡连锁店新品发布

3）科技公司新产品发布会

提示词:为一家科技公司设计一款具有高科技感和未来主义风格的广告画,用于宣传新产品发布会。画面使用冷色调,如深蓝、银色和白色。画面中一位专业人士站在现代化的会议厅讲台上,向观众介绍新产品——智能手表,周围环绕着虚拟界面和数据流线。品牌标志和发布会预约的行动呼吁清晰地展示出来,营造出一种专业且充满希望的氛围。

生成图像如图 6-21 所示。

图 6-21　科技公司新产品发布会

6.2.4　AIGC 插画设计

AIGC 插画设计是一种利用人工智能技术来辅助或主导创作插画的过程。这种技术可以极大地加速创作流程,降低制作成本,并且为创意产业带来了新的可能性。在用户使用 AIGC 进行插画设计时,首先要明确想要的插画风格(卡通、写实、抽象等)和主题(故事背景、情感表达)等,其次在向 AI 提供输入时,尽可能详细地描述想要的画面,包括但不限于色彩方案、场景设定、角色特征、情绪氛围等,越具体的描述往往能引导 AI 产生更贴合需求的作品。

1. AIGC 插画的常见提示词

在 AIGC 插画设计中,提示词用于指导 AI 算法生成特定风格、主题或元素的图像。这些提示词可以非常具体,也可以相对抽象。

1）风格与艺术流派

抽象表现主义

波普艺术

水彩画风格

数码绘画

手绘纹理

日式动漫风格

欧美漫画风格

2）色彩调色板

明亮且对比强烈的颜色

单色调

过去式的复古色调

清新自然的颜色组合

黑白灰度

3）情感与氛围

神秘而引人入胜

欢快活泼

宁静平和

寂寞孤独

激情澎湃

4）构图与布局

中心焦点

对角线构图

分割法则

对称性

引导线

5）细节与纹理

细腻的笔触

粗犷的线条

光影效果

表面质感

纹理叠加

6）特殊效果

雾气朦胧

流光溢彩

虚实结合

速度线

反光和折射

在使用这些提示词时，可以尝试将它们结合起来，以更精确地描述用户想要创建的图像。例如，一幅具有日式动漫风格的科幻城市夜景插画，采用明亮且对比强烈的颜色，带有流畅的速度线效果和细腻的光影处理。这样的描述可以帮助 AI 更好地理解人们的意图，并生成更加符合预期的结果。

生成图像如图 6-22 所示。

2. AIGC 插画实例

1）复古未来主义的城市夜景

提示词：一幅复古未来主义插画，深蓝、紫色和霓虹灯光的组合，高耸入云的摩天大楼，街道上行驶着飞行汽车，人们穿着带有科技感的服饰，神秘而引人入胜，带有一丝怀旧气息。

生成图像如图 6-23 所示。

2）温馨的家庭场景

图 6-22　科幻城市夜景插画

提示词：一幅温馨的家庭场景插画，水彩画风格，柔和且充满温暖，家庭成员围坐在餐桌旁吃晚餐，桌上摆满了美味的食物，窗外是黄昏时分的花园，温馨而平静，强调家庭团聚的重要性。

生成图像如图 6-24 所示。

图 6-23　复古未来主义的城市夜景插画

图 6-24　温馨的家庭场景插画

3）为小说绘制插画

提示词：为小说《红楼梦》绘制四幅插画，分别是贾宝玉和林黛玉在大观园中相遇；贾宝玉梦游太虚幻境；林黛玉含泪葬花；贾府的最终衰败。

生成图像分别如图 6-25～图 6-28 所示。

6.2.5　AIGC 室内装饰图设计

AIGC 室内装饰图设计是利用人工智能技术来辅助或主导创作室内设计图像的过程。这项技术能够根据用户提供的参数和描述生成符合特定风格、布局和需求的室内装饰效果图。

图 6-25　贾宝玉和林黛玉在大观园中相遇

图 6-26　贾宝玉梦游太虚幻境

图 6-27　林黛玉含泪葬花

图 6-28　贾府的最终衰败

1. AIGC 室内装饰图的常见提示词

相较于传统方法,AIGC 可以更快速地生成室内装饰图初步方案,减少了人工设计的时间和成本,降低了整体项目费用,并通过定制化设置满足每个客户的独特需求。用户通过提供详尽的信息,可以帮助 AI 更准确地理解和响应设计需求,从而生成更加符合预期的结果。

在 AIGC 室内装饰图设计中常见的提示词如下。

1)基本信息

空间类型：客厅、卧室、厨房、浴室等

空间尺寸：长、宽、高具体数据

2)风格偏好

现代简约风格的客厅,带有北欧元素

工业风的开放式厨房,配有复古砖墙和金属吊灯

3)色彩方案

以暖色调为主,如米色墙壁搭配深棕色家具

冷色调的卧室,浅蓝色墙面与白色家具相配

4)材料选择

使用大理石台面和不锈钢水槽的厨房

采用实木地板和羊毛地毯的起居室

5)光照

房间有大窗户,自然光充足,傍晚时分有温暖的夕阳

北向房间,光线较弱,需考虑人工照明补充

6)家居布局

L形沙发靠窗放置,对面是电视柜和茶几

双人床位于房间中央,两侧各有一个床头柜

7)个性化设计

为孩子设计一个充满趣味性的儿童房,包括学习区和游戏区

为老年父母设计一个方便、安全的浴室,配备防滑设施和扶手

例如,针对主卧室的设计可使用如下提示词:设计一个 40 平方米的现代简约风格的主卧室,墙壁颜色为柔和的灰色,地面采用浅色实木地板。房间里有一张大床,旁边设有两个床头柜和一排衣柜。房间的一角设有一个小型休闲区,配有舒适的单人椅和小边桌。窗户很大,可以让充足的自然光照进来,并且窗外可以看到城市的景观。

AI 生成的图像如图 6-29 所示。

2. AIGC 室内装饰图实例

1)客厅设计

提示词:设计一个 30 平方米的现代风格客厅,采用开放式布局与厨房相连;以中性色调为主,如灰色和白色,并用金色或铜色作为点缀;包括一张三人位沙发、两张单人椅和一个咖啡桌;确保有足够的储物空间,并考虑用一扇大窗户引入自然光。

生成图像如图 6-30 所示。

图 6-29 设计现代简约风格的主卧室

图 6-30 客厅设计

2)卧室设计

提示词:设计一间温馨舒适的主卧室,带有浪漫的田园风格。墙壁颜色选择柔和的

粉蓝色,家具选用实木材质,床头背景墙用简单的壁纸装饰。房间内应该有一张大床、两个床头柜、一个衣柜和一把阅读椅配小边桌。窗前挂着轻薄的白色窗帘,营造出宁静的氛围。

生成图像如图 6-31 所示。

3）书房设计

提示词:构思一个安静的个人书房,适用于成年人工作或阅读。书房整体风格简约而不失品位,木质书架占据一面墙,书桌靠窗摆放,旁边放置舒适的皮质座椅。灯光设计要考虑护眼,可调节亮度。墙面可以挂一些艺术画作来增添文化气息。

生成图像如图 6-32 所示。

4）儿童房设计

提示词:规划一个充满乐趣和创意的儿童房,适合 6～12 岁的孩子。房间要安全且功能性强,包括学习区、休息区和玩耍区。墙壁色彩明亮活泼,可以是蓝天和白云的主题,地面铺设柔软的地毯。家具应圆润无尖角,房间配有足够多的玩具收纳空间。

生成图像如图 6-33 所示。

图 6-31　主卧室设计

图 6-32　书房设计

图 6-33　儿童房设计

6.2.6　AIGC 3D 模型设计

AIGC 3D 模型设计是一个结合了先进的人工智能技术与 3D 建模的艺术和技术过程。它允许用户通过自然语言或简单的交互界面来指导 AI 创建复杂的 3D 模型。

1. AIGC 3D 模型设计的原理和常用提示词

1）AIGC 3D 模型设计的原理

传统 3D 模型设计主要依赖于设计师的技能、经验和创意,而 AIGC 3D 模型设计利用了人工智能技术来辅助或自动化部分甚至全部的设计流程。在使用 AI 设计 3D 模型时,首先将用户提供的文本描述或其他形式的输入解析成计算机可以理解的数据。基于解析后的信息,AI 系统会将设计要求转化为具体的几何参数、材质属性和其他视觉特征,这些参数可能包括尺寸、形状、颜色、纹理等。接着使用机器学习算法,尤其是深度学习中的生成对抗网络、变分自编码器等,AI 能够根据给定的参数生成新的 3D 模型。最后生成的初步模型可以通过用户反馈进行调整和优化。用户可以对模型提出修改意见,AI 则根据新的指令再次生成改进版本。

实际上,越来越多的趋势是将传统的 3D 模型设计技巧与 AIGC 相结合。例如,设计师可以先使用 AI 工具快速生成一个初始模型,然后在此基础上运用个人的专业知识进行精细化调整。这种方式不仅提高了工作效率,同时也保证了最终产品的质量和独特性。

值得注意的是,尽管 AI 在很多方面表现出色,但在创造性思维和对特定领域知识的理解上仍存在不足。例如,在某些高度专业化或艺术性的项目中,AI 可能无法达到人类设计师所能提供的独特视角和细腻处理。

表 6-5 显示了 AIGC 3D 模型设计常见的应用领域。

表 6-5　AIGC 3D 模型设计常见的应用领域

领　　域	描　　述
自动化建模	通过输入简单的参数或文本描述,AI 可以自动生成初步的 3D 模型原型,如建筑物、家具或其他物体
仿真与验证	AI 可以在数字环境中模拟产品的实际工作状态,包括应力分析、热传导、流体动力学等,提前发现潜在的问题并进行改进
智能纹理生成	根据模型的几何特征,AI 能够智能地选择并应用适当的纹理
虚拟世界场景	AI 可以从概念图或文字描述中生成整个虚拟场景,包括地形、建筑、植被等元素
历史建筑文物复原	利用 AI 恢复古老建筑的原貌,为文化遗产的研究和保护工作提供有力支持
逆向工程	从现有物品扫描数据中提取信息,重建 3D 模型用于改进或复制
游戏开发	加快游戏角色、武器、车辆等游戏资产的设计流程

以汽车制造为例,AIGC 可以帮助设计师快速生成多种车身造型方案,进行空气动力学仿真测试,选择最佳的材料组合,并优化内部结构,以减轻重量且不牺牲安全性。这不仅加快了研发周期,还能保证最终产品的高质量和竞争力。

表 6-6 显示了 AIGC 3D 模型设计的常见步骤。

表 6-6　AIGC 3D 模型设计的常见步骤

步　　骤	描　　述
明确需求	确定想要设计的产品类型、功能、尺寸等具体要求
准备提示词	根据需求编写详细的提示词,确保涵盖所有必要的信息
选择工具	选择适合的 AIGC 工具或平台,如 DALL-E、Midjourney、Stable Diffusion 或其他专注于 3D 内容生成的 AI 工具
生成模型	将提示词输入所选工具中,生成初步的 3D 模型或概念图
调整结果	检查生成的结果,并根据实际情况调整提示词中的参数,重复生成过程,直到获得满意的设计

2）AIGC 3D 模型设计的常用提示词

为了充分利用 AIGC 3D 模型设计的能力，给 AI 提供的提示词应当尽可能具体且包含以下要素。

（1）基本信息。

对象类型：明确指出想要创建的对象是什么，例如人物角色、建筑物、家具、车辆等。

用途：说明该 3D 模型的主要用途，例如是作为游戏资产还是用于实际生产。

（2）设计细节。

风格偏好：定义整体的设计风格，如写实、卡通、复古、未来派等。

尺寸规格：提供具体的尺寸信息，确保比例关系正确。

材料选择：指定使用的材料类型，这对视觉效果有很大的影响。

颜色方案：确定主要和辅助颜色，帮助设定整体色调。

细节层次：说明希望达到的细节层次，例如高分辨率的纹理映射或者简化版的几何形状。

姿势/状态：对于生物或角色模型，描述它们的动作或情感状态。

特殊元素：有任何特别的需求或者考虑因素，例如特定的功能组件、装饰性细节等。

值得注意的是，对于高质量的最终产品，建议将由 AIGC 生成的概念图或基础 3D 模型交给专业的 3D 建模师进一步开发和完善。他们可以根据专业知识和技术工具添加更精细的细节，确保模型符合工程学原理和美学标准。

2. AIGC 3D 模型设计实例

1）人物角色

提示词：创建一个年轻的女性冒险家 3D 模型，她穿着实用的探险服装，包括耐磨的裤子、轻便的夹克和登山靴。她的背包是多功能的，带有各种口袋和扣环。她有一头棕色的短发，眼睛明亮而坚定。请确保其面部表情充满信心和勇气。

生成图像如图 6-34 所示。

2）建筑物

提示词：设计一座未来主义风格的摩天大楼，高度约为 300 米，位于繁华都市的核心区域。建筑外观采用玻璃和钢材建造，具有流线型的外形和独特的几何图案。顶部有一个观景平台，周围环绕着绿化带。请包含一些细节，如入口处的大型 LED 屏幕、底层的商业空间等。

生成图像如图 6-35 所示。

3）汽车

提示词：开发一款运动型轿车的 3D 模型，该车型融合了最新的空气动力学设计元素，车身低矮且线条流畅；前脸造型激进，配有狭长的大灯和大面积的进气格栅；车轮选用 20 英寸合金轮毂，轮胎宽大，增强了抓地力；内部装饰豪华，座椅包裹性好，仪表盘科技感十足。

生成图像如图 6-36 所示。

图 6-34　人物角色

图 6-35　建筑物

4）生物

提示词：构建一只可爱的小猫 3D 模型，它有着蓬松的白色毛发和蓝色的眼睛。小猫的姿态悠闲，正慵懒地伸展身体。请注意表现其柔软的毛发质感以及细腻的面部特征，如胡须和耳朵。

生成图像如图 6-37 所示。

图 6-36　汽车

图 6-37　生物

6.3　本章小结

（1）AI 绘画是 AIGC 的一个重要分支，它通过机器学习和深度学习等技术让计算机能够自动生成具有艺术价值的图像。

（2）AIGC 在图像生成领域中能够模拟和学习现实世界中图像的特征，并生成逼真、具有创造性的图像内容。

6.4 实训

1. 实训目的

本节实训使用 AI 实现绘画。

2. 实训内容

1）创作艺术画

提示词：创作主题为光与影的迷宫的图像。在这片茂密的森林里，自然光线与奇异的生物发光交织成一张光影的网。树木的枝丫以不规则却又和谐的方式扭曲生长，形成天然的拱门和走廊。森林的地面覆盖着柔软的苔藓，踩上去如同走在云朵之上。在这光与影的迷宫中飘浮着轻盈的光球，它们引领着迷路者穿越，每转过一个弯都展现出一幅全新的、令人惊叹的奇幻景象。

生成图像如图 6-38 所示。

2）创作风景照片

提示词：创作一张用于旅游宣传的风景照片，高分辨率（4000 像素×3000 像素），黄金时刻照明，16：9，中低角度俯瞰，三分法则，自然饱和度增强，强调绿色的森林、蓝色的湖水和金色的阳光，清晰焦点设在前景的特色树木上，使用浅景深（Shallow Depth of Field）模糊背景的山峰。

生成图像如图 6-39 所示。

图 6-38　艺术画

图 6-39　风景照片

扫一扫

自测题

习题 6

（1）请阐述什么是 AI 绘画。

（2）请阐述什么是 AI 绘画负面提示词。

（3）请阐述如何创作 AIGC 人物画。

（4）请阐述如何创作 AIGC 广告画。

（5）请使用百度文心一言、通义千问或者智谱清言实现 AIGC 风景画。

第 **7** 章

AI辅助编程

本章学习目标
- 掌握 AI 辅助代码生成
- 掌握 AI 辅助代码补全
- 掌握 AI 辅助代码解释
- 掌握 AI 辅助代码优化
- 掌握 AI 辅助代码错误排查与调试
- 了解 AI 辅助代码重构
- 了解常见的 AI 编程工具

7.1 AI 辅助代码生成

7.1.1 认识 AI 辅助代码生成

AI 辅助代码生成是借助人工智能技术对海量代码数据展开学习与分析,从而实现代码生成的技术手段。它具备理解以人类自然语言表述的编程任务或功能需求的能力,依托预训练学到的语法规则、代码逻辑以及常见编程模式等知识,自动产出对应的代码片段,甚至能生成完整的程序模块。这一技术不仅能够加快代码编写的速度,缩短编程所需的时间,减轻工作负担,还在一定程度上降低了编程难度,使不具备专业编程能力的人也有机会尝试编写简单代码,同时还有助于保障代码的规范性与一致性,提升整体的软件质量。

1. AI 辅助代码生成的技术背景

AIGC(人工智能生成内容)实现代码生成的基本原理如下:

首先,AIGC 会在大量的代码数据上进行预训练。这些代码数据包含了各种编程语言的范例、结构、语法规则等不同类型的代码片段。在预训练过程中,模型学习到代码中的模式,例如特定功能对应的代码结构、变量命名的常见方式以及不同语法元素的组合规律等,从而构建起对代码结构和语法的基本认识。

当接收到代码生成的需求时,AIGC会对需求进行分析理解。这可能涉及对需求描述中的自然语言进行解析,识别出诸如要实现的功能、输入/输出的要求、性能方面的期望等关键信息。然后,基于在预训练中学到的知识,模型从它所学到的众多代码模式和范例中进行搜索和匹配,并且它不会只做一次选择,而是会考虑多个可能的路径,通过搜索和比较这些路径,找到最符合需求的部分代码或者代码结构,以确保生成的代码的质量。

例如,如果需求是编写一个计算两个数之和的函数,模型会回忆起在预训练中看到过的类似计算功能的代码结构,诸如如何定义函数、如何接收输入参数、如何进行加法运算以及如何返回结果等。最后,AIGC根据这些匹配到的元素组合并优化,生成一段完整的代码,并且尽可能地遵循它所学到的最佳编程实践和风格,以满足用户容易理解和使用的要求。不过,生成的代码可能还需要进一步调整和完善,以确保完全符合实际的应用场景。

2. AI辅助代码生成的优势

AIGC作为一种智能代码生成工具,类似于一位专业的编程助手,它具备诸多优势。

1）高效性

AIGC能够在极短的时间内生成代码,显著提高开发效率。例如,若需编写一个程序以计算1至100所有数字的总和,手动编写可能需要花费较多时间来构思循环结构和累加逻辑,借助AIGC仅需数秒即可获得完整的代码。这就好比拥有一位能够瞬间记录下所需内容的速记员。此外,AIGC还能迅速生成用于读取文件、分割单词并计数的代码,从而大幅度节省编写时间。

2）便捷性

对于初学者而言,编程犹如进入一个陌生的迷宫。AIGC则如同迷宫中的导航仪,极大地简化了编程过程。例如,若想使用Python的图形库绘制一个简单的正方形,初学者可能不知从何下手。AIGC则能直接提供从导入图形库到完成正方形绘制的完整代码。用户无须记忆复杂的函数名称和语法规则,只需提出需求,即可轻松获得相应的代码。

3）降低了学习门槛

编程的语法和概念对初学者来说往往难以理解,AIGC能够帮助初学者更好地入门。例如,当学习条件语句时,若不知如何编写一个判断两个数大小的程序,AIGC生成的代码可作为优秀的范例。通过观察AIGC生成的代码,初学者可以理解条件语句的工作原理,包括判断条件和满足条件后执行的代码部分。这就好比有一位老师在旁指导,使初学者更容易掌握编程逻辑。

3. AI辅助代码生成的潜在问题

尽管AIGC生成代码有许多的优势,但也存在一些需要注意的方面。

1）代码质量

AIGC能够迅速生成代码,但生成的代码质量可能参差不齐,有时生成的代码可能并非最优解。例如,在解决复杂的数学问题时,AIGC可能会采用较为烦琐的方法,而非更高效的算法。这就好比请人指引前往学校的路线,却得到一条并非最近或最便捷的路径。

2）逻辑错误

AIGC 依据其学习到的大量代码模式来生成代码。然而，有时它可能会误解用户的需求，导致生成的代码存在逻辑错误。例如，若想编写一个程序，在用户输入的数字大于 10 时输出"数字很大"，小于 10 时输出"数字较小"，但 AIGC 可能误解条件判断，导致输出结果与预期不符。这就好比与朋友沟通时，对方误解了你的意图，从而做出了错误的反应。

3）依赖用户输入的准确性

AIGC 生成代码的质量在很大程度上取决于用户输入的需求是否准确。如果用户自身对所需功能描述不清或表述模糊，AIGC 将难以生成合适的代码。例如，仅告知 AIGC "制作一个游戏"，由于未明确游戏类型，如猜数字、拼图等，AIGC 将无法提供符合用户期望的代码。这就好比请人代购物品，却未告知具体需求，导致对方无法准确地购买所需物品。

4. AI 辅助代码生成的应用场景

AIGC 辅助代码生成的应用场景广泛，涵盖多个领域，以下是几个主要场景的详细描述：

1）软件开发与自动化

AIGC 在软件开发中能显著提升效率。开发者可以利用 AI 生成基础代码框架、函数模板或重复性代码，减少手动编写的工作量。例如，AI 可以根据需求自动生成相关操作代码，或根据数据库结构生成对象关系映射代码。此外，AIGC 还能帮助生成单元测试代码，确保代码质量并减少测试时间。

2）教育与学习

对于编程初学者来说，AIGC 可以作为辅助工具，帮助理解代码结构和逻辑。AI 可以根据用户输入的需求或问题，生成示例代码并解释其工作原理。例如，用户可以通过 AI 生成特定算法的实现代码，并通过 AI 的解释逐步掌握其逻辑。这种交互式学习方式能有效降低学习门槛，提升学习效率。

3）数据科学与数据可视化

在数据科学领域，AIGC 可以帮助生成数据预处理、特征工程或模型训练的代码。例如，AI 可以根据数据集的特点自动生成数据清洗代码。对于非专业开发者来说，AIGC 还可以生成可视化代码，帮助其快速生成图表并分析数据。

4）快速原型设计与迭代

在项目初期，AIGC 可以帮助快速生成原型代码，加速产品验证和迭代。开发者可以通过自然语言描述需求，AI 生成对应的代码框架或功能模块。例如，AI 可以根据用户描述的 UI 需求生成前端代码，或根据业务逻辑生成后端服务代码。这种方式能大幅度缩短开发周期，尤其适用于敏捷开发模式。

5）跨平台开发

在跨平台开发中，AIGC 可以根据一套代码生成适配不同平台（如 iOS、Android、Web）的代码。例如，开发者可以编写一次核心逻辑，AI 自动生成适用于多个平台的 UI 代码或接口适配代码。这种方式能显著减少跨平台开发的工作量，提升开发效率。

7.1.2　AI辅助代码生成实例

1. 教育与学习

（1）**提示词**：请用 Python 编写一段代码，输入一个整数，判断它是奇数还是偶数，若是偶数返回 True，若是奇数返回 False。

使用技巧：在撰写提示词时，直截了当地点明编程语言为 Python，清楚地阐述输入参数类型（这里是整数）以及对应的输出要求，越是详细具体，AIGC 越能贴合预期产出代码。

生成内容：

```
num = int(input("请输入一个整数："))
print(num % 2 == 0)
```

这段代码首先使用 input 函数获取用户输入的一个整数，并通过 int 函数将输入的字符串转换为整数，存储在变量 num 中。然后直接利用取模（取余）运算 num ％2 判断该数是否能被 2 整除，若余数为 0，输出 True，表明它是偶数；若余数不为 0，则输出 False，意味着它是奇数。

（2）**提示词**：请用 Python 编写一段代码，实现两个数字的加法、减法、乘法和除法运算，这两个数字由用户在控制台输入，要求输出运算结果并保留两位小数。

使用技巧：描述要足够细致，明确指出编程语言是 Python，详细说明运算需求和输入/输出方式。当把任务细节完整地给 AIGC 时，它能精准定位用户的诉求，生成贴合预期的代码。

生成内容：

```
num1 = float(input("请输入第一个数字："))
num2 = float(input("请输入第二个数字："))
add_result = num1 + num2
sub_result = num1 - num2
mul_result = num1 * num2
if num2!= 0:
    div_result = num1 / num2
    print(f"加法结果：{add_result:.2f}，减法结果：{sub_result:.2f}，乘法结果：{mul_result:.2f}，除法结果：{div_result:.2f}")
else:
    print(f"加法结果：{add_result:.2f}，减法结果：{sub_result:.2f}，乘法结果：{mul_result:.2f}，除数不能为 0,无法计算除法")
```

（3）**提示词**：用 Python 写一个程序来判断输入的年份是否为闰年。闰年的判断规则是，能被 4 整除但不能被 100 整除，或者能被 400 整除。程序需要从控制台获取用户输入的年份，然后输出该年份是否为闰年。

使用技巧：将核心的业务逻辑规则融入提示词，如这里的闰年判断规则。清晰告知代码从哪里获取输入数据，这能让 AIGC 搭建出功能完备的代码框架。

生成内容：

```
year = int(input("请输入一个年份："))
if (year % 4 == 0 and year % 100!= 0) or (year % 400 == 0):
    print(f"{year} 年是闰年")
else:
    print(f"{year} 年不是闰年")
```

2. 数据科学与数据可视化

提示词：请用 Python 编写一段代码，绘制一个圆环图，用于实现数据"15，30，45，10"的占比情况。

使用技巧：明确指出使用 Python 作为编程语言，详细说明用户的需求是使用具体的数据绘制圆环图，从而生成预期的代码。

生成内容：

```
import matplotlib.pyplot as plt
sizes = [15, 30, 45, 10]                                    # 各部分的数据
labels = ['A', 'B', 'C', 'D']                               # 各部分对应的标签
colors = ['gold', 'lightcoral', 'lightskyblue', 'green']    # 各部分对应的颜色
patches, texts, autotexts = plt.pie(sizes, colors = colors, labels = labels, autopct = '
% 1.1f % % ', startangle = 90, pctdistance = 0.85, wedgeprops = dict(width = 0.3, edgecolor =
'w'))                                                       # 绘制圆环图
centre_circle = plt.Circle((0, 0), 0.4, fc = 'white')       # 设置圆心为白色
fig = plt.gcf()
fig.gca().add_arc(centre_circle)
ax = plt.axis('equal')                                      # 设置图形为正圆形
plt.show()
```

代码解释：

sizes 变量存储了圆环图各个扇区所占的比例数据。

labels 为每个扇区对应的标签，用来标识各部分的内容。

colors 定义了每个扇区的颜色，让图表更具辨识度。

使用 plt.pie 函数绘制圆环图，autopct 参数用于在扇区上显示百分比数值，startangle 设定起始角度，pctdistance 控制百分比文字与圆心的距离，wedgeprops 用来设置圆环的宽度以及外环边缘的颜色。

通过创建一个白色的圆心圆 centre_circle，并添加到图形中，让圆环图看起来更规整。

最后利用 plt.axis('equal')确保绘制出的图形是正圆形，保持图形美观、比例协调，最后调用 plt.show()显示绘制好的圆环图。

结合上述示例，对利用 AIGC 技术生成代码的实用技巧做如下系统性总结。

（1）精准描述细节。为了确保需求能够被准确理解和实现，应当提供详尽的功能细节描述。例如，要创建一个可视化网页，不应仅笼统地输入"我需要一个可视化网页"，而应具体阐述"请使用 Python 的图形库，将重庆市过去一年的气温数据以可视化方式进行呈现，图表类型选择折线图"，这种精确的描述方式有助于 AIGC 锁定合适的代码逻辑。

（2）明确编程语言。不同编程语言的代码大不一样，例如要获得 Python 代码，那就明确地在开头加上"用 Python 语言"，否则 AIGC 可能按默认或者随机的编程语言来生

成,不符合预期。

(3)列举关键元素。若涉及特定的库、函数或者数据结构,一定要列举出来。如果想做网页计算器,具体描述为"需要用到 Flask 框架来搭建网页基础,运算功能用 JavaScript 实现",这能引导 AIGC 融入这些关键元素,产出更实用的代码。

(4)设定限制条件。如果用户对性能、代码长度有要求,不妨告知。例如"代码要尽量简洁,运行速度要快,不要引入过多复杂的第三方库",有了这些限制,AIGC 生成代码时就会更有方向。

7.2　AI 辅助代码补全

7.2.1　认识 AI 辅助代码补全

AI 辅助代码补全是 AIGC 技术在编程场景下的具体应用。它借助先进的自然语言处理和机器学习算法,通过对海量代码数据进行深度学习与分析,构建起对各种编程语言的语法规则、代码逻辑以及常见编程模式的理解。在用户编写代码的过程中,该技术能够实时分析已输入代码的上下文信息,智能预测后续可能需要编写的代码内容,并自动完成补全操作。

1. AI 辅助代码补全简介

简单来说,AIGC 辅助代码补全就是借助人工智能算法与海量代码数据学习,当用户输入部分代码语句后,系统自动推测后续的代码片段,并补充完整。打个比方,就像是用户写作文写了个开头,有个智能助手能根据文章开头的风格、主题快速把后续段落补齐。代码补全是其在编程领域极具实用价值的一个应用方向。

例如,在 Python 中,当用户在编辑器里输入 pr 时,AIGC 辅助代码补全工具可以根据其对 Python 语言的理解,推测用户可能想使用 print 函数,进而自动补全为完整的 print。例如,当辅助在交互式环境或者 IDE 中输入 pr 后按下特定的触发补全的按键(如 Tab 键),它会快速给出 print 选项,选中后就完成了补全。如果后续辅助要打印一个字符串,输入 print('Hel,代码补全工具能根据常见用法补全为 print('Hello'),避免了手动完整输入较长字符串可能出现的拼写错误。

AIGC 辅助代码补全工具通常在后台对海量开源代码、优质项目代码进行深度学习。它们会提取代码中的语法结构、函数调用关系、变量命名规则等关键信息,内化这些知识,从而在面对新输入时给出精准回应。这就好比一个学生疯狂阅读各类范文,把好词好句、行文逻辑都记下来,等自己写作文时,就能借鉴这些储备快速行文。

AIGC 辅助代码补全的优势在于它能够显著提高编程效率,减少用户在编写重复性代码时的负担。对于初学者来说,AIGC 辅助代码补全还可以作为一种学习工具,帮助他们理解代码的结构和逻辑。通过观察 AIGC 生成的代码,用户可以更快地掌握编程语言的语法和常用模式。

2. 代码补全在编程中的作用

代码补全在编程中扮演着至关重要的角色,尤其是在现代软件开发中,代码量庞大且复杂,手动编写每一行代码既耗时又容易出错。代码补全工具通过自动生成代码片段,帮助程序员快速完成常见的编程任务,减少重复劳动。以下是代码补全在编程中的几个主要作用。

1）提高编程效率

代码补全工具可以自动生成常见的代码结构，如循环、条件语句、函数定义等，减少程序员手动输入的时间。

2）减少错误

通过自动补全，程序员可以减少因拼写错误或语法错误导致的代码问题，尤其是在复杂的代码库中，这种错误可能会导致难以调试的问题。

3）学习辅助

对于初学者来说，代码补全工具可以帮助他们理解代码的结构和逻辑。通过观察补全工具生成的代码，学生可以更快地掌握编程语言的语法和常用模式。

4）代码一致性

在团队开发中，代码补全工具可以帮助保持代码风格的一致性，减少因不同程序员编写风格不同而导致的代码混乱。

3. AI 辅助代码补全的应用场景

AIGC 辅助代码补全的应用场景非常广泛，几乎涵盖了所有需要编写代码的领域。以下是一些常见的应用场景：

1）学习与教学场景

对于初学者来说，AIGC 辅助代码补全是一个很好的学习工具。在学习编程语言和开发框架时，学生可以通过 AIGC 来理解代码的编写逻辑和语法规则。例如，在学习 Python 的 Django 框架时，学生想要创建一个简单的 Web 应用，AIGC 可以根据学生输入的部分代码和功能需求补全视图函数、模型定义、路由配置等相关代码，并提供详细的注释解释。这有助于学生快速掌握框架的使用方法，理解代码之间的关联，加速学习进程。同时，在教学过程中，教师也可以利用 AIGC 来展示代码的生成过程，帮助学生更好地理解编程概念和技巧。

2）代码修复场景

当在调试过程中发现代码存在漏洞或错误时，AIGC 可以辅助开发人员进行修复。例如，在一个应用程序中发现存在安全漏洞。开发人员在修复时，AIGC 可以根据漏洞的类型和代码的具体情况补全相应的代码，如添加参数化查询语句、对用户输入进行严格的过滤和验证等代码片段。它还能根据不同的数据库类型提供相应的安全修复代码，帮助开发人员快速解决安全隐患，提高代码的稳定性和安全性。

3）新功能开发场景

在开发新软件功能时，开发人员通常需要编写大量全新代码。例如，在开发一个复杂的电商平台时，开发人员要实现商品推荐系统，AIGC 可以根据开发人员输入的部分代码和功能描述自动补全相关的算法逻辑和数据处理代码。它能依据常见的推荐算法模式，如协同过滤算法的基本框架，补全计算用户相似度、商品相似度以及生成推荐列表等关键代码片段，帮助开发人员快速搭建起功能的基础架构，节省大量时间和精力。

4）复杂逻辑实现场景

在实现复杂算法或业务逻辑时，开发者可能需要花费大量时间思考细节。AIGC 辅助代码补全可以根据上下文和需求生成部分逻辑代码或提供实现建议。例如,在编写递归函数或复杂循环时,AI可以补全关键逻辑或提供优化建议,帮助开发者更快地完成代码的编写。

7.2.2　AI辅助代码补全实例

1. 学习与教学场景

提示词:请补全以下代码,找出集合中最大、最小和中间的元素。

```
set = {3, 1, 4, 1, 5, 9, 2, 6}
```

生成内容:

```
set = {3, 1, 4, 1, 5, 9, 2, 6}
my_list = list(set)
my_list.sort()
mid_index = len(my_list) // 2
mid_element = my_list[mid_index]
print("最小元素是:", my_list[0])
print("最大元素是:", my_list[-1])
print("中间元素是:", mid_element)
```

代码解释:

首先将集合转换为列表,因为集合是无序的,而要找出最大、最小和中间元素需要有序的数据结构。然后对列表进行排序。通过索引找出最小(第一个元素)、最大(最后一个元素)元素。如果列表的长度为奇数,中间元素就是中间索引对应的元素;如果列表的长度为偶数,中间元素通常取中间两个元素中的一个(这里取的是中间偏左的元素)。

2. 复杂逻辑实现场景

(1)**提示词:**请补全以下代码,要求根据用户输入的分数输出相应的等级(A:90分及以上,B:80~89分,C:70~79分,D:60~69分,F:低于60分)。

生成内容:

```
score = int(input("请输入你的分数:"))
if:
    print("A")
elif:
    print("B")
elif:
    print("C")
elif:
    print("D")
else:
    print("F")
```

生成结果:

```
score = int(input("请输入你的分数:"))
if score >= 90:
```

```
            print("A")
        elif score >= 80:
            print("B")
        elif score >= 70:
            print("C")
        elif score >= 60:
            print("D")
        else:
            print("F")
```

代码解释:

首先,使用 int(input("请输入你的分数:"))从用户处获取输入,并将其转换为整数存储在变量 score 中。

然后,使用 if-elif-else 结构进行判断。

当 score>=90 时,输出 A,代表成绩处于 90 分及以上,属于 A 等级。

当 score>=80 时,意味着分数在 80~89 分,输出 B,代表 B 等级。

当 score>=70 时,分数在 70~79 分,输出 C,代表 C 等级。

当 score>=60 时,分数在 60~69 分,输出 D,代表 D 等级。

最后,如果上述条件都不满足,说明分数低于 60 分,输出 F,代表不及格,即 F 等级。

此代码通过一系列的条件判断,根据用户输入的分数将其归类到相应的等级,并输出对应的等级字母,为用户提供了一种简单的成绩评级功能。

(2) **提示词**:以下代码尝试使用 for 循环打印出 1~10 的偶数,并计算偶数的个数,请补全代码。

生成内容:

```
count = 0
for i in range(1, 11):
    ＃ 请添加一个条件判断,仅当 i 是偶数时才打印 i 的值
```

生成结果:

```
count = 0
for i in range(1, 11):
    if i % 2 == 0:
        print(i)
        count += 1
print("1~10 的偶数的个数为:", count)
```

(3) **提示词**:请补全如下代码,将列表中的每个字符串元素转换为大写。

```
my_list = ["apple", "banana", "cherry"]
new_list = []
for item in my_list:
    ＃ 这里需要补全代码,实现字母转换并添加到新列表
```

生成内容:

```
my_list = ["apple", "banana", "cherry"]
new_list = []
for item in my_list:
    new_item = item.upper()
    new_list.append(new_item)
```

如果用户想使用列表推导式,代码可以更简洁:

```
my_list = ["apple", "banana", "cherry"]
new_list = [item.upper() for item in my_list]
```

代码解释:

这里使用了列表推导式,它用一种简洁的方式来创建列表。

[item.upper() for item in my_list]的含义是,对于 my_list 中的每个元素 item,使用 item.upper()进行转换,并将结果存储在新列表中。

以上两种方式都可以实现将列表中的元素转换为大写,列表推导式在代码简洁性上更有优势,而 for 循环更清晰、直观,适合初学者理解。

(4) **提示词**:使用 while 循环模拟简单的自动取款机(ATM)操作,请补全如下代码。

```
money = 1000  # 初始余额
while True:
    # 提示用户输入操作(如存款、取款或退出),使用 input 函数。
    # 根据用户输入,执行相应操作:
    # 对于存款,提示用户输入存款金额,更新 money 的值。
    # 对于取款,提示用户输入取款金额,若余额足够,更新 money 的值。
    # 对于退出,使用 break 语句结束循环。
    # 对于其他输入,给出相应提示。
print("最终余额:", money)
```

生成内容:

```
money = 1000  # 初始余额
while True:
    operation = input("请输入操作:存款、取款或退出")
    if operation == "存款":
        deposit_amount = float(input("请输入存款金额:"))
        money += deposit_amount
    elif operation == "取款":
        withdraw_amount = float(input("请输入取款金额:"))
        if money >= withdraw_amount:
            money -= withdraw_amount
        else:
            print("余额不足")
    elif operation == "退出":
        break
    else:
        print("无效操作,请重新输入")
print("最终余额:", money)
```

代码解释：

➤ operation＝input("请输入操作：存款、取款或退出")：使用 input 函数提示用户输入操作，用户可以输入 "存款"、"取款" 或 "退出"等操作。

➤ if operation＝＝"存款"：：如果用户输入"存款"，则使用 float(input("请输入存款金额:"))提示用户输入存款金额，并将输入的金额存储在 deposit_amount 中，然后将该金额累加到 money 中。

➤ elif operation＝＝"取款"：：如果用户输入 "取款"，则使用 float(input("请输入取款金额:"))提示用户输入取款金额，并将输入的金额存储在 withdraw_amount 中，然后检查当前余额是否足够，如果足够，则从 money 中扣除该取款金额，若不足则打印"余额不足"。

➤ elif operation＝＝ "退出"：：如果用户输入"退出"，使用 break 语句终止 while 循环。

➤ else：：如果用户输入的操作不是"存款"、"取款"或"退出"，则打印"无效操作，请重新输入"。

此代码模拟了一个简单的 ATM 操作，允许用户进行存款、取款操作，并且在操作不合法时给出相应提示，同时保证取款操作不会出现余额不足的情况，最后输出最终余额。

7.3 AI 辅助代码解释

7.3.1 认识 AI 辅助代码解释

在编程实践中，大家经常会碰到复杂且晦涩难懂的代码，AIGC 为解决这一难题提供了有力的手段，它能够把复杂的代码翻译成通俗易懂的自然语言，从而显著提升代码的可读性与可理解性。

1. AI 辅助代码解释简介

AIGC 辅助代码解释的基本原理涉及对代码的语法和语义进行分析。它首先识别代码中的关键元素，如变量、函数、类和控制结构，然后 AIGC 利用其内置的编程知识库和语言模型将这些元素与已知的编程模式和最佳实践进行匹配。通过这种方式，AIGC 能够理解代码的逻辑流程，并生成对代码功能的自然语言描述。这个过程不仅包括对代码行的逐行解释，还涉及对代码整体结构和目的的理解，从而为用户提供清晰、准确的代码解释。

2. AI 辅助复杂代码的逐步拆解与分析方法

AIGC 辅助复杂代码的逐步拆解与分析指利用人工智能技术，依据编程语言的语法和语义规则，从整体架构到细节逻辑，将复杂代码分解为不同的模块、函数、语句等单元，深入理解每个单元的功能、相互关系及数据流向，识别代码中的语法错误、逻辑问题、性能瓶颈等潜在风险，并基于分析结果提出优化建议，以帮助开发者更好地理解、维护和改进代码的过程。

AIGC 对复杂代码逐步拆解与分析的方法如下。

1) 自顶向下的分析

AIGC通常会采用自顶向下的方法,从代码的整体结构开始,逐步深入细节部分。首先分析代码的主要模块、函数和类,了解它们的功能和相互关系。然后,对于每个函数和类,进一步分析其内部的代码逻辑,包括变量的使用、控制流的走向等。

2) 控制流分析

控制流分析是AIGC拆解与分析复杂代码的重要方法之一。它会分析代码中的控制结构,如条件语句、循环语句等,确定代码的执行路径和逻辑分支。通过跟踪控制流的走向,AIGC可以理解代码在不同条件下的行为,以及循环的终止条件和迭代过程。

3) 数据流分析

数据流分析关注代码中数据的流动和变化。AIGC会分析变量的赋值、传递和使用情况,确定数据的来源和去向。通过数据流分析,AIGC可以发现代码中的数据依赖关系,以及可能存在的错误和隐患。

4) 代码重构与优化建议

在对复杂代码进行拆解与分析的过程中,AIGC还会考虑代码的重构和优化。它会根据代码的结构和功能提出一些改进的建议,如提取公共代码、优化算法、改善代码的可读性和可维护性等。这些建议可以帮助开发者更好地理解和改进代码。

3. AI辅助代码解释的应用场景

1) 编程学习与教育

对于编程初学者而言,理解代码逻辑是一大难题。AIGC能够详细地解释代码的含义,例如在学习Python基础语法时遇到一个计算斐波那契数列的递归代码,初学者可能不明白递归调用和终止条件的意义,AIGC会逐行解读,说明每一步操作和变量的作用,如解释函数如何通过不断调用自身来生成数列,以及终止条件是如何避免无限递归的,帮助初学者逐步掌握编程概念和逻辑。

在编程课程教学中,教师可以借助AIGC为学生解释复杂的代码案例。例如在教授数据结构和算法课程时,对于快速排序算法的代码,AIGC能解释算法的核心思想、分区操作的实现原理以及代码中不同部分的具体作用,辅助教师更清晰地传达知识,让学生更容易理解。

2) 代码审查与维护

在开发大型程序时,新成员加入需要快速理解已有的代码库。AIGC可以解释代码的功能和实现细节,使新成员迅速熟悉项目架构和代码逻辑。例如在一个大型的Web应用项目中,新成员对某个模块的代码不熟悉,AIGC能解释该模块如何与其他部分交互、数据的流向及其在整个系统中的作用。

当对旧项目进行维护时,代码可能由于时间久远或原开发者离职而难以理解。AIGC可以帮助维护人员解读代码,分析代码中隐藏的逻辑和潜在问题。例如一个多年前开发的桌面应用程序,维护人员在修改功能时遇到一段复杂的多线程处理代码,AIGC能解释线程同步机制、线程间通信方式等内容,为代码的修改和优化提供依据。

3) 代码调试与问题解决

开发人员在调试代码时,遇到难以定位的错误或异常情况。AIGC可以分析出错的代码片段,解释可能导致错误的原因。例如在一个Java程序中出现空指针异常,AIGC

会解释空指针异常产生的常见场景,结合代码上下文分析是哪个对象为空,以及如何避免这种错误,帮助开发人员快速找到问题的根源。

当代码运行结果不符合预期时,AIGC能解释代码逻辑与预期结果不一致的地方。例如在一个数据分析项目中,统计结果与预期相差很大,AIGC可以解释数据处理代码中可能存在的逻辑错误,如数据筛选条件是否正确、计算方法是否合理等,协助开发人员调整代码以得到正确结果。

4) 技术交流与分享

在技术社区和论坛中,开发者分享自己的代码时,AIGC可以为其他开发者提供详细的代码解释。例如,一位开发者分享了一个使用机器学习算法实现图像分类的代码,AIGC可以解释算法的原理、代码中各个函数和类的用途,以及数据预处理和模型训练的过程,促进技术知识的交流和传播。

在技术讲座和会议上,演讲者展示代码时,AIGC能实时为听众解释代码。例如在介绍最新的人工智能框架应用时,通过AIGC对代码的解释,能让听众更好地理解框架的使用方法和优势,增强技术分享的效果。

7.3.2　AI辅助代码解释实例

1. 编程学习与教育

(1) **提示词**:拆解分析这段Python代码,实现对一个函数的代码进行逐步解析。

```python
def count_even_numbers(nums):
    count = 0
    for num in nums:
        if num % 2 == 0:
            count += 1
    return count
```

生成内容:

> 这段Python代码定义了一个函数count_even_numbers,作用是统计给定列表中偶数的个数,下面是详细拆解。
>
> 函数定义:
>
> defcount_even_numbers(nums):,这里的def是Python中定义函数的关键字,表明要创建一个名为count_even_numbers的函数,它接收一个参数nums,从函数名推测,这个参数大概率是一个包含若干数字的可迭代对象,像列表或者元组。这时候给AIGC的提示词可以是"分析count_even_numbers函数定义部分的作用",AIGC就会给出上述类似解读。
>
> 变量初始化:
>
> count=0,这行代码初始化了一个变量count,赋值为0。在函数内部,它起到计数器的作用,后续会用它来累计符合条件的数字的数量。给AIGC输入提示词"解释count=0在count_even_numbers函数里的用途",它能精准地点明其计数器功能。
>
> 循环遍历:

for num in nums:,这是一个 for 循环语句,它会依次从 nums 这个可迭代对象中取出每一个元素,并赋值给变量 num。给 AIGC 输入提示词"拆解 for num in nums:这一行代码在函数中的运行逻辑",它会清楚地说明遍历过程。

条件判断与计数:

if num %2==0:,这里进行了一个条件判断,num %2 是取模运算,用来求 num 除以 2 的余数,若余数是 0,说明 num 是偶数。接着,count+=1 在条件满足时,也就是当 num 为偶数时,将 count 的值加 1,达成计数的目的。可以向 AIGC 输入"分析 if num %2==0:count+=1 这段代码的执行逻辑"辅助理解。

返回结果:

return count,函数最后的 return 关键字表明要返回一个值,这里返回的就是变量 count 的值,也就是 nums 中偶数的总数量。用提示词"阐述 return count 在 count_even_numbers 函数结尾的意义"问 AIGC,它会给出正确解释。

综上所述,整个函数从接收数据、初始化计数,到遍历、筛选偶数并计数,最后返回偶数的数量,条理十分清晰。

(2)**提示词**:拆解分析如下带有嵌套循环的 Python 代码。

```python
for i in range(3):
    for j in range(2):
        print(f"i的值为{i},j的值为{j}")
```

生成内容:

这段 Python 代码利用嵌套循环实现了多次格式化输出,下面逐步解析。

外层循环:for i in range(3),这里 range(3)生成一个从 0 开始,到 3 结束(不包含 3)的整数序列,即[0,1,2]。变量 i 会依次取序列中的值,每取一个值,就进入一次内层循环。给 AIGC 输入提示词"解析外层循环 for i in range(3)的功能",AIGC 能反馈出它起到控制整体循环次数、为内层循环及后续代码提供不同 i 值基准的作用。

内层循环:for j in range(2),在 range(2)的作用下,会生成包含 0 和 1 的整数序列。每当外层循环中的 i 取值确定后,内层循环就开始运作,让变量 j 依次遍历这个序列。将提示词"剖析内层循环 for j in range(2)的运行逻辑"给到 AIGC,它会点明此循环是基于当前 i 值,循环两次,产生不同的 j 值。

输出语句:print(f"i的值为{i},j的值为{j}"),位于嵌套循环内部,它利用 Python 的 f-string 格式化功能,把当前 i 和 j 的值嵌入字符串中,并输出。每一次内层循环迭代,也就是 j 值更新时,都会执行这一打印操作;而外层循环每更换一次 i 值,内层循环带着全新的 i 基准完整跑两轮。输入提示词"解读 print(f"i的值为{i},j的值为{j}")的输出结果",AIGC 会告知,代码运行起来总共会输出 6 行内容,依次是"i 的值为 0,j 的值为 0""i 的值为 0,j 的值为 1",往后 i 为 1、2 时同理,各输出两行。

总结来说,这段代码的运行逻辑清晰、有序,外层循环把控大节奏,内层循环丰富细节,二者配合完成多次信息输出。

2. 技术交流与分享

提示词:拆解分析带有递归算法的 Python 代码。

```
def fibonacci(n):
    a, b = 0, 1
    sequence = []
    for _ in range(n):
        sequence.append(a)
        a, b = b, a + b
    return sequence

n = int(input("请输入此数列的长度: "))
sequence = fibonacci(n)
print("此数列的前", n, "个数字是:")
print(sequence)
```

生成内容：

下面是借助 AIGC 拆解分析思路对这段代码的逐步解读。

函数定义部分：

def fibonacci(n):：AIGC 会识别出这是在定义一个名为 fibonacci 的函数，参数 n 表明该函数大概率会依据传入的这个数值执行某种与数列相关的计算，提示词可以是"分析 fibonacci 函数定义的作用"。

a，b=0，1：这行代码初始化了两个变量 a 和 b，分别赋值为 0 和 1。给 AIGC 的提示词为"解释 a，b =0，1 在 fibonacci 函数里的用途"，它会点明这是斐波那契数列起始的两个数值。

sequence =[]：初始化一个空列表 sequence，用于存储后续生成的斐波那契数列。向 AIGC 提问"阐述 sequence =[]在函数中的意义"，能得到精准解读，即用来收集数列元素。

for _in range(n):：这是一个循环结构，循环 n 次，_表示用户并不关心这个循环变量的实际取值，重点是循环指定次数。提示词为"拆解 for _in range(n)循环的运行逻辑"，AIGC 能详细说明它控制数列生成的轮数。

sequence.append(a)：把当前的 a 值加入 sequence 列表中，意味着开始收集斐波那契数列的元素。用"解读 sequence.append(a)这一操作的目的"问 AIGC，会明白是填充数列。

a，b =b，a +b：这是斐波那契数列生成的关键步骤，让 a 变为之前的 b 值，b 变为 a 与 b 之和，不断更新数列中的下一个数值。输入提示词"分析 a，b =b，a +b 代码行的数学原理"，AIGC 可给出专业解读。

return sequence：函数最后返回存有斐波那契数列的 sequence 列表，提示词"说明 return sequence 的意义"可让 AIGC 讲清它是向外输出结果。

输入与调用部分：

n =int(input("请输入此数列的长度: "))：首先通过 input 函数获取用户输入的字符串，再用 int 函数将其转换为整数，赋值给 n，作为斐波那契数列的长度。提示词"剖析 n =int(input("请输入此数列的长度: "))的执行流程"，AIGC 会细致地讲解用户交互与数据类型转换过程。

sequence =fibonacci(n)：调用之前定义的 fibonacci 函数，传入 n，得到生成的斐

波那契数列存于 sequence。若问 AIGC"解释 sequence = fibonacci(n)的调用逻辑",能得到清晰答案。

print("此数列的前", n, "个数字是:"): 输出一段提示性文字, 告知用户接下来输出的内容。

print(sequence): 把生成的斐波那契数列打印出来, 展示最终结果。

7.4 AI辅助代码优化

7.4.1 认识 AI 辅助代码优化

AI辅助代码优化指在不改变代码功能的前提下对程序代码进行一系列改进和调整, 以提高代码的运行时间、减少资源占用、增强代码的可读性和可维护性等的过程。

1. AI辅助代码优化简介

AI辅助代码优化可以从多个维度对代码进行优化, 包括但不限于提高代码的运行效率、增强代码的可读性、降低代码的复杂度、减少资源消耗等, 帮助用户提升代码质量, 使代码更符合软件工程的标准和要求。它是软件开发过程中的一个重要环节, 通过对代码的仔细分析和改进, 能够使程序在性能、质量等方面得到显著提升。例如, numbers = [1, 2, 3, 4, 5, 6, 7, 8, 9, 10]; result = [i for i in numbers if i %2 == 0 and i > 3], 虽然使用了列表推导式, 但条件判断部分可能会让阅读者感到困惑。AIGC 可以建议将条件判断拆分开来, 使代码更易读。

AI辅助代码优化的主要目标, 首先是提高性能。这是代码优化的主要目标之一, 性能的提升可以体现在多个方面, 如减少程序的运行时间、提高响应速度、增加吞吐量等。例如, 在一个数据库查询系统中, 通过优化查询语句和索引结构, 可以使查询操作更快地返回结果, 提高系统的整体性能。其次是减少冗余。冗余代码指在程序中重复出现或不必要的代码部分。减少冗余可以使代码更加简洁、易于理解和维护。例如, 在多个不同的函数中都存在相同的一段代码来实现某个功能, 这时候可以将这段代码提取出来, 封装成一个独立的函数, 在需要的地方进行调用, 从而避免代码的重复编写, 减少冗余。

2. AI辅助代码优化的应用场景

AI辅助代码优化能够深入代码的各个角落, 凭借其强大的数据分析和学习能力, 为不同应用场景下的代码提供精准且高效的优化方案。以下是几种典型应用场景:

1) 性能优化

算法复杂度优化: 当一段代码的运行需要消耗较多的时间时, 就会影响程序的运行效率。例如在处理大规模数据排序时, 使用了比较耗时的冒泡排序算法。AIGC 可以分析代码, 建议并补全运行时间比较短的快速排序或归并排序算法的代码, 提高排序效率。

资源使用优化: 在一些资源受限的环境中, 代码对内存和 CPU 的使用需要严格控制。AIGC 能够检查代码, 找出内存泄漏或 CPU 占用过高的部分, 并提供优化方案。例如, 在一个安卓应用中, AIGC 可以识别出未及时释放的资源, 并补全释放资源的代码, 减少内存占用。

2）代码可读性和可维护性优化

代码结构优化：当代码结构混乱、逻辑不清晰时，维护难度会大大增加。AIGC 可以帮助重构代码，将复杂的代码拆分成多个小的、功能单一的函数或类。例如，在一个大型的业务逻辑函数中，AIGC 可以分析代码功能，将不同的业务逻辑拆分成独立的函数，并补全函数调用关系，使代码结构更清晰。

注释和命名优化：良好的注释和规范的命名可以提高代码的可读性。AIGC 能够为代码添加合适的注释，解释代码的功能和实现思路。同时，它可以建议更具描述性的变量名和函数名，使代码更易于理解。例如，将命名模糊的变量名 a 改为 userCount，并添加注释说明该变量用于存储用户数量。

3）安全性优化

漏洞修复：在代码中可能存在各种安全漏洞，AIGC 可以分析代码，识别出潜在的安全风险，并提供修复方案。例如，在一个应用中发现存在安全漏洞，AIGC 可以补全使用参数化查询的代码，防止恶意用户通过输入特殊字符来执行恶意语句。

安全策略实施：为了确保代码符合安全标准，AIGC 可以帮助实施安全策略。例如，在一个企业级应用中需要对用户输入进行严格的验证和过滤，AIGC 可以补全输入验证的代码，确保只有合法的数据才能进入系统，提高系统的安全性。

4）兼容性优化

跨平台兼容性：在开发跨平台应用时，代码需要在不同的操作系统和设备上正常运行。AIGC 可以检查代码中可能存在的跨平台兼容性问题，并提供解决方案。例如，在开发一个同时支持 Windows 系统和 Linux 系统的应用程序时，AIGC 可以识别出使用了特定操作系统相应接口的代码，并补全跨平台兼容的代码，确保应用在不同平台上都能正常工作。

3. AI 辅助代码优化优化的局限性与风险

AIGC 凭借强大的算法和数据处理能力被广泛应用于辅助代码优化，然而任何技术都并非完美无缺，AIGC 在助力代码优化时也暴露出一定的局限性。

其一，难以理解特定的业务逻辑。尽管 AIGC 对代码语法和通用编程模式有一定认知，但在理解特定业务场景下的复杂逻辑时存在困难。例如在金融交易系统中，其基于专业知识和业务规则构建的复杂风险评估与合规性检查逻辑，AIGC 难以准确地把握含义与目的，进而难以识别可优化点并进行针对性优化。

其二，依赖训练数据和算法。AIGC 的能力依赖于训练数据的质量、广度及所采用的算法，若训练数据未涵盖足够的代码优化案例或特定领域代码模式，当面对相关代码时便无法提供有效优化建议，小众或新兴编程语言特性以及独特编程习惯也会使 AIGC 难以准确优化。

其三，缺乏全局系统理解。在大型程序中，代码存在复杂依赖与交互关系，AIGC 通常仅从局部代码片段着手优化，难以从系统全局角度考量优化影响，可能在减少某个模块执行时间的同时，因未考虑模块间数据传输与协同工作，导致系统整体性能下降，且无法全面评估对系统稳定性、可维护性等非功能性需求的影响。

与此同时，AIGC 在优化代码过程中存在一定的隐患，具体如下：

首先，可能引入新的错误。由于 AIGC 只是依据模式匹配和算法操作，并不真正理解代码的业务逻辑和上下文，所以生成的优化建议或代码修改可能引入新的错误，例如在优化数据处理流程时错误修改数据处理顺序,导致结果出错,且复杂代码库中这些错误难以发现和调试,给软件开发和维护带来风险。

其次,安全风险。在相关代码优化方面,AIGC可能带来安全风险,像网络安全代码中对数据加密、身份验证等关键部分优化不当会造成安全漏洞,它也难以准确判断优化后的代码是否符合安全要求,盲目应用其优化方案可能使系统面临安全威胁。

最后,知识产权和合规性问题。若AIGC基于大量开源或受版权保护的代码训练,使用其生成的优化代码可能涉及知识产权问题,并且在对合规性要求高的医疗、金融等行业,AIGC无法确保优化建议符合法规要求,使用未经充分审查的优化代码会面临法律风险。

为防范AIGC辅助代码优化引入潜在的风险,需要结合人工进一步判断代码优化的可行性。具体而言,需要人工从业务逻辑层面审查,凭借对业务需求和代码实际用途的理解,判断方案是否符合业务逻辑,及时发现并拒绝可能导致业务问题的方案,保障优化后的代码能正确实现业务功能;同时也要评估方案对系统整体在性能、稳定性、可维护性等多方面的影响,通过模拟测试、代码审查等方式分析,避免局部优化给系统带来负面影响;在安全与合规性方面,依据相关标准和法规,仔细检查方案有无安全漏洞和合规问题,确保处理敏感信息的代码符合法规要求,加密算法安全可靠,保障系统安全合法;此外,还要利用长期编程积累的经验和常识,判断方案是否合理、是否符合行业最佳实践,对不合理的优化建议进行质疑和分析,避免采用不切实际的方案。

7.4.2 AI辅助代码优化实例

1. 性能优化

(1) 提示词: 请对如下代码进行优化。

```
import time
def sum(n):
    result = 0
    for i in range(1, n + 1):
        result += i
    return result

start_time = time.time()
sum(1000000)
end_time = time.time()
print(f"原始代码运行时间: {end_time - start_time} 秒")
```

生成内容:

这段代码的功能是计算从1到n的累加和,当前是通过循环依次相加实现的,可以利用等差数列求和公式来优化。优化后的代码如下:

```
import time
def sum(n):
    return (n * (n + 1)) // 2

start_time = time.time()
sum(1000000)
end_time = time.time()
print(f"优化后代码的运行时间: {end_time - start_time} 秒")
```

在原代码中,for 循环会执行 n 次加法运算,随着 n 值越来越大,运算时间会显著增长。优化后的代码直接套用了数学上的等差数列求和公式 $S = n * (n+1)/2$,无须逐个数字累加,不管 n 取值多大,都能快速得出结果,执行效率大幅度提升。从运行时间测试对比来看,当 n 为 1000000 时,优化前的循环累加耗时明显多于优化后直接计算的方式。

(2) **提示词**:在 Python 中有一个包含大量整数的列表,需要查找某个特定整数是否存在于该列表中,请优化如下代码。

```python
# 定义一个包含大量元素的列表
numbers = [i for i in range(1000000)]
target = 999999
# 线性查找
found = False
for num in numbers:
    if num == target:
        found = True
        break
print(f"是否找到目标元素:{found}")
```

代码解释:

➢ 首先创建了一个包含从 0 到 999999 的整数列表 numbers。

➢ 设定要查找的目标元素 target 为 999999。

➢ 使用 for 循环对列表 numbers 进行线性遍历,依次检查每个元素是否等于目标元素 target。

➢ 如果找到目标元素,则将 found 标记为 True 并跳出循环。

➢ 最后打印是否找到目标元素的结果。

生成内容:

下面是优化后的代码。

```python
numbers = [i for i in range(1000000)]    # 定义一个包含大量元素的列表
target = 999999
# 使用 in 操作符查找
found = target in numbers
print(f"是否找到目标元素:{found}")
```

代码解释:

➢ 同样创建了一个包含从 0 到 999999 的整数列表 numbers,并设定要查找的目标元素 target 为 999999。

➢ 使用 in 操作符直接检查目标元素 target 是否存在于列表 numbers 中,将结果赋值给 found。

➢ 最后打印是否找到目标元素的结果。

在处理列表元素查找时,对于较大的列表,使用 Python 内置的 in 操作符比手动编写 for 循环进行线性查找更加简洁和高效。

优化前：使用 for 循环手动遍历列表进行查找。

优化后：使用 in 操作符直接检查元素是否存在于列表中。

2. 代码可读性和可维护性优化

提示词：请优化如下代码。

```python
import numpy as np
# 创建两个数组
arr1 = np.array([1, 2, 3, 4, 5])
arr2 = np.array([10, 20, 30, 40, 50])
result = []
for i in range(len(arr1)):
    result.append(arr1[i] * arr2[i])
result = np.array(result)
```

生成内容：

这段代码可以利用 Numpy 的向量化运算特性进行优化。Numpy 提供了直接对数组元素进行操作的方式，与显式循环相比效率更高。以下是优化后的代码：

```python
import numpy as np
arr1 = np.array([1, 2, 3, 4, 5])
arr2 = np.array([10, 20, 30, 40, 50])
result = arr1 * arr2
```

原始代码通过手动编写循环，依次取出两个数组对应位置的元素相乘，再把结果追加到列表中，最后转换为 NumPy 数组。这个过程涉及多次 Python 的列表操作，每一次循环迭代都会带来额外开销。

优化后的代码直接利用 NumPy 数组支持按元素相乘的特性，使用乘法运算符 *，NumPy 会自动处理两个数组对应元素的乘法，无须显式循环遍历，减少了不必要的中间操作，代码更加简洁、高效，执行速度也会更快。

7.5 AI 辅助代码错误排查与调试

7.5.1 认识 AI 辅助代码错误排查与调试

1. AI 辅助代码错误排查与调试简介

AIGC 辅助代码错误排查与调试指借助 AIGC 技术帮助用户找出代码中存在的错误，并提供有效的调试方法。AIGC 能够理解代码的语法结构和语义逻辑，通过分析代码的特征，与自身学习到的大量代码示例和错误模式进行对比，从而快速定位错误可能出现的位置，并给出针对性的解决方案。例如，当用户输入一段包含错误的代码后，AIGC 可以指出代码中不符合语法规则的部分，或者分析出逻辑上可能存在的漏洞，就像一个智能的编程助手，大大提高了错误排查和调试的效率。

2. AI 辅助代码错误排查与调试的应用场景

1）语法错误检查

在编写代码时，语法错误是常见问题，如括号不匹配、缺少分号、关键字拼写错误等。

AIGC 能够快速识别此类错误。在将代码输入 AIGC 工具后,它会依据编程语言的语法规则进行分析,精准定位错误位置并给出详细解释。例如在 Python 中,若遗漏了冒号,AIGC 会提示在特定行缺少必要的冒号,同时说明冒号在 Python 语法中的用途及正确使用方式。

2)逻辑错误分析

逻辑错误不易察觉,会使程序的运行结果不符合预期。AIGC 可辅助分析代码逻辑,通过模拟代码的执行流程,找出潜在的逻辑漏洞。例如在一个排序算法中,若排序结果有误,AIGC 会分析算法步骤,指出是比较条件设置不当,还是交换元素的逻辑存在问题,并给出正确的逻辑思路以修正代码。

3)运行时错误诊断

运行时错误在程序运行期间出现,如空指针引用、数组越界、内存泄漏等。AIGC 能根据错误信息和代码上下文进行诊断。当程序抛出异常,将错误堆栈信息和相关代码片段提供给 AIGC,它可推断出错误发生的原因。例如出现数组越界错误,AIGC 会分析数组的访问逻辑,找出访问位置超出数组边界的代码行,并提供修正索引范围的方法。

4)性能问题排查

代码性能不佳会导致程序运行缓慢,AIGC 可以帮助排查性能瓶颈,分析代码运行时所需要的时间和资源,找出消耗大量资源的代码段。例如在循环嵌套较多的代码中,AIGC 会指出哪些循环可以进行优化,或建议使用更高效的数据结构提升性能,还会给出性能优化的具体方案和示例代码。

3. 调试工具和 AI 辅助代码错误排查与调试相结合

在 Python 编程中,集成开发环境(IDE)是用户用于编写、调试和运行代码的重要工具。常见的 Python IDE(如 PyCharm、Visual Studio Code 等)都配备了强大的调试工具,这些工具可以帮助用户找出代码中的错误并进行修复。

断点设置:可以在代码中设置断点,当程序运行到断点处时会暂停执行,此时用户可以查看程序的当前状态,包括变量的值、程序的执行路径等。例如,在一段复杂的循环代码中,可以在循环内部设置断点,观察每次循环时变量的变化情况,以确定是否存在逻辑错误。

变量查看:调试工具允许用户在程序暂停时查看变量的值。通过在调试窗口中查看变量的当前值,用户可以判断变量是否按照预期进行了赋值和计算。例如,在一个数学计算的代码中,如果得到的结果与预期不符,用户可以通过查看中间变量的值找出计算过程中的错误。

单步执行:这一功能可以让用户逐行执行代码,每次执行一行,以便更细致地观察程序的执行过程。在追踪复杂的函数调用或逻辑判断时,单步执行能够帮助用户准确地定位问题的所在。例如,在一个包含多个函数调用的代码中,通过单步执行可以查看每个函数的输入和输出,判断函数是否正确执行。

在调试工具中可以结合 AIGC 进行使用,具体场景如下:

在实时错误解释方面。传统调试工具虽能给出错误提示,但对于新手而言,这些提示往往晦涩难懂。AIGC 则能在此基础上依据错误信息以自然语言详细解释错误成因,并提供可行的解决方案。以 Python 代码中出现"IndentationError：unexpected indent"错误为例,AIGC 会说明这是由于 Python 对代码缩进要求严格,可能是不恰当的缩进操作或缩进格式有误导致的,还会给出检查空格数或采用正确缩进方式等具体修复建议。

代码逻辑分析也是重要应用场景。当调试复杂代码逻辑时,用户可以将代码片段或项目描述输入 AIGC,询问代码的执行流程、变量的变化情况以及潜在的逻辑漏洞。在多线程编程项目中,线程间的同步和互斥关系判断困难,用户只需向 AIGC 描述代码逻辑与功能,AIGC 就能协助分析问题并给出优化建议,助力用户理清复杂的代码逻辑。

此外,AIGC 还能生成调试建议。它会结合代码的特点与调试信息,针对不同问题提供相应建议。在调试性能问题时,AIGC 会根据代码运行时间和内存使用情况提出优化算法、降低资源消耗的建议;而在调试与数据库交互的代码时,它会给出数据库连接池配置、查询语句优化等方面的专业建议,帮助用户更高效地完成调试工作。

4. AI 辅助代码调试建议的可靠性分析

AIGC 辅助代码调试凭借强大的数据分析与海量代码学习经验,可快速、精准地定位错误,提供详尽解释与修正建议,节省用户的时间和精力、提升开发效率,还能借鉴优质代码模式给出新颖思路与优化方案以提升代码质量;但也存在局限,例如难以处理罕见、特定领域错误,建议缺乏业务场景理解,且质量受训练数据影响,可能不准确、不适用,仍需用户以专业知识判断调整。其优势方面介绍如下:

(1)丰富的知识储备。AIGC 经过大量文本数据的训练,涵盖了各种编程语言的语法规则、编程习惯和常见的调试技巧等知识。对于常见的代码错误和性能问题,它能够基于这些知识快速地给出合理的调试建议。例如,当代码中出现变量未初始化的错误时,AIGC 可以准确地指出问题所在,并建议正确的初始化方式。

(2)多模式推理能力。AIGC 可以对代码的结构和逻辑进行分析,通过类比、归纳等推理方式,找出可能存在问题的地方,并给出相应的调试建议。例如,在处理复杂的算法实现时,AIGC 能够分析代码的执行路径和数据流向,发现潜在的逻辑漏洞,并提供修复建议。

其局限性表现如下:

(1)缺乏对业务逻辑的深度理解。尽管 AIGC 在代码语法和通用编程逻辑方面表现出色,但对于特定业务场景下的代码,它可能难以理解其背后的业务逻辑。例如,在一个金融领域的 Python 程序中涉及复杂的金融算法和业务规则,AIGC 可能无法准确地理解这些业务逻辑,从而导致其生成的调试建议无法满足业务需求。代码即使在语法上正确,但可能因为业务逻辑错误而无法正常运行,AIGC 可能无法精准地定位这类问题。

(2)对运行环境的依赖。AIGC 无法实时感知代码的运行环境,包括硬件配置、操作系统、第三方库的版本等因素。在 Python 编程中,不同的运行环境可能会对代码产生不同的影响。例如,某些库在特定的操作系统版本上可能存在兼容性问题,而 AIGC 由于不了解具体的运行环境,给出的调试建议可能无法解决因环境差异导致的问题,这在一定程度上降低了其调试建议的可靠性。

5. 如何验证调试建议的正确性

首先进行代码编译与语法检查。在应用 AIGC 给出的调试建议后,首先要进行代码的编译和语法检查。对于 Python 代码,可以使用 Python 解释器直接运行代码,如果没有语法错误,解释器会正常执行代码;如果仍然存在语法问题,解释器会给出错误提示。例如,AIGC 建议修改了一段代码中函数调用的参数顺序,修改后运行代码,如果没有出现语法相关的报错信息,说明这部分调试建议在语法层面上是正确的。通过这种方式可以初步验证 AIGC 调试建议对代码语法的修复是否有效。

其次进行单元测试验证。编写单元测试用例是验证调试建议正确性的重要手段。针对代码中的每个功能模块,设计相应的单元测试用例,覆盖各种可能的输入情况。例如,对于一个计算两个数之和的函数,在编写测试用例时不仅要测试正常的整数相加情况,还要测试小数相加、负数相加以及边界值等情况。在应用 AIGC 的调试建议后,运行单元测试。如果所有测试用例都能通过,说明调试建议在功能实现上是正确的;如果有测试用例失败,则需要进一步检查代码和调试建议,找出问题所在。通过单元测试,可以较为全面地验证调试建议是否真正修复了代码的功能缺陷。

最后进行实际运行与结果比对。将修改后的代码在实际运行环境中进行测试,观察代码的实际运行效果,并与预期结果进行比对。例如,对于一个读取文件并进行数据处理的 Python 程序,在应用调试建议后,运行程序读取实际的文件数据,检查数据处理结果是否符合预期。如果处理结果正确,说明调试建议在实际运行中是有效的;如果结果仍然不正确,可能需要考虑运行环境因素或者进一步检查代码逻辑。通过实际运行和结果比对,可以验证调试建议在真实场景下的正确性,确保代码能够满足实际需求。

7.5.2　AI 辅助代码错误排查与调试实例

1. 语法错误检查

(1) **提示词**: 找出这段代码中的语法错误。

```
print('Hello World   # 这里少了一个右括号
```

生成内容:

> 在提供的代码中有两个问题:
>
> (1) 字符串内注释的写法不对,Python 中字符串内的内容会被当作普通字符处理,不能像代码中那样写注释,需要把注释挪到字符串外面。
>
> (2) 正如注释所提示的,缺少一个右括号来闭合 print 函数的参数。
>
> 以下是修正后的代码:
>
> ```
> print('Hello World') # 输出问候语
> ```

(2) **提示词**: 找出这段代码中的语法错误

```
age = 20
if age >= 18
    print("你已经成年,可以投票。")
else
    print("你还未成年,不能投票。")
```

生成内容：

> 这段代码的语法错误在于 if 和 else 语句的后面缺少冒号"："。在 Python 中，if、elif、else 这类条件语句的关键字后面需要紧跟一个冒号来开启一个代码块，表明后续缩进的代码是条件满足（或不满足）时要执行的内容。
>
> 修改后的正确代码如下：
>
> ```
> age = 20
> if age >= 18:
>     print("你已经成年,可以投票。")
> else:
>     print("你还未成年,不能投票。")
> ```

2. 逻辑错误分析

提示词：这段循环代码无法正确累加 0～9 的整数，请帮忙找出逻辑错误。

```
sum_value = 0
for i in range(10):
    sum_value = i
print(sum_value)
```

生成内容：

> 这段代码的问题在于累加过程中出现的逻辑错误。代码的本意是想把从 0 到 9 的数字依次累加到 sum_value 中，但实际执行的操作只是不断地把 i 当前的值赋值给 sum_value，而非累加。
>
> 如果要实现累加，应该使用"＋＝"运算符，它能把右侧表达式的值累加到左侧变量上。修正后的代码如下：
>
> ```
> sum_value = 0
> for i in range(10):
>     sum_value = sum_value + i
> print(sum_value)
> ```
>
> 运行这段修正后的代码，就能得到正确的累加结果，sum_value 最终会是 0＋1＋2＋…＋9 的总和，也就是 45。

3. 运行时错误诊断

提示词：这个函数的返回值总是 None，请帮忙找出原因并给出调试建议。

```
def divide(a, b):
    if b != 0:
        quotient = a / b
    else:
        print("除数不能为零")

result = divide(10, 2)
print(result)
```

生成内容：

在这段代码中,divide 函数有时返回 None,原因如下:

当 $b!=0$ 时,函数计算出了商 quotient,但是并没有通过 return 语句将其返回;而当 $b==0$ 时,函数仅打印了一条错误信息,同样也没有返回任何值。在 Python 中,如果一个函数没有显式地执行 return 语句,默认会返回 None。

以下是修正后的代码:

```python
def divide(a, b):
    if b!= 0:
        quotient = a / b
        return quotient
    else:
        print("除数不能为零")
        return None


result = divide(10, 2)
print(result)
```

调试建议:

(1) 添加打印语句。在函数内部关键位置添加打印语句,例如在计算 quotient 之前打印 a 和 b 的值,能帮助确认传入的参数是否正确,像 print(f"Dividing {a} by {b}")。

(2) 使用断言。在函数开头可以添加断言语句来检查传入参数的合理性,例如 assert isinstance(a, (int, float)) and isinstance(b, (int, float)), "参数必须为数字",这有助于在开发阶段尽早发现类型错误等问题。

(3) 单元测试。编写单元测试,使用 unittest 或 pytest 模块,对函数进行全面测试,覆盖正常情况与边界情况(如除数接近零、正负边界等),这样能系统性地排查函数的错误。

7.6　AI 辅助代码重构

7.6.1　认识 AI 辅助代码重构

1. AI 辅助代码重构简介

代码重构指在不改变代码外部行为的前提下对现有代码的内部结构进行调整、优化和改进的过程。它就像是对一座房子进行翻新,不改变房子的外观和基本功能,但会重新布局内部空间、更换老旧的设施,让房子更加舒适、实用。代码优化与代码重构有所不同,代码优化侧重于提高代码的性能,如减少程序的运行时间、降低内存占用等。例如,通过使用更高效的算法来替代原有低效的算法,从而让程序运行得更快。

在 Python 编程中,随着代码逐渐增多,代码可能会变得混乱、难以理解和维护,这时就需要进行代码重构。例如,将一段冗长且逻辑不清晰的函数拆分成多个小函数,每个小函数负责一个明确的功能,或者重新组织代码的结构,使其更符合 Python 的编程规范和最佳实践。通过代码重构,可以提高代码的质量,使其更易于阅读、理解和修改。

2. AI辅助代码重构的应用场景

1)提升代码的可读性

当程序的规模逐渐扩大,代码会变得复杂且难以理解。AIGC可以对代码进行分析,将冗长复杂的代码拆分成更易读的小函数或者模块。可读性强的代码就像一本通俗易懂的书籍,其他开发者(甚至是几个月后的自己)可以轻松理解代码的功能和逻辑。例如,在一个包含大量嵌套循环和条件语句的函数中,AIGC能够识别出可以独立成小功能的代码块,并将其封装成新的函数,同时为新函数生成有意义的名称。此外,AIGC还能优化变量和函数命名,让代码的意图更加清晰。对于那些使用无意义缩写命名的变量,AIGC可以将其替换为更具描述性的名称,使其他开发者能快速理解代码的功能。

2)优化代码的性能

随着业务的发展,部分代码可能在性能上逐渐无法满足需求。AIGC可以分析代码的运行时间和资源占用情况,找出性能瓶颈。同时,AIGC还能对代码的内存使用进行优化,避免不必要的内存分配和数据复制。例如,在处理大数据集时,AIGC可以指导用户使用生成器或迭代器来减少内存占用。

3)增强代码的可维护性

随着项目的演进,代码需要不断地修改和扩展。可维护性强的代码能够让开发者轻松地进行这些操作,不会因为修改一处代码而引发其他地方的问题。通过重构,可以消除代码中的重复部分,优化代码结构,使代码的依赖关系更加清晰。例如,将重复的代码提取成一个独立的函数或模块,当需要修改这部分功能时,只需要在一个地方进行修改即可,避免了在多个地方进行相同修改可能带来的错误。此外,AIGC还能生成详细的代码文档,为每个函数和类添加注释,解释其功能、输入参数和返回值,方便后续开发者进行维护。

4)遵循代码规范和最佳实践

不同的项目可能有不同的代码规范和最佳实践。AIGC可以检查代码是否符合这些规范,并提供改进建议。此外,AIGC还能根据行业最佳实践对代码的设计和实现进行优化,提高代码的质量和可靠性。

7.6.2 AI辅助代码重构实例

1. 提升代码的可读性

提示词:重构这段结构混乱的Python代码,使其更易读和维护。

```
a = 10
b = 20
c = a + b
print("两数之和为:", c)
d = a * b
print("两数之积为:", d)
```

生成内容:

可以将这段代码封装成一个函数，这样代码结构会更清晰，也更易于维护和复用。

```python
def calculate_and_print(num1, num2):
    sum_result = num1 + num2
    product_result = num1 * num2
    print(f"两数之和为:{sum_result}")
    print(f"两数之积为:{product_result}")

number1 = 10
number2 = 20
calculate_and_print(number1, number2)
```

在重构后，代码将计算和打印的功能封装到了一个函数 calculate_and_print 中，函数名清晰地表达了其功能。同时，使用了有意义的变量名 number1、number2、sum_result 和 product_result，使代码的逻辑更加清晰，提高了可读性和可维护性。如果后续需要修改计算逻辑或者打印格式，只需要在函数内部进行修改即可，不需要在多个地方查找和修改相关代码。

2. 增强代码的可维护性

提示词：重构这段结构复杂的 Python 代码，使其更易读和维护。

背景：假设要实现一个计算圆的面积和周长，并根据面积大小判断是否为"大圆形"的功能，将一个长代码拆分为多个函数实现。

原始代码如下：

```python
pi = 3.14159
radius = 5
area = pi * radius * radius
circumference = 2 * pi * radius
print("圆的面积是:", area)
print("圆的周长是:", circumference)
if area > 100:
    print("这是一个大圆形")
else:
    print("这不是一个大圆形")
```

生成内容：

重构思路：首先可以把计算圆的面积和周长的逻辑分别封装成函数，这样每个函数的功能单一，便于理解和维护。

```python
def calculate_area(radius):
    pi = 3.14159
    return pi * radius * radius

def calculate_circumference(radius):
    pi = 3.14159
    return 2 * pi * radius
```

然后编写一个函数来判断圆是否为"大圆形"，并将前面计算的结果整合起来输出。

```
def judge_and_display(radius):
    area = calculate_area(radius)
    circumference = calculate_circumference(radius)
    print("圆的面积是:", area)
    print("圆的周长是:", circumference)
    if area > 100:
        print("这是一个大圆形")
    else:
        print("这不是一个大圆形")
```

最后,在主程序部分通过调用这些函数来完成完整的业务流程,代码条理清楚,若后续要修改某个功能,例如调整"大圆形"的判断标准,直接在对应的 judge_and_display 函数中修改即可,不会牵一发而动全身。

```
radius = 5; judge_and_display(radius)
```

3. 遵循代码规范和最佳实践

提示词:重构一段 Python 代码,将如下长函数拆分为多个短函数。

背景:假设要实现一个简单的数学计算功能。给定两个整数,先计算它们的和,然后将和乘以 3,最后判断结果是否大于 100。

原始代码如下:

```
def complex_calculation(a, b):
    sum_result = a + b
    multiplied_result = sum_result * 3
    if multiplied_result > 100:
        return True
    else:
        return False
```

生成内容:

重构过程如下,提取加法运算功能:把两个数相加的逻辑封装成一个单独的函数。

```
def add_numbers(a, b):
    ## 计算两个整数的和
    return a + b
```

提取乘法运算功能:将和乘以特定倍数的逻辑写成一个函数,这个函数接收加法的结果和倍数。

```
def multiply_by_three(num):
    ## 将给定数字乘以 3
    return num * 3
```

提取结果判断功能:把判断结果是否大于某个值的逻辑封装成一个函数。

```
def check_greater_than_100(result):
    # 判断给定数字是否大于 100
    return result > 100
```

重构主函数:重新编写主函数,通过调用上面 3 个函数来完成整个任务。

```
def complex_calculation(a, b):
    sum_result = add_numbers(a, b)
    multiplied_result = multiply_by_three(sum_result)
    return check_greater_than_100(multiplied_result)
```

> 重构后的代码把原本复杂的函数拆分成了几个短小精悍的函数,每个函数都有明确单一的职责。add_numbers 函数专注于加法运算,multiply_by_three 函数负责乘法运算,check_greater_than_100 函数进行大小判断。最后在 complex_calculation 函数中将这 3 个函数按逻辑顺序组合起来,这样代码的可读性变强,后续维护修改也更方便。例如若想改变乘法的倍数,直接在 multiply_by_three 函数中调整即可,不用在冗长复杂的代码中四处查找。

7.7　常见的 AI 编程工具

AI 编程工具近年来发展迅速,为用户提供了强大的辅助功能,涵盖代码生成、补全、调试、优化等方面。以下是一些常见的 AI 编程工具及其功能介绍:

1. 豆包编程助手 MarsCode

MarsCode 是一款由字节跳动公司开发的智能编程辅助工具,专为提升用户效率、优化代码质量而设计。它结合了人工智能和机器学习技术,能够深入理解代码上下文,提供实时的代码补全、错误检测、代码优化建议等功能,帮助用户更高效地完成编程任务。它具有编程助手和 CloudIDE 两种产品形态,支持超过 100 种编程语言,兼容多种主流 IDE,具备强大的 AI 功能,如智能代码补全、生成、解释、单元测试生成、错误修复、AI 问答等,能在编码的各阶段提供协助。

其特点包括 AI 驱动的辅助功能,涵盖代码补全、生成及错误检测等;对 Python、JavaScript 等多种编程语言的支持,适配不同开发场景;云端可访问性,使用户只要联网,就能通过任意设备访问项目;集成的无服务器功能工具,简化了无服务器应用程序的构建与部署流程。尤为突出的是,MarsCode 代理能够自动识别并修复代码错误,既提高代码质量又缩短开发时间,通过简化开发流程与提供云端 AI 辅助,极大地提升了开发者的生产力,让开发高质量软件应用更为轻松。

如图 7-1 所示,在 Visual Studio Code 中使用 MarsCode 编程助手辅助补全代码,要求使用 for 循环打印出 1~10 的偶数,并计算偶数的个数。

2. 通义灵码

通义灵码是阿里云出品的一款基于通义大模型的智能编码辅助工具,提供行级/函数级实时续写、自然语言生成代码、单元测试生成、代码注释生成、代码解释、研发智能问答、异常报错排查等能力,并针对阿里云 SDK/OpenAPI 的使用场景调优,助力开发者编码。

其在代码生成方面,依据提示词自动产出代码片段,显著提升开发速度;调试和优化功能,助力找出代码潜在的错误并提出改进建议,有效提升代码质量;任务自动化特性,让重复性任务(如生成测试用例)得以自动完成,节省人力与时间;无缝集成到当前流行的 IDE,无论是新手还是经验丰富的开发者都能轻松上手。此外,通义灵码对 200 多种编程语言广泛支持,覆盖常见的 Java、Python 等,满足了多样化的编程需求。

如图 7-2 所示,在 Visual Studio Code 中使用通义灵码辅助代码生成,判断输入的年份是否为闰年。

图 7-1　使用 for 循环打印出 1 到 10 的偶数

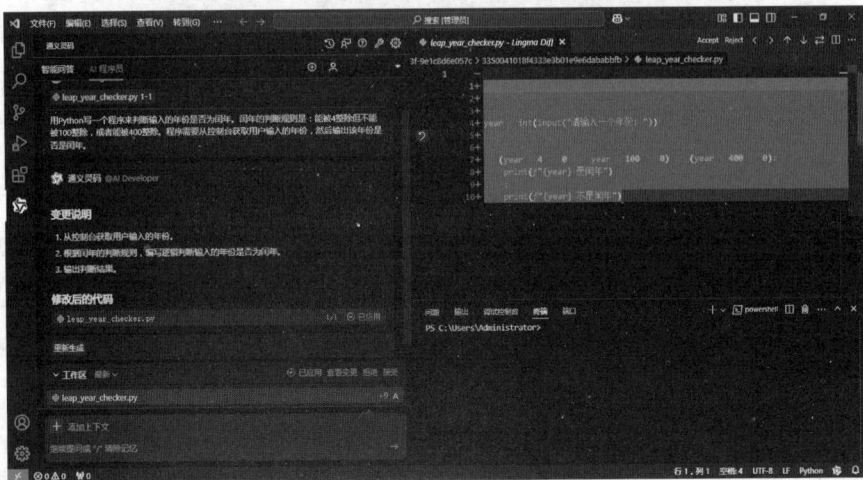

图 7-2　判断输入的年份是否为闰年

3. Coze 辅助编程

Coze 辅助编程依托字节跳动的扣子平台，是一款功能丰富的编程辅助工具。在平台上有超 60 款内置插件，覆盖资讯、阅读等多个领域，还支持自定义插件创建，极大地拓展了编程能力边界。知识库能管理文本、表格等多种格式数据，使 Bot 可以与本地文件、在线网页交互，为编程提供数据支撑。数据库记忆能力方便 AI 在编程时记住关键对话参数,实现信息的高效调用。工作流通过拖拽方式组合大语言模型、自定义代码等节点,快速搭建复杂逻辑任务流,实现代码优化、问题解答、算法设计等编程任务,全方位助力开发者提升编程效率与质量。

如图 7-3 所示,使用 Coze(https://www.coze.cn/)辅助代码补全,找出集合中最大、最小和中间的元素。

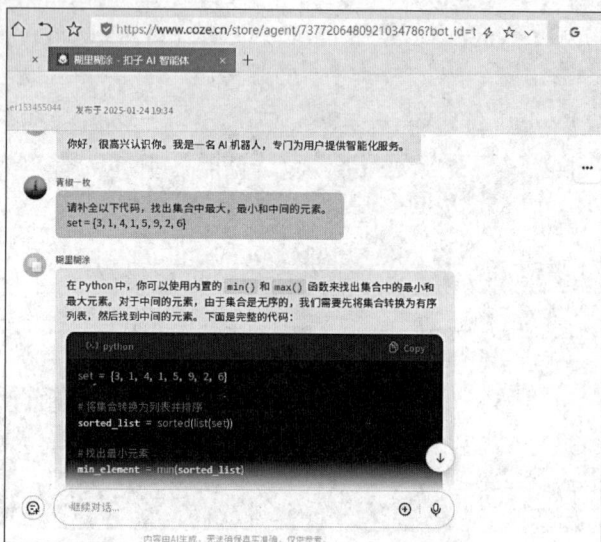

图 7-3　找出集合中最大、最小和中间的元素

4. 文心快码

文心快码是百度基于"文心"(ERNIE)大模型系列打造的人工智能编程助手,它借助百度多年积累的编程现场大数据和外部开源数据,能生成贴合实际研发场景的优质代码,具备推荐代码、生成注释、查找缺陷、给出优化方案、解读代码库及关联私域知识生成新代码等能力,可有效地提升编码效率。其功能丰富多样,包括实时续写代码块、根据注释生成函数、通过对话式交互生成代码、生成单元测试与规范注释、优化代码、解释代码以及解答技术问题。其产品优势也十分显著,有文心大模型助力,能精准分析代码上下文等逻辑关系,以智能生成代码;凭借百度多年的技术积累,深受 80% 百度工程师青睐,更契合实际研发;安装简单、配置少,带来丝滑开发体验;能让开发者减少敲代码的时间,从而有更多精力解决重要问题。

5. CodeGeeX 智能编程助手

CodeGeeX 智能编程助手是由清华大学和智谱 AI 联合打造的基于大模型的全能智能编程工具,其核心功能包括:代码生成,能依据自然语言描述生成 20 多种语言的代码片段,降低编程复杂度;代码补全,实时分析上下文提供代码建议、相关 API 或库的示例,提高编程效率与准确性;错误检查,在开发中自动检测潜在错误并提供解决方案。在技术上,它基于 130 亿参数的大规模多语言代码生成模型,在 20 多种编程语言的大型语料库预训练,有自我学习能力,能根据用户反馈优化,数据表明可缩短至少 30% 编程时间。其应用场景广泛,初创公司用它快速实现功能,缩短产品上线周期,大型科技公司借此提升团队效率与协作,教育领域用于编程教学培训。其为用户带来显著价值,提升开发者的工作效率,缩短项目周期,提高代码质量,降低维护成本,提供个性化服务,助力创新实现。

6. GitHub Copilot

GitHub Copilot 是由 GitHub、OpenAI 和 Microsoft 联合开发的一款 AI 编程辅助工具。它基于 Transformer 架构的预训练语言模型,在大量开源代码库上进行训练,能理解多种编程语言的语法结构、模式和习惯,可与 Visual Studio Code、Atom、PyCharm 等多种代码编辑器和 IDE 集成。其功能强大,能根据代码上下文及注释自动生成代码片段、函数甚至是整个算法实现,还可编写测试代码、生成文档注释,帮助开发者快速构建项目框架、修复代码、学习新库或 API。GitHub Copilot 支持 Python、JavaScript、Java、Go、Ruby、C++等多种编程语言,不过它也存在潜在的问题,如可能有版权和知识产权问题,生成的代码需要开发者仔细审查和测试。

AI 编程工具凭借其诸多强大的功能,在编程工作中发挥着举足轻重的作用,但用户也不能忽视其存在的局限性。在代码质量与安全性上,可能生成含有安全漏洞的代码,且质量参差不齐、结构复杂冗余,增加了维护成本;在技术适应性方面,对新兴编程语言和框架支持滞后,难以应对新颖技术与独特业务需求;在逻辑处理时,处理复杂逻辑生成的代码不简洁,难以顾全项目全局,需要用户大量调整;工具本身还存在与开发环境集成不完善、有兼容性问题,部分功能付费导致免费用户功能受限的问题。因此,人工判断不可或缺,其能保证编程质量、应对复杂情形并推动技术发展,可用于筛选调整代码、应对新场景、优化逻辑、解决兼容性问题及反馈改进工具。

7.8　本章小结

(1) AI 辅助代码生成能依据人类用自然语言描述的编程任务或功能需求,自动生成相应代码片段甚至完整程序模块。它可提升代码编写效率、降低编程门槛、保证代码规范性和一致性,提高软件开发质量。

(2) AI 辅助代码补全能根据用户已输入的代码上下文信息,预测并自动补全后续代码内容。它不仅能补全简单语法结构,还能提供智能性的复杂代码片段补全建议,可加快代码编写速度,避免简单错误。

(3) AI 辅助代码解释能在代码出现错误时,针对传统调试工具给出的难以理解的错误提示,以自然语言详细解释错误原因并提供解决方案。对于复杂代码逻辑,它也可帮助用户理解代码的执行路径、变量的变化情况等,增强用户对代码的理解。

(4) AI 辅助代码优化是利用 AIGC 技术对已有代码进行分析评估,从运行效率、可读性、复杂度、资源消耗等多维度进行优化。它能发现代码潜在的问题,引入高效实现方式和优化思路,提升代码质量。

(5) AI 辅助代码错误排查与调试凭借其语言理解能力和对海量代码的学习,分析代码以定位和解决语法、逻辑、运行时等各类错误。它能解释错误原因、提供修正建议,还可在代码运行前预测潜在的问题,提高开发效率。

（6）AI辅助代码重构运用人工智能技术对现有代码进行重新设计和优化，在不改变代码外部功能的前提下改善代码内部结构，提高代码的可维护性、可读性和可扩展性。通过分析代码逻辑和架构，AIGC可以提供重构建议和方案。

（7）常见的AI编程工具结合了AIGC技术可以实现代码生成、补全、解释、优化、错误排查与调试及重构等功能，帮助用户提高编程效率、降低编程难度、提升代码质量，是现代软件开发中不可或缺的辅助工具。

7.9 实训

1. 实训目的

本节实训使用AI编程工具辅助Python编程相关内容的学习。

2. 实训内容

在传统的Python编程教学中，每个同学的学习进度与能力参差不齐，个体差异显著。在课堂上，任课教师难以兼顾每一位同学，无法有效开展一对一的个性化教学与指导。本实训将展示如何借助豆包AI智能助手对传统Python编程教学进行革新，在激发学生学习兴趣的同时提升学习效果。

1）课前

同学们登录豆包AI智能助手（https://www.doubao.com/chat/）；教师指导同学们注册和使用豆包AI智能助手，并指导同学们如何利用豆包AI智能助手获取Python编程知识，此处以列表相关的知识点为例，并给出提示词范例。

提示词：我正在学习Python编程中列表的相关知识，请介绍一下列表常见的知识点。

2）课中

课堂上经过任课教师详细讲解列表的相关知识后，在"自主测验""编程实操"和"代码找错"部分，同学们可以向豆包AI智能助手求助，同时引导同学们发现大模型回答中的错误，提醒学生不要盲目依赖大模型。

提示词1：我正在学习Python编程中列表的相关知识，请设计4道填空题、4道单项选择题用于检测所学情况，难度为中等。

提示词2：关于Python中的列表，请描述一下在使用列表的过程中常会出现哪些错误，并举例说明。

提示词3：请找出代码中的错误，并说明错误原因。

3）课后

鼓励同学们利用豆包AI智能助手开展Python编程自主探究学习。

提示词：列表推导式简洁高效，灵活性高，在使用列表推导式的过程中应该注意哪些问题？请描述一下列表推导式的典型应用场景。

4）使用提醒

在课前、课中、课后使用豆包AI智能助手时，都需要对AI生成内容进行仔细的查验与核对。在引导学生利用AI生成工具进行"代码纠错""编程实操"时需要向同学们强调，一定要进行主动思考，不能过度依赖生成类工具。在整个教学过程中，需要着重培养同学们的编程思维和计算思维,以及让同学们形成主动思考的意识。

生成的内容如下。

(1) **提示词**:我正在学习 Python 编程中列表的相关知识,请介绍一下列表常见的知识点。

生成内容:

以下是 Python 编程中列表的常见知识点。

定义:列表由一系列按特定顺序排列的元素组成,用方括号[ ]表示,元素之间用逗号分隔,如 my_list = [1, 2, 'apple', 3.14]。

索引:列表元素从 0 开始索引,可以通过索引访问元素,如 my_list[0]获取第一个元素,也支持负数索引,my_list[-1]表示最后一个元素。

切片:用于获取列表的一部分,格式为 list[start:stop:step],例如 my_list[1:3]获取索引 1 到 2 的元素。

常用方法如下。

append():在列表的末尾添加元素,如 my_list.append(5)。

insert():在指定位置插入元素,如 my_list.insert(2, 'banana')。

remove():移除指定元素,如 my_list.remove('apple')。

pop():弹出指定索引的元素,默认弹出最后一个,如 my_list.pop()。

sort():对列表进行排序,如 my_list.sort()。

reverse():反转列表元素的顺序,如 my_list.reverse()。

列表运算:

可以使用"+"进行列表拼接,如 list1+list2。

使用"*"实现列表重复,如[1, 2] * 3 得到[1, 2, 1, 2, 1, 2]。

嵌套列表:在列表中可以包含其他列表,如 nested_list =[[1, 2], [3, 4]],可通过双重索引访问元素。

(2) **提示词 1**:我正在学习 Python 编程中列表的相关知识,请设计 4 道填空题、4 道单项选择题用于检测所学情况,难度为中等。

生成内容:

以下是 4 道填空题和 4 道单项选择题。

填空题:

1. 给定列表 list_a = [2, 4, 6, 8, 10],要在索引为 3 的位置插入元素 12,应使用的语句是 list_a.insert(____, 12)。(答案:3)

2. 对于列表 names = ['Alice', 'Bob', 'Charlie'],若想统计列表中元素的个数,可以使用函数 len(____)。(答案:names)

3. 设有列表 nums = [3, 1, 4, 1, 5],在使用 nums.sort()后,列表 nums 变为[____]。(答案:[1, 1, 3, 4, 5],因为 sort 方法默认对列表进行升序排序)

4. 已知列表 mixed_list = [1, 'a', 2, 'b'],如果要获取其中所有的数字元素组成新列表,可以使用列表推导式[x for x in mixed_list if isinstance(x, ____)]。(答案: int)

单项选择题:

1. 以下关于列表切片操作的说法中正确的是(　　)。

A. 切片 my_list[2:5]会获取原列表索引为 2、3、4、5 的元素

B. 切片 my_list[:-1]得到的新列表包含原列表中除了第一个元素之外的所有元素

C. 切片 my_list[::-1]可以将原列表反转

D. 切片操作会改变原列表的元素的顺序

(答案: C,[::-1]是反转列表的常用技巧,A 选项获取的是索引为 2、3、4 的元素,B 选项是除了最后一个元素,D 选项切片操作不会改变原列表)

2. 执行以下代码后,变量 result 的值是(　　)。

```
list1 = [1, 2, 3] ; list2 = [4, 5, 6] ; result = list1 + list2
```

A. [1, 2, 3, 4, 5, 6]　　　　　　B. [5, 7, 9]

C. [1, 2, 3]　　　　　　　　　　D. [4, 5, 6]

(答案: A,使用"+"运算符可以连接两个列表)

3. 若有列表 scores = [85, 90, 78, 92, 88],想要找出列表中的最大值,以下正确的是(　　)。

A. max(scores)

B. scores.max()

C. largest = 0; for score in scores: if score > largest: largest = score

D. both A and C

(答案: D,A 选项直接使用内置函数 max 可找出列表中的最大值,C 选项通过循环比较也能找出最大值,是一种常规的手动实现方式,B 选项列表没有 max 方法)

4. 对于列表 items = [10, 'apple', 20, 'banana'],执行以下代码后列表 items 变为(　　)。

```
for item in items:
    if isinstance(item, int):
        items.remove(item)
```

A. ['apple', 'banana']　　　　　　B. [10, 'apple', 20, 'banana']

C. ['apple', 20, 'banana']　　　　D. [10, 'apple', 'banana']

(答案: C,在循环中直接移除元素时要注意索引的变化,这里第一次移除 10 后,20 的索引变为 1,循环第二次判断时跳过了对 20 的判断,所以只移除了 10)

提示词 2: 关于 Python 中的列表,请描述一下在使用过程中常会出现哪些错误,并举例说明。

生成内容:

在使用 Python 列表的过程中,常见错误如下。

索引错误

- **越界访问**:访问超出列表索引范围的元素。例如 my_list = [1,2,3];print(my_list[3]),列表的索引最大为 2,访问 my_list[3] 会报错。
- **负数索引不当**:负数索引用于从列表的末尾计数,如果绝对值过大也会越界。例如 my_list = [1,2,3];print(my_list[-4]),列表的长度为 3,-4 超出范围。

赋值错误

- **超出范围赋值**:试图给不存在的索引位置赋值。例如 my_list = [1,2,3];my_list[5] = 4,会报错,因为索引 5 不存在。

方法使用错误

- **使用不存在的方法**:误将其他数据类型的方法用于列表。例如 my_list = [1,2,3];my_list.split(),列表没有 split 方法。
- **方法参数错误**:给列表方法传入错误类型或数量的参数。例如 my_list = [1,2,3];my_list.append(1,2),append 方法只接收一个参数。

逻辑错误

- **在循环中修改列表的长度**:在循环遍历列表时直接修改列表的长度,可能导致元素被跳过或循环次数出现异常。例如 my_list = [1,2,3,4,5];for i in range(len(my_list)):my_list.remove(my_list[i]),由于每次移除元素后列表的长度改变,会导致跳过部分元素。
- **浅拷贝问题**:使用简单赋值进行列表的复制,实际上是浅拷贝,修改一个列表可能会影响另一个。例如 list1 = [1,2,3];list2 = list1;list2[0] = 4,此时 list1 的第一个元素也会变为 4。

提示词 3:请找出下面代码中的错误,并说明错误原因。
生成内容:

示例一:求列表元素的总和
原始代码:

```
num_list = [1, 2, 3, 4, 5]
sum_result = 0
for num in num_list:
    sum_result += num + 1
print(sum_result)
```

错误描述:本意是求列表元素的总和,但代码中在累加时多加了 1,导致结果错误。检查累加操作是否符合求和逻辑,是否存在多余的运算影响结果的准确性。

修正后的代码:

```
num_list = [1, 2, 3, 4, 5]
sum_result = 0
for num in num_list:
    sum_result += num
print(sum_result)
```

示例二：列表元素的筛选与复制

原始代码：

```
original_list = [1, 2, 3, 4, 'a', 'b', 5]
new_list = []
for item in original_list:
    if isinstance(item, int):
        new_list = new_list.append(item)
print(new_list)
```

错误描述：append 方法是原地修改列表，它没有返回值，不能直接赋值给 new_list，这样会导致 new_list 变为 None。关注 append 方法的使用方式，是否正确地处理返回值，确保新列表按预期生成。

修正后的代码：

```
original_list = [1, 2, 3, 4, 'a', 'b', 5]
new_list = []
for item in original_list:
    if isinstance(item, int):
        new_list.append(item)
print(new_list)
```

示例三：列表的切片与拼接

原始代码：

```
list_a = [1, 2, 3, 4, 5]
list_b = [6, 7, 8, 9, 10]
result = list_a[1:3] + list_b[-2:] + list_a[-1]
print(result)
```

错误描述：在拼接时，list_a[-1]返回的是一个元素，而前面是列表切片返回的列表，类型不一致，不能直接拼接。检查拼接操作中各部分的数据类型，保证参与拼接的都是列表或者进行适当转换。

修正后的代码：

```
list_a = [1, 2, 3, 4, 5]
list_b = [6, 7, 8, 9, 10]
result = list_a[1:3] + list_b[-2:] + [list_a[-1]]
print(result)
```

示例四：列表的排序与查找

原始代码：

```
nums = [5, 3, 8, 1, 9, 2]
nums.sort()
target = 7
if target in nums:
    print(nums.index(target))
else:
    print(-1)
```

错误描述：未考虑列表在排序后顺序改变，即使目标值不在原列表中，也可能因排序出现误判。例如这里 7 原本不在原 nums 中，排序后若误判存在就会报错。思考排序操作对查找逻辑的影响，是否需要在排序前后分别确认目标值的存在性，或者调整查找策略。

修正后的代码：

```
nums = [5, 3, 8, 1, 9, 2]
original_nums = nums.copy()
nums.sort()
target = 7
if target in original_nums:
    print(original_nums.index(target))
else:
    print(-1)
```

习题 7

（1）请阐述什么是 AI 辅助代码补全。

（2）请阐述什么是 AI 辅助代码解释。

（3）请阐述什么是 AI 辅助代码重构。

（4）请阐述常见的 AI 编程工具。

扫一扫

自测题

第 8 章

AIGC行业应用

本章学习目标

- 掌握 AI 在工业生产中的常见应用场景
- 掌握 AI 在农业生产中的常见应用场景
- 了解 AI 在基础研究中的常见应用场景
- 分析 AIGC 应用对行业发展的深远影响
- 展望 AIGC 行业应用的未来趋势与走向

8.1 AI 在工业生产中的应用

8.1.1 AI 在工业生产中的应用介绍

工业领域的数字化转型需求与 AIGC 技术的强大功能相互呼应,从生产流程优化到创新能力提升,从质量控制到成本降低,AIGC 都能发挥重要作用。AIGC 在工业生产领域正掀起一场变革,它凭借独特的技术优势,在多个关键环节发挥着重要作用,为工业生产的智能化转型提供了强大动力。

1. AI 在工业生产中的应用场景

1)研发设计与规划

在工业产品研发设计阶段,AIGC 能够快速生成大量设计方案,加速设计流程。例如,海尔利用 AIGC 技术,基于对过往产品数据和市场需求,在短时间内为家电产品生成多种外观与结构设计初稿,设计师可在此基础上进行筛选和优化,大大缩短了设计周期。传统设计流程可能需要数周甚至数月来构思初始方案,而 AIGC 可将此时间缩短为几天甚至几小时。

在拓展设计思路方面,AIGC 不受人类思维定式的限制,能够提供新颖独特的设计理念。通过分析海量的设计图纸和相关数据,生成具有创新性的机械部件设计方案,为设计师带来新的灵感,有助于突破传统设计的局限,满足日益多样化和个性化的市场需求。

在降低设计成本方面,通过自动化生成设计方案,减少了人力投入以及因反复修改设计而产生的成本。同时在设计初期对方案进行可行性分析，提前发现潜在问题，避免在后续生产过程中因设计缺陷导致的高昂修改成本。

2）生产过程管控

在智能代码生成方面，西门子等企业利用 AIGC 技术，根据生产任务的描述自动生成工业控制代码。这不仅提高了代码编写的效率，减少了人工编写代码可能出现的错误，而且能够快速适应生产流程的变化，及时调整控制代码。

在实时设备控制与优化方面，AIGC 可以根据设备传感器数据实时调整设备的运行参数，确保设备始终处于最佳运行状态，提高生产效率和产品质量稳定性。同时，通过对设备故障的提前预警，企业可以合理安排维护计划，避免因设备突发故障导致的生产中断。

在知识管理与经验传承方面，人们在工业生产过程中积累了大量的操作经验和知识。AIGC 能够对这些知识进行整理、分析和学习，形成智能知识库。新员工可以通过与 AIGC 交互，快速获取相关知识和操作指导，实现知识的高效传承。同时，AIGC 还可以根据生产过程中的实际情况提供有针对性的解决方案和建议，帮助操作人员更好地应对各种复杂问题。

3）经营管理优化

在设备管理与维护决策方面，AIGC 通过对设备历史数据、运行数据以及维护记录的分析，能够为企业提供更科学的设备维护决策。AIGC 也可以预测设备的剩余使用寿命，评估不同维护策略的成本和效益，帮助企业制订最优的维护计划，降低设备的维护成本，提高设备的可靠性和可用性。

在数据分析与决策支持方面，通常在工业企业的日常运营中会产生海量的数据，包括生产数据、销售数据、供应链数据等。AIGC 能够对这些数据进行深度挖掘和分析，提取有价值的信息，为企业的战略决策提供支持。例如通过分析生产数据，AIGC 可以发现生产过程中的瓶颈环节，提出改进建议；通过分析市场销售数据，预测产品需求趋势，帮助企业合理安排生产计划和库存管理。

在客户关系管理方面，AIGC 可以优化工业企业的客户关系管理流程。通过对客户数据的分析，AIGC 能够了解客户的需求偏好、购买历史和使用习惯，为客户提供个性化的服务和产品推荐。

4）产品服务优化

在产品智能化升级方面，AIGC 为工业产品带来了智能化的提升。例如，国光电器在智能音箱产品中应用 AIGC 技术，使其具备更强大的语音交互功能。AIGC 能够理解用户的自然语言指令，提供更准确、更丰富的回应，提升用户体验。此外，AIGC 还可以根据用户的使用习惯自适应地调整产品的功能和设置，实现产品的个性化定制。

在产品售后服务方面，AIGC 可以通过对产品故障数据的学习，快速诊断客户遇到的问题，并提供解决方案。例如，一些工业设备制造商利用 AIGC 搭建智能客服系统，客户在遇到设备故障时，可以通过与智能客服交互，快速获取故障排除方法，减少维修等待时间。同时，AIGC 还可以对产品的售后数据进行分析，反馈给研发部门，为产品的改进和升级提供依据。

2. AI 在工业生产中的应用优势

（1）提高生产效率。AI 可自动化重复性、规律性任务，如电子器件组装，相比人工大幅度提升了速度与产量。同时，通过分析生产数据实时优化流程，调整参数与资源分配，确保生产高效运行。

（2）提升产品质量。基于深度学习的 AI 质量检测模型能精准识别产品缺陷，如汽车零部件制造中的各类问题，检测精度远超人工，还能实时分析质量数据，预测并预防质量问题，从源头把控产品质量。

（3）降低生产成本。自动化生产线减少人力依赖，降低人力成本，如富士康引入 AI 自动化系统。AI 预测性维护提前预防设备故障，降低设备的维护成本，同时优化资源配置，减少原材料浪费与提高能源效率，降低运营成本。

3. AI 在工业生产中的应用典型案例

美的集团作为家电行业的领军企业，在数字化转型浪潮中积极探索 AIGC 技术应用，成效斐然。该集团凭借整合国内外大模型构建的强大 AIGC 平台，践行推动全价值链智能化转型、打造工业智能制造智能体的战略，实现产品研发、生产制造、市场营销全流程智能化升级。在进行产品研发时，AIGC 通过分析市场与用户数据，为设计师快速生成多种设计概念，如在空调设计中生成个性化方案，缩短研发周期；在生产制造中，AIGC实时分析生产线数据，实现设备故障预测、流程优化、参数自动调整，还优化仓储物流管理，提升生产效率与产品质量，降低物流成本并提高供应链响应速度；在市场营销上，AIGC 借助用户数据分析实现精准营销与个性化服务，生成高质量营销文案、宣传视频及个性化短视频广告并精准投放，提升营销效果与品牌影响力。

8.1.2　AI 在工业生产中的应用实例

1. 研发设计与规划

1）工业设计辅助

提示词：生成一款符合人体工学的电动工具手柄设计草图，材质为轻量化铝合金。

生成内容：生成的草图如图 8-1 所示。

2）工业产品包装设计

提示词：创建一个工业设备的包装 3D 渲染图，突出防震功能。

生成内容：生成的渲染图如图 8-2 所示。

图 8-1　设计草图

3）工业研发文档生成

提示词：编写一份关于智能传感器技术的技术白皮书。

生成内容：

> 标题：智能传感器技术白皮书（简短版）
>
> 一、引言
>
> 在物联网、大数据及人工智能迅猛发展的当下，智能传感器作为信息获取的关键，

图 8-2　3D 渲染图

重要性愈发显著。其不仅能感知各类物理、化学或生物量信息,还具备数据处理、自我诊断与通信等智能化功能,有力支撑各行业智能化升级。

二、关键技术

敏感材料与元件:敏感材料如半导体、陶瓷、金属、有机材料等,是感知基础。敏感元件如电阻式、电容式、压电式等,负责将被测量转换为易处理信号。

MEMS 技术:实现智能传感器的微型化与集成化,将多种部件集成于微小的芯片,具有体积小、功耗低等优点,广泛应用于多领域。

信号处理与智能算法:信号处理通过滤波、放大等提升信号质量,分为模拟信号处理与数字信号处理。智能算法如机器学习、模糊逻辑,增强传感器的智能化水平。

通信技术:有线通信(RS-485、CAN 总线等)适用于工业等对稳定性要求高的场景;无线通信(Wi-Fi、蓝牙等)因部署灵活,用于智能家居等领域。

三、应用场景

工业:用于过程监控确保生产高效、安全,以及设备状态监测实现预防性维护。

智能家居:可进行环境监测与调节,还能实现安防监控保障家庭安全。

医疗健康:在可穿戴设备监测生理参数以及对医疗设备运行状态监测方面发挥作用。

四、发展趋势

智能传感器未来将朝着微型化与集成化、智能化与网络化、高精度与高可靠性、低功耗与长寿命方向发展,以满足各行业的需求。

五、结论

智能传感器技术是现代信息技术的重要部分,在多个领域作用关键。随着技术的创新,其将助力各行业数字化、智能化发展,推动社会进步。

4)工业设备虚拟仿真

提示词:生成一段工业锅炉运行的虚拟仿真视频,展示内部的工作原理。

生成内容：

视频生成于 https://jimeng.jianying.com/ai-tool/video/generate，截图如图 8-3 所示。

图 8-3　虚拟仿真视频的截图

2. 生产过程管控

1）工业流程优化

提示词： 分析当前生产线瓶颈，生成优化方案，减少等待时间。

生成内容：

当前生产线瓶颈集中于设备、人员、工艺流程及物料供应 4 个方面。

设备：老化、故障频繁与产能不足问题突出，影响生产效率，如关键设备维修导致生产停滞。

人员：操作人员技能生疏、效率低，人员配置不合理，延长工序操作时间，各工序忙闲不均。

工艺流程：不合理导致工序衔接不畅，存在多余操作与重复劳动，物料搬运烦琐，降低生产流畅性。

物料供应：供应不及时、质量不稳或配送不当，致使生产中断或等待。

针对这些瓶颈，可采取如下优化方案。

设备优化：完善维护计划，定期保养检修，更换老化部件，评估升级或购置新设备，配备备用设备，探索设备共享。

人员优化：制订系统培训计划，开展技能培训，组织竞赛与分享活动，依工序需求与员工技能合理配置人员。

工艺流程优化：全面审查流程，去除不必要步骤，重新规划车间布局，引入精益生产理念与方法，消除浪费。

物料供应优化：与供应商建立长期稳定合作，加强评估管理，建立合理库存管理系统，实时监控库存，优化配送路线。

2）工业机器人编程

提示词： 为焊接机器人生成一条最优路径规划方案，减少运动时间。

生成内容：

标题：焊接机器人最优路径规划方案

一、前期准备

明确焊件形状、尺寸、焊缝分布及工艺要求；掌握机器人最大运动速度、加速度、关节活动范围等参数。

二、路径规划算法选择

采用基于遗传算法的路径规划方法。对焊接路径点位置编码成染色体，构建适应度函数，综合考虑路径长度、速度与加速度。

三、路径规划流程

（1）初始种群生成：随机生成一定数量的初始路径作为初始种群，种群数量根据焊件的复杂程度确定，一般为[X]~[Y]个。

（2）遗传操作。

（3）选择：依据适应度函数值，采用轮盘赌等选择方法，选择适应度高的个体进入下一代。

（4）交叉：对选中个体进行交叉操作，交换部分基因片段，生成新路径。例如单点交叉，随机选择一个交叉点，交换两个父代路径在该点后的基因片段。

（5）变异：以一定概率对个体基因进行变异，引入新的路径可能性。例如随机改变某一焊接点的位置，以探索更优路径。

（6）迭代优化：重复上述遗传操作，不断迭代，直到满足终止条件。终止条件可设定为适应度函数值连续[X]代不再显著提升，或达到预设最大迭代次数。

四、路径验证与优化

用仿真软件做碰撞检测，避免与焊件、夹具碰撞；依焊接工艺微调路径，确保质量。

五、实时调整

在实际焊接过程中，利用传感器实时监测机器人的运动状态和焊接位置的变化。若出现偏差，反馈并重新规划路径，确保焊接质量与效率。

3）工业视觉检测

提示词：生成两张带有表面裂纹的金属零件图像，裂纹宽度为 0.1~0.5mm。

生成内容：生成的金属零件图像如图 8-4 所示。

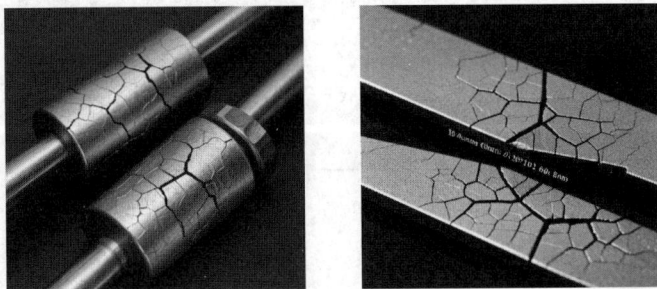

图 8-4 金属零件图像

提示词：创建两张带有划痕的玻璃面板图像，用于视觉检测模型训练。

生成内容：生成的玻璃面板图像如图 8-5 所示。

图 8-5　玻璃面板图像

4）工业安全预警

提示词：生成一份化工厂的安全预警报告，涵盖高温高压设备的潜在风险。

生成内容：

标题：化工厂安全预警报告

一、高温高压设备的潜在风险

（1）超压爆炸：压力控制系统故障、反应异常等，可能导致设备内压力骤升，突破承受极限引发爆炸，释放巨大能量，摧毁周边设施，造成人员伤亡。

（2）泄漏中毒/火灾：高温高压使设备密封件老化、管道腐蚀，导致有毒有害、易燃易爆物质泄漏。有毒物质泄漏会造成人员中毒，易燃易爆物质遇明火或高温则会引发火灾、爆炸。

（3）设备疲劳损坏：长期处于高温高压，设备材料产生疲劳损伤，强度下降，出现裂纹等缺陷，最终可能导致设备破裂，引发安全事故。

二、建议措施

（1）定期全面检查设备，尤其关注密封部位、管道焊缝等，及时发现并处理老化、腐蚀问题。

（2）加强压力、温度等运行参数监控，安装可靠的报警与联锁装置，超限时自动采取措施。

（3）对员工开展针对性培训，提升操作技能与应急处理能力，确保规范操作。

5）工业环境监测

提示词：根据空气质量传感器数据生成一份工厂周边环境监测报告。

生成内容：

标题：工厂周边环境监测报告

一、报告概述

报告日期：［具体日期］　　　　　　　监测区域：［工厂名称］周边区域

监测目的：了解工厂周边空气质量状况，为环境管理和决策提供依据

二、监测数据来源

本次监测数据来源于部署在工厂周边的多个空气质量传感器,涵盖二氧化硫(SO_2)、二氧化氮(NO_2)、颗粒物(PM2.5、PM10)、一氧化碳(CO)、臭氧(O_3)等主要污染物指标。

三、监测数据分析

二氧化硫(SO_2):平均浓度为[X]$\mu g/m^3$,低于国家二级标准限值。

二氧化氮(NO_2):平均浓度为[X]$\mu g/m^3$,在国家二级标准限值以内。

颗粒物(PM2.5、PM10):PM2.5平均浓度为[X]$\mu g/m^3$,PM10平均浓度为[X]$\mu g/m^3$,均低于国家二级标准相应限值。

一氧化碳(CO):平均浓度为[X]mg/m^3,远低于国家二级标准限值。

臭氧(O_3):在监测时段内,臭氧小时平均浓度最高为[X]$\mu g/m^3$,未超过国家二级标准限值,但午后时段浓度有上升趋势。

四、结论与建议

结论:当前工厂周边空气质量状况良好,各项污染物浓度基本符合国家相关标准,但需关注PM2.5和臭氧浓度变化趋势,以及工厂生产活动对周边空气质量的潜在影响。

建议:加强工厂内部扬尘管理,对易产生扬尘区域采取防尘措施;优化生产工艺,减少氮氧化物等污染物排放;定期维护和校准空气质量传感器,确保数据准确、可靠。

6)工业设备故障诊断

提示词:分析设备振动数据,生成故障诊断报告,指出可能的原因。

生成内容:

标题:设备振动故障诊断报告

一、设备概况

名称:[设备具体名称]　　　　型号:[设备型号]

二、数据采集

时间:[具体时间区间]　　　　位置:设备关键部位

频率:[X]Hz　　　　仪器:[仪器名称及型号]

三、数据分析

时域:振动幅值多次异常波动,远超正常范围。

频域:出现非固有频率的显著峰值。

振动烈度:[振动烈度值],超标准值[标准值]。

四、故障原因推测

不平衡:转子质量分布不均,可能因部件磨损、安装配重不准,产生与异常频率相符的振动。

不对中:联轴器、轴承座等部位相对位置变化,异常频率接近二倍频特征。

> 轴承故障：长期高负荷运转，轴承磨损、疲劳等，其故障特征频率与异常频率有关。
>
> 结构松动：地脚螺栓或连接部件松动，导致结构刚度降低，振动时域不规则、频域有低频成分。
>
> 建议全面检查设备，排查上述故障原因并及时维修。

3. 经营管理优化

1）工业供应链优化

提示词：分析当前供应链数据，生成优化方案，减少原材料库存积压。

生成内容：

> 标题：制订供应链优化方案以减少原材料库存积压
>
> 一、优化方案
>
> （一）采购环节
>
> 精准模型：结合多类数据构建采购需求预测模型，月初依新数据调整计划。
>
> 优化周期：与供应商协商缩短提前期，建立弹性机制，对波动较大的原材料采用小批量、多批次的采购策略。
>
> 供应商管理：定期评估绩效，筛选优质供应商建立战略伙伴关系，争取更有利的合作条款。
>
> （二）生产环节
>
> 计划制订：产销部门加强沟通，每周召开协调会，依订单与库存制订滚动计划。
>
> 流程优化：梳理流程，消除瓶颈，提升生产效率与原材料利用率，降低消耗的波动幅度。
>
> 看板管理：车间推行看板，实时展示库存、进度与需求，调整生产节奏。
>
> （三）销售环节
>
> 预测精准度：用大数据、调研等提升预测的科学性，团队定期复盘调整。
>
> 信息共享：创建跨部门库存共享平台，销售依库存制定策略，推广积压产品。
>
> 二、实施计划
>
> 第1～2个月：搭建测试采购模型，洽谈采购提前期与弹性机制；建立产销协调会，制订首版滚动计划；搭建库存共享平台框架。
>
> 第3～4个月：依模型调整采购计划，实施小批量多批次策略；优化流程，试点看板管理；完善销售预测模型与策略。
>
> 第5～6个月：评估采购效果，微调模型策略；全车间推行看板，持续优化计划；评估销售预测，改进方法，协同各环节降低库存。
>
> 三、监控与评估
>
> 指标监控：设立库存周转率等指标，每周统计分析数据。
>
> 定期评估：每月召开评估会，依数据与执行情况调整方案，保证目标达成。

2）工业能耗优化

提示词：分析工厂能耗数据，生成一份节能优化报告。

生成内容：

标题：工厂节能优化报告

一、能耗数据分析

总能耗：[X]吨标准煤/月，其中[具体能源1]占比[X]%，[具体能源2]占比[X]%等。

时间趋势：在[具体时间段]内，能耗呈现[上升/下降/波动]趋势，[高峰/低谷]时段为[具体时段]。

二、主要耗能设备

设备1：[设备名称1]能耗占比[X]%，其运行效率为[X]%，低于理想水平。

设备2：[设备名称2]能耗占比[X]%，存在频繁启停现象。

三、节能潜力分析

设备优化：对[设备1]进行设备维护和升级，提高运行效率；优化[设备2]的启停控制策略。

能源管理：根据能耗时间趋势，实施峰谷分时用能，降低高峰时段的能耗。

技术改进：采用节能技术，如[具体节能技术1]和[具体节能技术2]。

---

3) 工业数据分析报告

提示词：根据生产数据生成一份月度报告，分析设备利用率和能耗趋势。

生成内容：

标题：月度生产报告(简短版)

一、设备利用率

本月设备平均利用率为[X]%，较上月[X]%有所[上升/下降]。其中，[关键设备1]利用率达到[X]%，运行稳定，为生产提供有力支撑；而[设备2]因[故障原因]出现[X]次故障，导致利用率仅为[X]%，拉低了整体水平。

二、能耗趋势

本月总能耗为[X]度，环比上月[上升/下降][X]%。从能耗结构看，[主要耗能设备]能耗占比最大，达[X]%。经分析，能耗变化主要受生产任务量及设备运行效率影响。生产旺季任务量增加，设备运行时长增长，能耗相应上升；同时，部分设备老化导致能耗偏高。

三、总结与建议

本月设备利用率和能耗受多种因素影响。为了提升设备利用率，需加强设备的维护保养，建立故障预警机制；针对能耗问题，可考虑对设备升级改造，采用节能技术，优化生产流程，以降低能耗，提高生产效益。

---

4) 工业质量检测报告

提示词：根据检测数据生成一份产品质量报告，统计合格率。

生成内容：

标题：产品质量报告

一、报告概述

本次报告旨在对某批次产品的质量进行评估，通过检测关键指标，统计产品合格率，为产品质量把控提供依据。

二、检测范围与方法

检测范围涵盖该批次产品[X]个样本，检测指标包括[列举关键质量指标，如尺寸精度、外观质量、性能参数等]。采用[具体检测方法，如精密测量仪器测量尺寸、目视检查外观、专业设备测试性能等]对各项指标进行检测。

三、检测结果

（一）尺寸精度检测

检测项目	设计要求	合格标准	检测结果
长度	[X]mm	±[X]mm	[X]个合格，[X]个不合格
宽度	[X]mm	±[X]mm	[X]个合格，[X]个不合格
高度	[X]mm	±[X]mm	[X]个合格，[X]个不合格

（二）性能参数检测

检测项目	设计要求	合格标准	检测结果
性能指标1	[X]	≥[X]	[X]个合格，[X]个不合格
性能指标2	[X]	≤[X]	[X]个合格，[X]个不合格

四、合格率统计

尺寸精度合格率：[X]%； 外观质量合格率：[X]%；性能参数合格率：[X]%综合各项指标，该批次产品的整体合格率为[X]%。

五、结论

本次检测结果显示，该批次产品的整体合格率为[X]%，未达到公司内部质量控制标准。针对存在的问题，已提出相应改进建议，后续将跟踪改进效果确保产品质量稳步提升，满足客户需求。

5）工业培训材料生成

提示词：生成一段5分钟的培训视频，讲解如何操作焊接机器人。

生成内容：视频生成于 https://jimeng.jianying.com/ai-tool/video/generate，截图如图8-6所示。

图8-6　培训视频截图

4. 产品服务优化

1) 工业产品营销内容

提示词：撰写一篇关于智能工厂解决方案的营销文章，突出节能优势。

生成内容：

> 标题：智能工厂解决方案，开启节能增效新时代
>
> 在可持续发展的浪潮下，传统工厂面临能源成本攀升与环保要求严格的挑战。在生产中设备运行低效、能源管理粗放，导致能源浪费，如传统汽车零部件制造工厂，机械臂能耗高且设备维护不及时。
>
> 智能工厂解决方案融合物联网、大数据、人工智能等技术，为企业带来新的发展契机。其设备管理系统实时监测设备，依据生产任务智能调整参数，如机械臂按需调速，可降低能耗超 30%，还能预测性维护，避免故障导致能源浪费与生产停滞。
>
> 在能源管理上，先进监测系统采集各环节能源数据并进行分析优化。管理者据此找出浪费环节，按能源价格调整生产计划，优化流程，可降整体能耗 20%～30%。
>
> 此外，智能工厂采用节能设备技术，如高效电机、智能照明，进一步提升节能效果。
>
> 选择智能工厂解决方案，企业既能降本增效、增强竞争力，又能响应可持续发展。您的工厂是否在寻找高效节能方案？携手智能工厂解决方案，开启节能增效新时代，共创绿色未来！

2) 工业展会内容生成

提示词：生成一份工业自动化展会的宣传海报设计图。

生成内容：生成的宣传海报设计图如图 8-7 所示。

图 8-7 宣传海报设计图

3) 工业客户服务

提示词：生成一份工业设备常见问题解答(FAQ)文档。

生成内容：

> 标题：工业设备常见问题解答(FAQ)
>
> 一、设备故障类
>
> (1) 设备突然停机怎么办？
>
> 先检查电源连接是否正常，查看控制按钮的状态。若都正常，可能是设备内部故障，需联系专业维修人员。
>
> (2) 为什么设备运行时有异常噪声？怎么办？
>
> 可能是部件松动、磨损或润滑不足。停机检查松动部件并紧固，查看磨损情况，按规定添加润滑剂。

二、设备维护类

（1）多久进行一次设备保养？

依据设备使用手册规定执行，一般连续运行设备每月小保养，半年至一年大保养。

（2）如何清洁设备？

使用专用清洁剂，按先切断电源，再按由外到内的顺序清洁，避免液体进入关键部位。

三、设备操作类

（1）新员工如何快速上手操作设备？

参加专业培训课程，学习操作手册，在熟练人员指导下进行实操练习。

（2）操作中发现参数异常如何处理？

立即停止操作，参照操作手册核对参数标准，无法解决时联系技术人员。

8.2　AI在农业生产中的应用

8.2.1　AI在农业生产中的应用介绍

在农业生产这个传统而又至关重要的领域，AIGC正展现出巨大的应用潜力。它能够综合分析海量的农业数据，涵盖土壤成分、气候条件、作物生长周期、病虫害信息等，为农民提供精确的种植方案，包括最佳播种时机、灌溉与施肥策略；同时，AIGC还能对农产品市场进行智能预测，辅助制订合理的销售规划，帮助农民应对市场变化，提高生产效率和经济效益，推动农业生产从传统的经验型向数据驱动的智能型转变，为农业的可持续发展和现代化进程带来新的契机。

1. AI在农业生产中的应用场景

1）知识与技术推广

在农业技术培训资料方面，AIGC能够依据不同农作物的种植技术、养殖技术等快速生成图文并茂、通俗易懂的培训资料。例如针对新型无土栽培技术，AIGC可结合原理、操作步骤、注意事项等内容生成配有生动图片和动画演示的电子教程，帮助农民更直观地学习、掌握。

在农业知识科普内容的创作上，AIGC可针对农业相关的各类知识，如农业政策解读、农业病虫害防治知识等，创作适合不同传播渠道的科普内容。例如，为短视频平台创作简短有趣的农业知识科普视频脚本，以故事化、趣味性的方式向广大农民普及农业知识，提高农民对新技术、新政策的认知度。

在专家咨询服务智能化方面，AIGC可构建智能咨询系统，模拟农业专家的思维方式，对农民提出的各类农业生产问题进行实时解答。例如，农民询问某农作物在特定生长阶段出现异常症状的解决办法，AIGC能依据大量的农业知识和案例数据快速给出准确的诊断和解决方案。

2）农作物监测与指导

在农作物病虫害监测与预警方面，利用田间摄像头、无人机采集农作物图像，AIGC

的图像识别技术可精准识别病虫害的种类、发生程度和分布范围。例如,通过分析叶片上的病斑特征、害虫形态等提前发现病虫害的迹象,并及时发出预警。同时,结合病虫害的历史数据和当前气候条件预测病虫害的发展趋势,为农民制定科学的防治策略提供依据。

在农作物生长态势评估与精准指导方面,借助卫星遥感和无人机监测获取的农作物生长数据,AIGC能够评估农作物的生长态势,如判断作物是否生长旺盛、是否存在营养不良等情况。例如,通过分析作物的光谱特征,评估作物的叶绿素含量、水分含量等生理指标,从而为农民提供精准的施肥、灌溉指导。依据评估结果,给出具体的肥料种类、施肥量以及灌溉时间和水量等建议。

在农作物产量预测方面,AIGC结合农作物生长过程中的各种数据,包括种植面积、生长状况、气象数据、土壤条件等,运用机器学习算法建立产量预测模型。例如,通过对多年的相关数据进行分析和训练,预测不同农作物在当前种植条件下的产量,帮助农民提前规划农产品的销售和储存,合理安排生产资源。

3) 农业资源管理与利用

在水资源管理方面,AIGC可根据气象数据、土壤湿度数据以及农作物的需水特性,优化灌溉方案。例如,分析不同作物在不同生长阶段的水分需求,结合实时的土壤湿度监测数据,精准控制灌溉时间和灌溉量,实现水资源的高效利用。同时,通过对历史灌溉数据和气象数据的分析预测未来的用水需求,为农业用水的宏观调配提供参考。

在土地资源管理方面,利用卫星遥感和地理信息系统数据,AIGC能够对土地的利用状况、土壤质量等进行监测和评估。例如,识别土地的种植类型、闲置土地分布等情况,为土地的合理规划和流转提供依据。通过分析土壤的肥力状况和地形地貌,指导农民进行土地改良和轮作休耕安排,提高土地的可持续利用能力。

在农业能源管理方面,对于采用太阳能、风能等可再生能源的农业设施,AIGC可根据气象条件和农业生产的能源需求优化能源的分配和利用。例如,预测太阳能板在不同时间段的发电量,结合温室大棚内的温度、光照等环境控制需求,合理调配能源,确保农业生产的能源供应稳定且高效,降低能源成本。

4) 农产品市场与营销

在市场需求预测方面,AIGC整合经济数据、人口数据、消费趋势数据以及农产品历史销售数据等多源信息,运用大数据分析和机器学习算法,预测农产品的市场需求。例如,分析消费者对不同农产品的偏好变化、不同地区的消费需求差异等,帮助农民提前调整种植养殖结构,生产符合市场需求的农产品,减少市场风险。

在农产品品牌推广内容创作方面,AIGC可为农产品品牌量身定制独特的宣传文案、图片和视频等营销素材。例如,挖掘农产品的地域特色、品质优势、生产过程中的生态环保理念等卖点,创作吸引人的品牌故事和宣传海报,通过社交媒体、电商平台等渠道进行传播,提升农产品的品牌知名度和市场竞争力。

在农产品电商智能客服方面,AIGC构建的智能客服系统能够实时解答消费者在购买农产品过程中提出的问题,如产品特点、保质期、物流配送等。通过自然语言处理技术,理解消费者的意图并给出准确、友好的回答,提高消费者的购物体验,促进农产品的线上销售。同时，收集和分析消费者的常见问题，为农产品的改进和优化提供参考。

2. AI在农业生产中的应用优势

（1）提高生产效率。例如智能农机和农业无人机的应用，实现了自动化、智能化的农业生产和管理，减少了人工劳动量，提高了种植、收割、喷洒农药等作业的效率。

（2）提升农产品质量。通过精准的种植管理和病虫害监测防治，以及对农产品的智能检测分级，能够保障农产品的品质，为消费者提供更高质量的农产品。

（3）降低成本与风险。精准的资源投入和优化的供应链管理，减少了农业资源的浪费，降低了生产成本。同时，对自然灾害、病虫害等的提前预测和防范也降低了农业生产的风险。

（4）能够促进可持续发展。AIGC技术有助于实现农业的精准化和智能化，合理利用资源，减少对环境的污染和破坏，推动农业的可持续发展。

3. AI在农业生产中的应用典型案例

图知农业病虫害大模型作为国内首个农业领域的病虫害大模型，它基于海量病虫害图像样本、知识文本、时序气象环境数据等多模态样本数据，显著提升病虫害智能识别能力，田间一类病虫害的检测识别精度达90%以上，在固定设备下近400类害虫的检测识别精度达85%以上。它还具备智能问答、预测、分析、生成等功能，能通过照片诊断病虫害并提醒农户防治，还可对发生趋势等进行预测、预警，满足植保监管等需求并生成报表、摘要。

大疆公司利用AI技术为农业无人机赋能。无人机凭借多种传感器采集农田数据，经深度学习算法分析，精准生成农田地图并制订作业计划。同时，借助AI分析作物光谱、形态，实时掌握作物的健康状况，实现农药和肥料的精准喷洒，减少资源浪费，提升生产效率与效益。

阿里巴巴打造ET农业大脑，它是基于AI技术的智慧农业平台。其整合物联网、大数据和AI技术，通过物联网设备收集土壤、气象及作物生长等多维度数据，经AIGC技术深度分析，生成精准种植管理方案，为农民提供播种、施肥、灌溉等实用建议，助力农业朝着精细化、科学化方向迈进。

京东智慧农场项目借助AIGC技术革新种植、养殖管理。在养殖上，通过传感器收集环境数据，通过智能摄像头监测动物行为，经AI分析掌握动物状态，优化饲料投放、预防疾病，保障效益。在种植上，AI依据土壤、气象等数据结合作物生长模型，生成精准种植计划，实现高效绿色生产。

8.2.2　AI在农业生产中的应用实例

1. 知识与技术推广

1）智能农业知识问答系统

案例：为农业从业者提供即时的知识解答，帮助解决生产过程中遇到的各种问题。

提示词：小麦锈病的有效防治方法有哪些？

生成内容：

> 小麦锈病的有效防治方法主要有以下几种：
>
> 农业防治
>
> 种植抗病品种：因地制宜选用抗（耐）病品种，如扬麦系列等，从源头降低发病概率。
>
> 合理布局：避免小麦与易感染锈病的作物连作或套种，减少病原菌的传播和积累。
>
> 科学管理：合理密植，保证通风、透光；合理施肥，增施磷钾肥和有机肥，增强小麦的抗病能力；及时排水，降低田间湿度，创造不利于锈病发生的环境。
>
> 化学防治
>
> 药剂拌种：用戊唑醇、苯醚甲环唑等药剂拌种，可有效防治苗期锈病。
>
> 喷雾防治：在锈病发生初期，选用三唑酮、丙环唑、戊唑醇等药剂进行喷雾防治，根据病情严重程度，间隔 7～10 天再喷 1～2 次。
>
> 生物防治
>
> 利用天敌：释放瓢虫、草蛉等害虫天敌，控制锈病的传播介体害虫，从而减少锈病的传播。
>
> 使用生物制剂：一些生物防治菌剂，如木霉菌、芽孢杆菌等，可通过竞争、拮抗等作用抑制锈病菌的生长和繁殖。

2）农业技术培训视频生成

案例：以直观的视频形式传播农业技术，方便农民学习先进的种植、养殖技术。

提示词：生成一个关于水稻精准灌溉技术的教学视频。

生成内容：视频生成于 https://jimeng.jianying.com/ai-tool/video/generate，截图如图 8-8 所示。

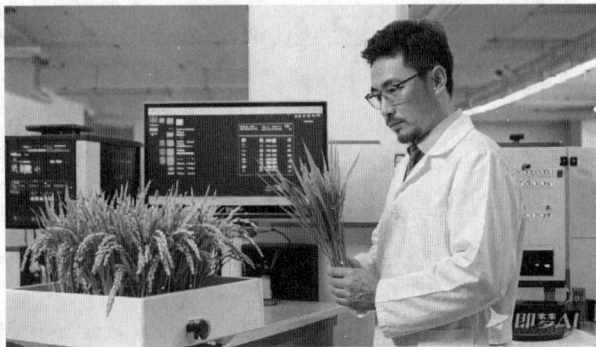

图 8-8　教学视频截图

3）农业政策解读与传播

案例：将农业政策进行深入解读，并广泛传播，使农民能够准确理解并受益于政策。

提示词：将这份农业补贴政策文件转化为农民易懂的解读文章。

生成内容：

以下是一篇通用的农业补贴政策解读示例,可根据实际情况修改。

一、耕地地力保护补贴

这份补贴是鼓励农民保护好耕地,不乱占耕地,合理施肥、用药,保护好土地肥力,只要承包了耕地,一般都能领到。补贴按亩算,各地标准不同,会直接打到农民的一卡通账户里。

二、农机购置补贴

如果想提高种地效率,买新农机会有补贴。不管是播种机、收割机,还是拖拉机,只要在补贴目录里,都能申请。补贴比例大概是机具价格的 $10\%\sim30\%$。在买的时候,注意去有资质的经销商那里买,按要求提交材料,补贴很快就能到手。

三、种粮大户补贴

如果承包的土地多,种粮面积达到当地标准,能拿种粮大户补贴。这份补贴是鼓励农民多种粮,保障粮食安全。补贴标准各地不一样,多种多得,能帮农民减轻种粮成本压力。

这些补贴是国家对农民的支持,大家要多留意村里的通知,按要求申请,别错过福利。

4)农业科普文章生成

案例:以通俗易懂的文字普及农业科学知识,提升农民的科学素养和农业认知水平。

提示词:生成一篇关于根-磷高效复合磷铵绿色增效技术的科普文章。

生成内容:

标题:根-磷高效复合磷铵绿色增效技术,农业新希望

在农业生产中,磷肥是农作物茁壮成长的关键养分,但传统磷肥的使用存在诸多困境,而根-磷高效复合磷铵绿色增效技术为实现农业绿色可持续发展带来了新的曙光。

传统磷肥利用率低,施入土壤易被铁、铝、钙等固定,形成难溶磷酸盐,根系难以吸收,造成浪费与成本增加,还可能导致土壤磷素累积污染,并且长期过量施用会破坏土壤结构,使土壤板结,影响作物根系生长。

根-磷高效复合磷铵绿色增效技术基于对农作物根系生物学特性的深入研究,改良传统磷铵,通过添加特殊助剂和活化剂,抑制土壤对磷的固定,让磷铵缓慢释放磷元素,延长供应时间;同时刺激根系生长,使根系更发达,增加与磷的接触面积,实现根与磷的高效耦合,提高磷肥的利用率。

该技术优势显著。它能提高磷肥利用率 $20\%\sim30\%$,减少施用量也不影响作物产量与品质;促进作物生长,增强抗旱、抗寒、抗病能力;保护土壤环境,降低磷素累积风险,改良土壤结构与肥力;从生产到使用都遵循绿色环保理念,减少对环境的负面影响。

某蔬菜种植基地引入此技术后,磷肥用量减少 25%,蔬菜产量却提高 15%,品质提升,经济效益大增。根-磷高效耦合磷铵绿色增效技术为现代农业绿色可持续发展注入新动力。

5）农业保险理赔报告生成

案例：协助完成农业保险理赔报告的生成，规范理赔流程，保障农民的保险权益。

提示词：根据河北地区洪灾数据生成一份简短的农业保险理赔报告。

生成内容：

> 标题：河北洪灾农业保险理赔报告
>
> 受灾情况：2024年河北部分地区受洪灾影响，大量农田被淹，农作物受灾严重。
>
> 保险理赔情况
>
> 巨鹿县：中国平安财产保险股份有限公司邢台中心支公司对巨鹿县投保高油酸花生连阴雨气象指数保险的种植户进行理赔，2024年涉及受灾新型农业经营主体20户次，累计受灾面积13 473亩，赔付金额42余万元。巨鹿县各类气象指数保险累计赔付超3900万元。
>
> 文安县：2023年洪灾期间，文安县人保财险、太平洋财险等5家财险公司积极行动。截至8月23日，蓄滞洪区内种植险赔付15 173.26亩，金额728.31万元；养殖险赔付1户，金额7.04万元。
>
> 理赔意义：农业保险理赔为受灾农户提供了经济补偿，帮助他们减轻了损失，缓解了资金压力，有助于尽快恢复农业生产，保障了农民的基本生活和农业经济的稳定发展，也体现了保险在应对自然灾害风险中的重要作用。

2. 农作物监测与指导

1）农作物生长监测报告生成

案例：通过对农作物生长状况的监测分析生成报告，为农民提供科学的种植决策依据。

提示词：根据成渝地区当前土壤湿度和温度数据生成玉米生长报告。

生成内容：

> 以下为一份基于常规情况的玉米生长报告示例，可根据实际数据进行调整。
>
> 土壤湿度与温度情况
>
> 土壤湿度：成渝地区近期整体土壤湿度处于适宜水平，为玉米生长提供了较为良好的水分条件。土壤相对湿度大致保持在50%～70%，有利于玉米根系对水分的吸收和养分的运输，能有效保障玉米植株的正常生理活动。
>
> 温度：在温度方面，当前成渝地区气温较为稳定，日间平均温度为15～20℃，夜间温度为8～12℃。这样的温度范围基本符合玉米生长的需求，有利于玉米的光合作用和新陈代谢，对玉米的生长发育较为有利。
>
> 玉米生长状况
>
> 根系生长：在适宜的土壤湿度和温度条件下，玉米根系生长良好，扎根较深且分布广泛，能够充分吸收土壤中的水分和养分，为地上部分的生长提供了坚实基础。
>
> 植株生长：玉米植株整体长势较为健壮，茎秆粗壮，叶片翠绿且舒展。目前玉米处于拔节期向抽雄期过渡的阶段，生长速度较快，对水分和养分的需求逐渐增加。

可能面临的问题及建议

可能面临的问题：若未来出现连续降雨或干旱天气,可能会导致土壤湿度发生较大的变化,影响玉米生长。同时,温度波动过大也可能对玉米的生长发育产生一定的胁迫作用。

相关建议：密切关注天气变化,做好田间排水和灌溉设施的检查与维护工作。若遇降雨过多,及时排水防涝;若出现干旱迹象,适时进行灌溉补水。此外,可根据土壤肥力状况适当追施肥料,以满足玉米生长对养分的需求。

2) 病虫害识别与防治建议

案例：利用技术手段识别病虫害,并给出有针对性的防治建议,保障农作物健康生长。

提示词：识别图 8-9 中所示的病虫害,并提供防治方案。

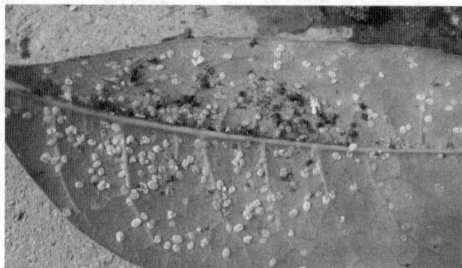

图 8-9　病虫害叶子

生成内容：

这张图片中的病虫害可能是介壳虫。

介壳虫的识别特征：介壳虫是一类小型昆虫,体表常覆盖有一层蜡质介壳,颜色多样,有白色、黄色、棕色等。它们常群集于植物的叶片、枝干等处,以刺吸式口器吸食植物的汁液,导致叶片发黄、植株生长衰弱。

防治方案

人工防治：当少量发生时,可用软毛刷轻轻刷除,或结合修剪,剪除受害严重的枝叶,集中烧毁。

生物防治：保护和利用瓢虫、草蛉等天敌,这些天敌可以捕食介壳虫,起到控制虫害的作用。

化学防治：

在若虫孵化盛期,可喷洒 40%氧化乐果乳油 1000 倍液、2.5%溴氰菊酯乳油 2000 倍液等药剂,每隔 7～10 天喷一次,连续喷 2～3 次。

另外,也可以使用具有内吸性的药剂,如 10%吡虫啉可湿性粉剂 2000 倍液,能有效防治介壳虫。

在防治介壳虫时,要注意药剂的交替使用,避免害虫产生抗药性,同时要根据植物的种类和生长阶段合理选择药剂和使用浓度,以免对植物造成药害。

3）农业气象预警信息生成

案例：及时提供气象预警信息，帮助农民提前做好防范措施，减少气象灾害对农业生产的影响。

提示词：生成重庆地区未来7天的农业气象预警报告。

生成内容：

以下是重庆地区未来7天的农业气象预警报告。

一、1月19日—1月23日

（1）温度方面：气温整体较为适宜，在7～18℃内波动，有利于多数农作物的正常生长，但早晚温差相对较大，可能对一些耐寒性较差的作物有一定影响，如蔬菜幼苗可能会出现生长缓慢的情况。

（2）光照方面：以多云和晴为主，光照条件较好，有利于作物进行光合作用，促进干物质的积累，对小麦、油菜等越冬作物以及露地蔬菜的生长较为有利。

（3）风力方面：风力较小，一般在1～2级，对农业生产基本无明显危害，不会造成作物倒伏等问题。

二、1月24日—1月25日

（1）降水方面：将迎来小雨天气，降水可能导致土壤湿度增加，低洼地带可能出现积水现象，对于根系较浅的作物，如草莓等，可能会影响根系呼吸，导致根部病害发生的风险增加。

（2）温度方面：气温有所下降，最低气温降至6℃，可能会使处于开花期或幼果期的果树受到低温冷害，影响坐果率和果实发育，对蔬菜的生长也会产生一定抑制作用。

（3）风力方面：风力达到2级，伴随降雨可能会加重作物的冻害程度，设施农业需注意防范大风对棚膜的损坏。

农事建议

（1）加强作物田间管理：密切关注作物的生长状况，及时排除田间积水，防止渍涝灾害。对于受低温影响的作物，可采取覆盖薄膜、稻草等措施进行保温防寒。

（2）做好设施农业防护：提前检查和加固蔬菜大棚、畜禽圈舍等设施，确保其能抵御风雨。同时，注意调节棚内温湿度，加强通风、透光，预防病虫害的发生。

（3）防范病虫害：低温高湿的环境容易引发病虫害，要加强对农作物病虫害的监测和防治工作，提前做好预防措施，及时喷洒药剂，防止病虫害的滋生和蔓延。

4）智能灌溉方案生成

案例：根据土壤湿度、作物需水情况等因素，制订个性化的智能灌溉方案，提高水资源的利用效率。

提示词：根据广东地区土壤湿度生成7月下旬的灌溉方案。

生成内容：

广东地区7月下旬通常高温多雨，但在不同土壤湿度下灌溉方案有别，以下是简要方案。

低湿度土壤(<40%)

水田:以种植水稻为例,若种植的是早稻,此时处于灌浆期,需保持田间有薄水层,可每隔1~2天进行适量灌溉,确保水层深度在2~3厘米。若是晚稻处于分蘖期,保持1~2厘米浅水层,每天观察,水层不足则补水。

旱地:在种植蔬菜等作物时,采用喷灌或滴灌,每周2~3次,每次使土壤湿润深度达15~20厘米。

中等湿度土壤(40%~60%)

水田:水稻田可视情况,每隔2~3天检查水层,按需补充少量水分保持水层。

旱地:若种植不耐旱作物,可每隔3~4天灌溉一次,保持土壤湿润,采用滴灌让土壤湿润深度达10~15厘米。

高湿度土壤(>60%)

水田:若持续高温无雨,可适当补充少量水分,保持水层不过深,避免作物缺氧烂根。

旱地:一般无须灌溉,重点做好排水防涝准备,避免积水影响作物根系呼吸。

5) 智能农业机器人指令生成

案例:为智能农业机器人下达操作指令,实现农业生产的自动化和智能化。

提示词:生成一块10亩小麦田的施肥机器人作业指令。

生成内容:

假设小麦处于拔节期,以下是一份施肥机器人针对10亩小麦田的简短作业指令示例,可根据实际情况调整。

作业区域:定位至[具体地理位置]的10亩小麦田,以田块边界为作业范围。

肥料选择:选用氮磷钾比例为20:10:15的复合肥。

施肥量:每亩均匀撒施40千克肥料。

作业路径:以"S"形路线往返进行作业,确保全面覆盖且无遗漏。

施肥高度:在距小麦植株上方30厘米处进行施肥,保证肥料均匀散落。

作业速度:保持匀速前进,速度为每小时1.5亩作业量。

3. 农业资源管理与利用

1) 制订灌溉计划或安排表

提示词:现有一块50亩的玉米地,土壤水分含量为20%,玉米处于拔节期,每日需水量预计增加5%,利用AIGC算法优化灌溉系统,给出接下来一周的灌溉计划。

生成内容:

假设当前灌溉系统日供水量为X立方米。考虑到玉米处于拔节期且每日需水量预计增加5%,接下来一周的灌溉计划如下。

第一天:供水量X立方米。

第二天:供水量1.05X立方米。

第三天：供水量 1.1025X 立方米。

第四天：供水量 1.157625X 立方米。

第五天：供水量 1.21550625X 立方米。

第六天：供水量 1.2762815625X 立方米。

第七天：供水量 1.340095640625X 立方米。

注意，在实际执行中需结合 AIGC 算法对土壤水分实时监测数据，灵活微调每日供水量，确保精准灌溉。

2）生成智能喷药机作业指令

提示词：一台智能喷药机在 35 亩的棉花田中工作，棉花处于现蕾期，病虫害轻度发生，基于 AIGC 技术生成喷药作业指令，明确喷药剂量和路径。

生成内容：

喷药剂量

根据棉花现蕾期对药剂的耐受度以及轻度病虫害的发生程度，选用有针对性的高效低毒农药。查询农药产品说明，获取标准防治剂量。考虑到本次病虫害轻度发生，将标准剂量下调 20%，即每升水添加[X]克农药（假设标准剂量为每升水[X÷0.8]克）。同时，结合 AIGC 分析过往同类型病虫害在棉花现蕾期的防治案例数据，确保该剂量既能有效抑制病虫害的发展，又能最大程度地降低对棉花生长和环境的影响。

喷药路径

基于 AIGC 对棉花田地形、植株分布密度的分析，采用改良型 Z 字形往返路径。从棉花田长边一侧边缘的角落启动喷药机，沿横向匀速移动，在到达另一侧边缘时，以较小角度折返，进行下一次横向喷药，确保相邻两次喷药路径重叠 10～15 厘米，避免漏喷。在遇到田块中的障碍物（如灌溉设施）时，AIGC 自动规划绕障路径，保证喷药覆盖均匀，让每株棉花都能得到有效喷药防护。

4. 农产品市场与营销

1）农产品市场行情分析报告

案例：对农产品市场的价格走势、供需关系等进行分析，为农民和农业企业提供市场决策参考。

提示词：生成长沙地区最近一个月的大豆价格趋势分析报告。

生成内容：

标题：长沙地区近一个月的大豆价格趋势分析

一、价格走势

近一个月，长沙的大豆价格整体平稳中有波动。月初，受周边产区供货节奏影响，价格小幅度攀升，每斤涨了 0.1～0.2 元。随后，因市场需求未见明显增长，价格逐渐回调至月初水平附近。截至目前，本地主流市场的大豆价格维持在每斤 2.7～2.8 元。

二、影响因素

供应：产区大豆库存状况直接关联长沙市场供应。近期部分产区物流运输偶有不畅，使大豆到货时间和数量不稳定。同时，进口大豆的动态也有影响，若国际市场供应充足，会间接施压本地价格。

需求：豆制品加工企业的采购需求是关键。冬季虽有传统豆制品消费旺季因素，但今年长沙气候较暖，居民对豆制品的消费热情不高，企业采购谨慎，抑制了价格上涨。

三、未来预测

接下来一段时间，若无重大供应或需求变动，长沙的大豆价格大概率维持当前区间波动。若物流改善，产区供应稳定，价格可能因供应增加而略有下行；若气温下降，刺激豆制品消费，需求增加，价格有望小幅度上扬。

2）农产品品牌宣传文案生成

案例：打造具有吸引力的品牌宣传文案，提升农产品品牌知名度和市场竞争力。

提示词：为有机苹果生成一段宣传文案。

生成内容：

以下这段文案从有机苹果的生长环境、品质口感、健康价值等方面突出其优势，吸引消费者购买。

在远离尘嚣的纯净果园，阳光慷慨地倾洒，每一颗有机苹果都尽情沐浴其中，享受着大自然最温柔的呵护。这里，土壤肥沃且纯净，没有化学农药与化肥的侵扰，每一寸土地都饱含着自然的生机。

果农们遵循自然规律，精心照料每一棵果树，耐心等待苹果自然成熟。如此孕育出的有机苹果，表皮或许偶有天然的痕迹，却难掩其散发出诱人的光泽。轻咬一口，清脆的声响在耳畔回荡，鲜嫩的果肉带来丰盈的汁水，香甜滋味瞬间在味蕾间绽放，浓郁果香萦绕齿间。

有机苹果不仅是美味的享受，更是健康的选择。它无农药残留，富含多种营养成分，无论是忙碌的上班族，还是成长中的孩子，抑或是注重养生的长辈，都能从这颗有机苹果中收获满满的健康活力。选择有机苹果，开启自然、健康的品质生活。

3）农业电商产品描述生成

案例：撰写详细、生动的电商产品描述，吸引消费者购买农产品，促进农产品线上销售。

提示词：为新鲜草莓生成一段电商产品描述。

生成内容：

标题：甜蜜暴击！一口爱上的新鲜草莓来袭

想品尝大自然赐予的甜蜜滋味？这款新鲜草莓绝对是你的不二之选！

每一颗草莓都精挑细选于阳光充沛、土壤肥沃的优质果园。果农们遵循自然规律，让草莓在充足的光照与精心呵护下自然成熟。从枝头到你手中，只为传递这份原汁原味的新鲜。

瞧这草莓,色泽鲜艳欲滴,宛如红宝石般诱人。轻轻咬上一口,鲜嫩多汁的果肉瞬间在口中迸发,香甜的汁水四溢,浓郁的草莓果香萦绕齿间,那恰到好处的酸甜比例,仿佛是大自然谱写的美妙乐章,每一口都是甜蜜与清新的完美融合。

无论是直接食用,感受那份纯粹的鲜美;还是搭配酸奶、蛋糕,创造出别具一格的美味;抑或是制作成草莓酱,涂抹在面包上,开启活力满满的一天,这款草莓都能满足你的味蕾想象。

我们深知新鲜的重要性,因此采用了专业的保鲜包装和冷链运输,确保草莓以最佳状态送到你家。别再犹豫,快来把这份新鲜甜蜜带回家!

4)农业社交媒体内容生成

案例:创作适合在社交媒体平台传播的内容,扩大农产品的宣传范围,吸引更多消费者关注。

提示词:为有机农场生成一段适合发布的社交媒体内容。

生成内容:

标题:探索有机农场,开启绿色生活

在城市的喧嚣之外,有一片充满生机的净土——[有机农场名称]有机农场。这里,是大自然与现代农业完美融合的典范。

走进农场,清新的空气扑面而来,满眼的翠绿令人心旷神怡。每一株作物都在肥沃的有机土壤里自然生长,享受着充足的阳光与雨露,没有农药和化肥的侵扰,它们以最纯粹的姿态茁壮成长。

我们坚持可持续的种植方式,从堆肥到轮作,每一个环节都遵循自然规律,不仅守护着这片土地的生机,更为您送上最健康、美味的有机农产品。无论是鲜嫩多汁的蔬菜,还是香甜可口的水果,每一口都饱含着大自然的馈赠和农场主的匠心。

加入我们,一起感受有机生活的魅力。从田间到餐桌,体验那份纯净与安心。来[有机农场名称]有机农场,开启一场与自然亲密接触的绿色之旅吧!

5)农产品溯源信息生成

案例:生成农产品的溯源信息,让消费者了解农产品的生产过程,增强消费者对农产品质量安全的信任。

提示词:生成一批有机蔬菜的溯源信息。

生成内容:

以下为生成一条简短的生菜溯源信息的示例。

生菜

产地:[具体产地农场名称],位于[产地地址],空气清新、土壤肥沃、周边无工业污染。

种植方式:采用有机肥料,杜绝化学农药,遵循自然农法轮作,人工除草。

认证信息:[有机认证机构名称]颁发的有机认证,证书编号[具体编号]。

采摘日期:[具体日期]

检测报告:经[检测机构名称]检测,各项指标符合有机蔬菜标准,报告编号[具体编号]。

8.3　AI 在基础研究中的应用

8.3.1　AI 在基础研究中的应用介绍

在基础研究领域,AIGC 正以独特的优势掀起变革浪潮。它凭借强大的数据分析与生成能力,助力科研人员处理海量文献资料,快速提炼关键信息,挖掘潜在研究方向。在理论建模方面,AIGC 能依据已有数据和知识生成创新的模型假设,为复杂理论研究提供新思路。同时,在实验设计阶段,通过模拟不同条件与结果辅助优化实验方案,大幅度提升实验效率,使基础研究突破传统局限,加速探索未知科学领域的进程。

1. AI 在基础研究中的应用场景

1)研究规划与问题构建

在研究方向探索方面,AIGC 可以通过对海量学术文献、科研动态及跨学科数据的综合分析,挖掘潜在的研究热点与前沿方向。例如,在材料科学领域,AIGC 分析全球科研论文、专利信息以及行业动态,找出新型材料研发中尚未被充分探索的元素组合或性能优化方向,帮助科研人员确定有潜力的研究课题。

在问题假设生成方面,基于已有的知识体系和研究数据,AIGC 能够辅助科研人员提出合理的研究假设。例如在生物学研究中,AIGC 根据基因序列数据、生物功能研究成果以及疾病相关信息,提出关于特定基因与疾病关联性的假设,为后续实验验证提供方向。

在实验设计优化方面,利用 AIGC 强大的计算能力和模拟分析功能,科研人员可以对实验设计进行优化。在化学实验中,AIGC 可以根据目标产物、反应物特性以及反应条件限制,模拟不同实验方案的反应过程和结果,帮助确定最佳的实验参数、试剂用量和反应步骤,提高实验的成功率和效率。

2)文献与知识处理

在文献快速筛选与综述生成方面,AIGC 能快速筛选出与研究课题相关的文献,并自动生成文献综述。例如,在医学研究中,AIGC 根据关键词、研究领域等信息从海量医学期刊、论文数据库中筛选出核心文献,并提取关键信息,按照研究脉络和逻辑关系生成条理清晰的综述报告,节省科研人员大量阅读和整理文献的时间。

在知识图谱构建与知识推理方面,AIGC 可以整合多源知识,构建知识图谱,实现知识的可视化和关联分析。在物理学领域,AIGC 将各种物理理论、实验数据、科学家观点等信息整合,构建知识图谱,不仅能清晰展示物理知识体系的结构和关联,还能通过知识推理发现新的科学关系和潜在规律,辅助科研人员深入理解和拓展知识边界。

在跨语言知识融合方面,随着科研全球化,不同语言的科研成果不断涌现。AIGC 利用先进的机器翻译和语义理解技术实现跨语言知识的融合。例如在环境科学研究中,AIGC 能够将中文、英文、日文等不同语言的环境监测数据、研究报告等进行整合分析,打破语言障碍,为全球环境问题的研究提供更全面的知识支持。

3）实验与数据处理

在实验数据实时分析与异常检测方面，AIGC可以在实验过程中实时分析传感器采集到的数据，及时发现异常值和数据趋势变化。例如在天文学观测实验中，AIGC能够实时处理天文望远镜收集的天体数据，一旦检测到异常的天体信号或数据波动，立即发出警报，帮助科研人员捕捉到罕见的天文现象。

在数据挖掘与特征提取方面，AIGC能够从复杂的实验数据中挖掘潜在信息，提取关键特征。在机器学习实验中，AIGC对大量的图像、文本、音频等数据进行分析，自动提取出对模型训练最有价值的特征，提高模型的准确性和泛化能力。

在实验结果预测与模拟验证方面，基于已有的实验数据和模型，AIGC可以预测实验结果，并通过模拟进行验证。在工程力学实验中，AIGC根据材料参数、力学模型和已有的实验数据，预测不同结构在特定载荷下的力学性能，然后通过数值模拟进行验证，减少实际实验次数，降低研究成本。

2. AI在基础研究中的应用优势

（1）提高研究效率。AIGC能够快速处理和分析大量数据，在短时间内完成文献撰写、综述生成、数据处理等工作，大大缩短了基础研究的周期，使科研人员能够将更多的时间和精力投入核心问题的研究上。

（2）增强创新能力。AIGC不受传统思维模式的限制，能够从海量数据中挖掘出隐藏的模式和关系，提出独特的研究假设和创新的理论观点，为基础研究带来新的思路和方法，推动学科的发展和突破。

（3）降低研究成本。通过虚拟实验模拟和优化实验设计，减少了不必要的实际实验操作，降低了实验设备、材料、人力等方面的成本。同时，利用AIGC生成数据和文献，也节省了数据收集和文献调研的成本。

（4）促进跨学科合作。AIGC可以整合不同学科领域的知识和数据，为跨学科研究提供有力的支持。它能够帮助不同学科背景的研究人员快速理解其他领域的知识和研究方法，促进学科间的交流与合作，推动复杂科学问题的解决。

3. AI在基础研究中的应用典型案例

在古籍修复领域，合合信息旗下扫描全能王携手华南理工大学团队，打造了AI古籍修复模型。他们将AIGC技术应用于敦煌遗书残卷的图像数字化修复，能准确定位卷轴上脏污、笔画残缺、模糊的文字，基于待修复区域的内容和位置先验信息，智能学习不同古籍文字风格、纸张背景，对损坏区域的字体内容、风格进行高度还原，做到"修旧如旧"，让敦煌遗书等珍贵古籍焕发出新的生命力。

在古生物学研究领域，利用AIGC文生视频技术探索远古生命密码。通过收集和分析古生物学、地质学等相关领域数据，AIGC技术辅助生成关于远古生物的生活习性、生态环境等方面的预测性内容。借助AIGC技术能实现从现实到寒武纪的瞬间切换，让人们直观感受地球生命演化的历程，为古生物学研究提供了新视角和方法。

在医疗基础研究方面，云知声基于自主研发的"山海大模型"，推出门诊病历生成系统。该系统可在识别医患对话的基础上对问诊信息做标准化、结构化处理，自主形成医疗摘要。在北京友谊医院落地应用后，使相关科室的门诊病历录入效率提升80%，医生问诊时间节省 15%。

作业帮依托"科技＋教育"双引擎发展,自主研发作业帮大模型,将优质教研内容与前沿 AIGC 技术高度融合,通过"学习机＋Question. AI＋云思智学"的方式,为教育、学习多场景提供智能化、多元化的高效助教服务和创新学习产品,利用超 10 亿题库数据,逐步打造教育领域的 AI 大模型。

8.3.2　AI 在基础研究中的应用实例

1. 研究规划与问题构建

1）研究问题生成

案例:帮助确定研究的核心问题,为整个研究奠定基础。

提示词:生成 5 个关于气候变化对珊瑚礁生态系统影响的研究问题。

生成内容:

> (1) 在不同区域珊瑚礁生态系统中,海水温度变化导致珊瑚繁殖能力不可逆损害的阈值是多少? 如何量化评估对生物多样性的长期影响?
>
> (2) 不同种类珊瑚对海洋酸化的耐受程度差异如何? 未来几十年酸化加剧,珊瑚礁生态系统会发生怎样的演替变化?
>
> (3) 不同地理环境和地貌特征的珊瑚礁区域,极端气候事件造成的物理破坏程度有何不同? 珊瑚礁生态系统自然恢复受哪些因素制约? 人类如何干预促进恢复?
>
> (4) 对于不同深度分布的珊瑚礁生态系统,海平面上升导致的水动力和光照条件改变,如何影响物质循环和能量流动? 又如何影响生物种群动态平衡?
>
> (5) 气候变化如何影响珊瑚礁微生物群落的多样性和功能? 微生物群落变化怎样影响珊瑚礁生态系统对气候变化的适应能力?

2）研究假设生成

案例:基于已有知识和研究方向构建可验证的假设。

提示词:提出 3 个关于北极冰川融化对全球气候影响的科学假设。

生成内容:

> 假设一:北极冰川融化影响全球气候
>
> 北极冰川融化使大量淡水注入北冰洋,改变海水的盐度和密度,削弱北大西洋暖流的强度。欧洲西北部冬季气温下降,全球热量输送失衡,热带降水分布异常。
>
> 假设二:北极冰川融化加剧全球变暖
>
> 北极冰川含大量甲烷水合物,融化后甲烷大量释放,其温室效应强,使全球气温升高,形成冰川融化与全球变暖的恶性循环,引发极端气候事件。
>
> 假设三:北极冰川融化引发气候异常
>
> 北极冰川融化导致北极升温,极地与中低纬温度梯度减小,大气环流模式改变,急流路径和强度变化,导致多地出现极端天气,扰乱了全球气候稳定。

3）跨学科研究建议

案例：从多学科角度提供研究思路，拓宽研究视野。

提示词：提出 3 个将深度学习应用于神经科学研究的具体方向。

生成内容：

以下是 3 个将深度学习应用于神经科学研究的具体方向。

一、神经影像分析

利用深度学习中的卷积神经网络对大脑的磁共振成像、正电子发射断层扫描（PET）等影像数据进行分析，自动识别和提取大脑的结构和功能特征，辅助诊断神经系统疾病，如阿尔茨海默病、帕金森病等，还可以通过分析影像数据来研究大脑在不同认知任务或疾病状态下的活动模式变化，揭示神经机制。

二、神经信号处理

采用循环神经网络及其变体长短时记忆网络、门控循环单元等，对神经元的电生理信号（如脑电图、脑磁图和单细胞记录的动作电位序列等）进行处理和分析，实现对神经信号的分类、解码和预测，例如从 EEG 信号中解码出大脑的认知状态或意图，为脑机接口技术的发展提供支持。

三、神经发育与疾病建模

基于生成对抗网络或变分自编码器等深度学习模型，构建神经发育和神经系统疾病的计算模型，模拟神经细胞的分化、神经网络的形成以及疾病的发生与发展过程，帮助研究人员深入理解神经发育的调控机制和神经系统疾病的病理生理机制，为药物研发和治疗方案的制订提供理论依据和实验指导。

4）研究工具推荐

案例：为研究提供合适的工具，辅助研究开展。

提示词：推荐 3 个用于分析单细胞测序数据的开源工具，并说明其优缺点。

生成内容：

推荐的 3 个开源工具如下。

Seurat

Seurat 是一款强大的单细胞 RNA-seq 数据分析 R 包，用于识别细胞亚型、构建细胞谱系树和揭示基因表达模式。其工作流程高度可定制，细胞群聚算法高效，还提供 UMAP、t-SNE 等可视化方法。不过，在处理大规模细胞数据集时运算速度慢，对硬件资源要求高，且依赖 R 语言，学习成本较高。

Scanpy

Scanpy 是单细胞转录组数据分析的 Python 工具，可进行细胞聚类、差异表达和细胞发育轨迹分析。它的扩展性强，能与其他 Python 库集成，数据处理流程灵活，可视化功能丰富，但在某些特定分析的深度上略逊一筹，复杂高级分析功能需用户具备编程和生物信息学知识。

> SingleR
>
> 　　SingleR 是基于 R 语言的 scRNA-seq 数据分析工具,通过已知转录组参考数据集推断单细胞原始类型。它减少对标志基因的依赖和人工注释主观性,能高效地识别细胞类型,还可与 Seurat 等工具集成。但它高度依赖参考数据集的质量,当数据集有偏差或不完整时,会影响细胞类型鉴定,对罕见或新细胞类型难以准确鉴定。

　　5) 学术合作建议

　　案例:促进不同研究人员或团队间的合作,整合资源。

　　提示词:推荐 3 个国内在气候模型领域有突出研究成果的学术团队,并说明其研究方向。

　　生成内容:

> 　　以下是国内在气候模型领域有突出研究成果的 3 个学术团队及其研究方向。
>
> 　　中国科学院大气物理研究所包庆研究员团队:主要研究大气环流模式研发和应用、地球系统模式研发和应用、季风气候动力等。团队自主研发了 IAP-CAS 次季节至季节(S2S)集合预测系统,依托"地球系统数值模拟装置",以气候系统模式为基础,通过技术创新提升了 MJO 预测的精确度。
>
> 　　复旦大学吴力波教授团队:主要研究能源-环境-经济多系统建模与政策评估、能源大数据分析、宏观经济建模分析等。团队参与研发了中国首个气候大语言模型,为气候变化领域的科学研究、国际气候谈判和政策分析提供全面的知识支持。
>
> 　　北京大学朱彤院士团队:朱彤团队联合多方开发了 GCAM-China-V6 气候变化综合评估模型,此外还研究大气化学反应动力学、地-气物质交换、青藏高原与极地大气环境等,通过建立测量方法和组织科学考察,为区域地表痕量物质的排放和沉降等提供观测数据,探究大气环境的变化情况。

　　6) 研究伦理审查辅助

　　案例:协助审查研究过程是否符合伦理规范,保障研究的合法性和道德性。

　　提示词:生成一份关于人类行为心理学实验的伦理审查报告,涵盖参与者隐私保护和风险控制。

　　生成内容:

> 　　标题:人类行为心理学实验伦理审查报告(简短版)
>
> 　　一、实验概述
>
> 　　本次人类行为心理学实验旨在研究特定社交情境下个体的行为反应模式,通过观察、问卷调查等方式收集数据。
>
> 　　二、参与者隐私保护
>
> 　　(1) 信息收集:仅收集与实验直接相关的必要信息,如年龄、性别、教育程度等,避免过度收集个人敏感信息。在收集过程中,明确告知参与者信息的用途,并获得其书面同意。

（2）数据存储：数据采用加密形式存储于安全的服务器，访问权限仅限于实验核心团队成员。对存储设备定期进行安全检查与维护，防止数据泄露。

（3）数据使用与公开：所有数据分析均以匿名化形式进行，确保参与者的身份无法被识别。如需公开数据，仅提供汇总后的统计信息，不涉及任何个体可识别信息。

三、风险控制

（1）心理风险：在实验前对参与者充分说明实验流程与可能带来的心理影响，让其自主决定是否参与。在实验过程中安排专业心理人员在场，若参与者出现不适情绪，及时提供心理支持与疏导。在实验结束后，为有需要的参与者提供心理辅导资源。

（2）其他风险：针对实验环境等可能带来的身体伤害风险，提前做好安全评估与防范措施，确保实验环境安全。

经审查，本实验在参与者隐私保护和风险控制方面的措施得当，符合伦理规范，同意开展实验。

2. 文献与知识处理

1）文献综述生成

案例：对已有文献进行综合梳理和总结，为研究提供背景和理论基础。

提示词：生成一篇关于量子计算领域最新研究进展的文献综述，涵盖 2020 年至今的突破性成果。

生成内容：

> 以下是一篇关于量子计算领域从 2020 年至今突破性成果的简短文献综述。
>
> 2020 年 12 月 4 日，中国科学技术大学潘建伟、陆朝阳等学者成功构建 76 个光子的光量子计算原型机"九章"，在《科学》杂志上发表成果，实现"高斯玻色取样"任务的快速求解，计算速度比最快的超级计算机快 100 万亿倍，使中国成为全球第二个实现"量子优越性"的国家。
>
> 2021 年，"祖冲之二号"处理器实现超导体系首个被严格证明的"量子计算优越性"，中国成为世界上唯一在两种物理体系达到该里程碑的国家。
>
> 2023 年 10 月，中国宣布成功构建 255 个光子的"九章三号"，据《物理评论快报》称，其在百万分之一秒内解决复杂数学问题，比"前沿"超级计算机快 200 多亿年。
>
> 2024 年 12 月 17 日，中国"祖冲之三号"超导量子计算机在 arXiv 线上发表，其拥有 105 个量子位，超过谷歌 72 量子位的"悬铃木"处理器 6 个数量级，实现目前超导量子计算的最强优越性，且团队计划实现码距为 7、9 和 11 的表面码逻辑位。

2）学术写作辅助

案例：在整个学术写作过程中提供语言表达、结构组织等方面的帮助。

提示词：结合实验结果与现有文献，撰写一段关于新型纳米材料导电性能的讨论。

生成内容：

> 本次实验制备的新型纳米材料，经测试展现出独特的导电性能。在室温下，其电导率达到[X]S/m，相较于传统材料有显著提升。与现有文献对比，部分研究指出纳米

材料的小尺寸效应和量子限域效应会影响电子的传输行为,进而改变材料的导电性能,这与在实验中观察到的现象相符。但也有文献提及,晶界散射等因素会限制纳米材料导电性能的进一步提升。在本次实验中,通过优化制备工艺,有效减少了晶界缺陷,在一定程度上削弱了晶界散射的负面影响,使得材料的导电性能得以提高。不过,该新型纳米材料在高温环境下的导电稳定性仍有待进一步研究,后续可结合更多文献思路开展深入探索。

3)学术演讲内容生成

案例:为学术演讲准备内容,清晰传达研究成果。

提示词:生成一份5分钟的演讲内容提纲,主题为暗物质探测的最新进展。

生成内容:

开场:以神秘宇宙现象引出暗物质,强调其在宇宙研究中的关键地位,激发听众的兴趣。

暗物质探测背景:简述暗物质概念的起源,解释其不可见却通过引力影响宇宙的特性,阐述探测暗物质对理解宇宙演化的重要意义。

探测进展:介绍直接探测、间接探测、对撞机探测的最新进展。

新趋势与合作:探讨新理论模型对暗物质性质的预测,以及机器学习在数据处理中的应用;阐述多学科交叉合作在暗物质探测中的创新成果。

挑战与展望:指出当前探测面临的技术瓶颈和理论难题,展望新型探测器和空间探测计划,强调国际合作的重要性。

结语:总结暗物质探测的最新进展,强调其对基础科学的深远影响,呼吁听众关注、支持该领域的研究。

4)学术会议摘要生成

案例:针对学术会议要求,提炼研究要点以作参会交流。

提示词:生成一份关于新型催化剂在二氧化碳转化中应用的会议摘要。

生成内容:

标题:新型催化剂在二氧化碳转化中应用

摘要:随着全球对气候变化问题的关注度的日益提升,二氧化碳的有效转化成为研究热点。本次会议聚焦新型催化剂在二氧化碳的转化领域的应用,深入探讨其前沿进展。新型催化剂的研发旨在提高二氧化碳的转化效率与选择性,降低反应条件要求。在会上,众多研究展示了通过改进催化剂的组成与结构,实现二氧化碳向高附加值化学品(如甲醇、烯烃等)转化的成果。部分新型催化剂展现出卓越的活性与稳定性,在温和条件下即可达成可观的转化效率。同时,对催化剂作用机制的理论研究也进一步加深了人们对二氧化碳转化过程的理解。这些成果为二氧化碳的资源化利用提供了新的思路与技术路径,有望推动该领域从实验室研究迈向工业化应用,助力全球碳减排目标的实现。

5）科学新闻稿生成

案例：将科研成果以新闻形式表达，向公众传播科学信息。

提示词：撰写一篇关于新型太阳能电池技术突破的新闻稿，目标受众为普通公众。

生成内容：

> 标题：新型太阳能电池技术取得重大突破，为绿色能源注入新动力
>
> 　　近日，南京大学传来好消息，谭海仁教授和林仁兴助理教授等合作，在新型太阳能电池技术的研究上取得重大突破。他们研发的全钙钛矿串联太阳能电池，经国际机构JET认证，功率转化效率达到了29.1%。该技术通过改进宽带隙钙钛矿薄膜的晶体取向，抑制了非辐射复合，克服了由光电压损失引起的全钙钛矿串联的效率障碍。这一成果为突破单结太阳能电池的效率限制提供了新的途径，其在2025年1月10日发表于 *Nature Materials* 期刊。
>
> 　　随着这项技术的不断发展和应用，有望为人们的生活带来更多的清洁能源，让太阳能在应对气候变化和能源转型中发挥更大的作用。

6）学术期刊推荐

案例：依据研究内容和质量，推荐合适投稿的学术期刊。

提示词：推荐3个适合发表新型纳米材料研究成果的高影响力学术期刊。

生成内容：

> 　　以下是5个适合发表新型纳米材料研究成果的高影响力学术期刊。
>
> 　　*Nature Nanotechnology*：《自然》系列期刊，1区，影响因子38.1。其发表纳米科学和纳米技术所有领域最高质量和最重要的论文，涵盖原子、分子和大分子尺度的材料研究等，是纳米领域的顶级期刊。
>
> 　　*ACS Nano*：美国化学学会出版，1区，影响因子15.8。其专注纳米科学和纳米技术各方面，包括纳米材料的合成、表征、性能及在多领域的应用，审稿快，对国人友好。
>
> 　　*Nano Energy*：1区，影响因子16.8。它是一个聚焦纳米材料和纳米器件科学与工程的多学科快速出版论坛，涉及能源采集、转换等多方面，在能源与纳米交叉领域影响力大。

3．实验与数据处理类

1）实验设计建议

案例：规划合理的实验流程和方法，确保研究的科学性和有效性。

提示词：设计一个检测食品是否含有脱氢乙酸钠的实验方案。

生成内容：

> 　　一、实验原理
>
> 　　利用脱氢乙酸钠与三氯化铁试剂反应生成特定颜色的络合物，判断食品中是否含有脱氢乙酸钠。

二、实验材料

待检测食品样本为面包、饮料、酱料等。检测试剂为1‰三氯化铁溶液、无水乙醚、盐酸溶液(1+1)。实验仪器为分液漏斗、容量瓶、移液管、比色管。

三、实验步骤

固体食品：称取5g样品，加20mL水搅拌均匀，用盐酸溶液(1+1)调节pH值至2左右。

液体食品：量取5mL样品，若有沉淀先过滤，再用盐酸溶液(1+1)调节pH值至2左右。

提取：将处理后的样品转移至分液漏斗，加20mL无水乙醚，振荡萃取2分钟，静置分层，取乙醚层。重复萃取两次，合并乙醚层。

检测：将合并后的乙醚层在水浴上挥干，残渣用少量水溶解，转移至比色管，加1mL的1‰三氯化铁溶液，摇匀，观察颜色变化。

四、结果分析

若溶液呈现出棕红色，说明食品中含有脱氢乙酸钠；若溶液无明显颜色变化，则说明不含脱氢乙酸钠。

2）研究数据注释

案例：对研究数据进行标注和说明，以便于理解和使用。

提示词：为图8-10所示的星系图像生成注释，标注其中恒星、星云和黑洞的位置。

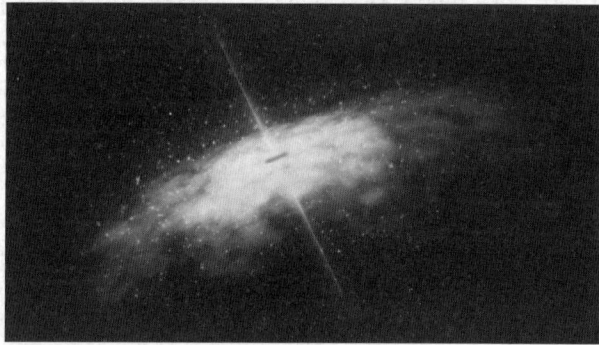

图8-10　星系图像

生成内容：

以下是对这张星系图像的注释。

恒星

位置：散布在星系各处，旋臂部分较为密集，图像中众多亮点即为恒星。

背景知识：由引力凝聚的球形发光等离子体，靠核聚变产生能量发光、发热。作为星系的基本组成单元，其形成、演化和分布影响星系的结构与演化，如太阳为地球提供光热，维持生命的存在。

星云

位置：集中在星系中心区域和旋臂,呈色彩斑斓的云雾状,有紫色、蓝色等。

背景知识：由星际空间气体和尘埃组成的云雾状天体,物质密度低但体积庞大,可达方圆几十光年。其与恒星关系紧密,恒星抛射气体成为星云部分,星云物质在引力下压缩成恒星,是恒星诞生的摇篮,如猎户座大星云。

黑洞

位置：星系图像中心的黑暗区域可能存在黑洞,星系中心通常有超大质量黑洞,影响星系的运动和演化。

背景知识：广义相对论中的天体,引力极大,视界内逃逸速度超光速,无法直接观测,可通过间接方式得知超大质量黑洞的质量,了解它的存在,以及它对其他事物的影响。星系中心超大质量黑洞与星系的形成、演化相关,如银河系中心超大质量黑洞影响银河系的结构和演化。

这张星系图像展现了恒星、星云和黑洞构成的宏大宇宙结构,它们在宇宙的演化中发挥独特作用。

3）实验结果分析或预测

案例：基于已有的实验数据和模型,预测实验结果,并通过模拟进行验证。

提示词：根据新材料的电学、力学性能等检测数据,利用 AIGC 生成一份研究成果报告,统计各项性能指标的达标率,并针对不达标数据深入剖析与之对应的材料微观结构缺陷的产生原因,依据报告提出改进材料制备工艺的措施。

生成内容：

标题：新材料研究成果报告

本次对新材料的电学、力学性能进行检测,统计各项性能指标的达标率,电学性能达标率为[X]%,力学性能达标率为[Y]%。

经 AIGC 分析,不达标数据对应的材料微观结构缺陷主要有晶格畸变、位错密度过高以及原子排列不规则等。这些缺陷导致材料内部电子传导受阻,影响电学性能;在受力时易产生应力集中,降低力学性能。

基于上述分析,为改进材料制备工艺,建议优化烧结温度与时间,控制晶体的生长过程,减少晶格畸变;调整原材料配比,降低杂质的含量,减少位错的形成;采用先进的定向凝固技术,使原子排列更规则,提升材料的综合性能。

8.4 本章小结

AI 在农业生产、工业生产和基础研究领域展现出了广泛且具有价值的应用,有效地提升了各领域的效率与智能化水平。

（1）在工业生产中,AIGC 贯穿产品从研发到售后的全流程。在研发设计阶段,它快速生成方案,拓展设计思路并降低成本;在生产过程中,实现智能代码生成、设备实时控制与知识传承；在经营管理方面，辅助设备维护决策、数据分析及客户关系管理；在产品服务上，推动智能化升级与售后服务创新。AIGC 全方位提升工业生产的智能化水平与生产效率，保障工业生产的高效运作。

（2）在农业生产领域，AIGC 助力知识技术推广，如生成培训资料、科普内容及智能咨询；在农作物监测指导上，精准识别病虫害、评估作物的生长态势和预测产量；通过优化资源管理，提高水、土地、能源的利用效率；在农产品市场与营销方面，预测需求、创作推广内容并提供智能客服。AIGC 助力农业生产各环节智能化发展，提升农业的整体效率。

（3）在基础研究方面，AIGC 辅助研究规划、探索研究方向、生成实验假设和优化实验设计；在文献知识处理上，筛选文献生成综述、构建知识图谱和融合跨语言知识；在实验数据处理上，实时分析数据、挖掘特征并预测结果。AIGC 能较好地提升研究效率，激发人们的创新思路，推动基础研究不断向前发展。

8.5　实训

1. 实训目的
本节实训使用 AI 生成与工业生产和基础研究相关的内容。

2. 实训内容
1）使用 AI 生成新能源汽车相关解决方案

新能源汽车已成为中国制造的亮丽名片，请以新能源汽车的生产制造为主题，完成如下内容：

（1）新能源汽车工业设计辅助。在新能源汽车的设计阶段，可以利用 AIGC 生成新能源汽车的外观设计草图。提示词如下：生成一款具有未来感的新能源汽车外观设计草图，整体线条流畅，采用鸥翼门设计，颜色以银灰色为主。

（2）新能源汽车设备操作手册生成。新能源汽车生产线上有众多设备，需要详细的操作手册。提示词如下：生成一份新能源汽车电池组装设备的操作手册，详细说明设备的启动、运行步骤，以及安全注意事项。

（3）新能源汽车工业流程优化。为提高新能源汽车的生产效率，对生产流程进行优化必不可少。提示词如下：分析当前新能源汽车生产线的流程，生成优化方案，减少电池安装环节的时间浪费。

（4）新能源汽车工业培训材料生成。新员工需要培训以适应新能源汽车的生产工作。提示词如下：生成一段 3 分钟的培训视频，讲解新能源汽车电机装配的操作要点和质量标准。

（5）新能源汽车工业产品营销内容。为推广新能源汽车，需要吸引人的营销内容。提示词如下：撰写一篇关于新款新能源汽车续航优势的营销文章，突出其一次充电可行驶 500 千米以上的特点。

（6）新能源汽车工业设备故障诊断。当生产设备出现故障时，快速诊断很关键。提示词如下：分析新能源汽车冲压设备的异常噪声数据，生成一份简短的故障诊断报告，指出引发故障的原因，并提供维修建议。

生成内容：

(1) 生成的外观设计草图如图 8-11 所示。

(2) 标题：新能源汽车电池组装设备的操作手册

一、设备启动

（一）环境与连接检查

工作环境：确保周边清洁，温湿度适宜（温度：[X]～[X]℃，湿度：[X]～[X]%），电源稳定（额定电压：[X]V，±[X]V 波动范围）。

设备连接：确认机械、电气、气路连接正常，气路气压达额定值（[X]MPa）。

图 8-11 外观设计草图

（二）开机操作

打开总电源开关，待设备自检。自检通过后，开启控制系统电源，登录操作界面，确认参数显示正常。

二、设备运行

组件上料：将电池组件放于上料区，设置好上料参数，启动上料装置。

电池组装：设备按程序组装，操作人员留意运行状态，监控工艺参数。

质量检测：组装电池经外观、电气性能、尺寸精度等检测，合格下料，不合格分流。

电池下料：合格电池传送至下料区，注意包装和转运，避免碰撞、挤压。

三、安全注意事项

操作规范：严禁非专业人员操作，在操作时按规定穿戴防护用品，如安全帽、防护手套、护目镜等。

设备维护：定期检查设备，若发现故障及时维修，严禁设备带故障运行。

紧急处理：遇异常情况，立即按紧急停止按钮，排除故障后再重启。

能源安全：操作涉及电气、气路，防止触电、气体泄漏，工作结束关闭电源、气源。

(3) 标题：新能源汽车生产线电池安装环节的优化方案

一、现有流程分析

上料阶段：需人工放置电池组件到上料区，并设置参数启动装置，此过程可能存在放置不规范、参数设置耗时等问题。

组装阶段：设备按程序组装，人工监控。人工监控需时刻留意，可能因精力分散未及时发现问题导致流程中断。

检测阶段：多维度检测，合格下料，不合格分流。检测流程若不顺畅，可能导致电池积压等待。

下料阶段：人工包装转运，可能因包装方式不当、转运衔接不及时造成时间浪费。

二、优化方案

上料优化：采用智能上料系统，自动识别组件并调整参数，缩短人工干预时间；设置快速上料通道，提高上料效率。

组装优化：引入智能监测设备，实时反馈异常数据，自动暂停设备并提示故障点，减少人工监控失误及排查时间。

检测优化：优化检测流程，并行开展部分检测项目，缩短整体检测时间；采用快速检测技术，提高检测效率。

下料优化：设计标准化包装模具，加快包装速度；建立高效转运机制，提前规划转运路线与时间，确保下料衔接顺畅。

（4）视频生成于 https://jimeng.jianying.com/ai-tool/video/generate，视频截图如图 8-12 所示。

图 8-12 培训视频截图

（5）你还在为新能源汽车续航不足而烦恼？全新［品牌名］新能源汽车震撼登场，完美解决你的里程焦虑！这款车搭载先进电池技术，一次充电，续航轻松超 500 千米。无论是日常通勤，还是周末自驾游，都无须频繁寻找充电桩。在城市中穿梭一周，电量依然充沛；跨城出行，也能说走就走。告别续航焦虑，享受自由出行，［品牌名］新能源汽车，以卓越续航实力重新定义绿色出行新标准，引领你迈向便捷、高效的未来出行新体验。

（6）故障诊断报告（简短版）

一、故障现象

冲压设备出现异常噪声。

二、故障原因分析

设备部件磨损：长期运行可能导致冲压机的传动部件（如齿轮、轴承等）磨损，产生摩擦噪声。

润滑不良：缺乏足够的润滑或使用了不合适的润滑剂，增加部件间的摩擦，引发噪声。

连接松动：部件间的连接螺栓、螺母松动，设备运行时会产生振动和噪声。

三、维修建议

① 检查并更换磨损部件，如磨损的齿轮、轴承等。

② 定期添加或更换合适的润滑剂，确保设备处于良好的润滑状态。

③ 对设备连接部位进行检查，拧紧松动的螺栓、螺母。

通过以上维修措施，有望消除异常噪声，保障冲压设备正常运行。

2）使用 AI 生成智能扫地机器人相关解决方案

近年来智能家居日趋普及，请以智能扫地机器人为主题完成如下内容：

（1）实验设计建议：智能家居企业希望提升智能扫地机器人的清洁效率。针对这一目标，提示词如下：设计一个使用路径规划算法优化智能扫地机器人清洁路径的实验方案,对比不同算法下的清洁覆盖率和清洁时间,并分析该方案的可行性与潜在问题。

（2）研究问题生成:智能扫地机器人的智能化发展方向。提示词如下:生成3个关于如何提升智能扫地机器人与智能家居系统交互协同性的研究问题,探讨可能的研究方向。

（3）工业流程优化:提高智能扫地机器人的生产效率。提示词如下:分析当前智能扫地机器人的生产线,生成优化方案,减少装配过程中的等待时间和物料搬运距离,并评估方案实施后可能带来的生产效率提升。

（4）工业质量检测报告:企业对生产出的智能扫地机器人进行质量检测后生成报告。提示词如下:根据智能扫地机器人的清洁效果、避障能力等检测数据,生成一份产品质量报告,统计各项指标的合格率,并分析不合格产品产生缺陷的原因,生成报告并依据报告提出改进措施。

（5）工业产品营销内容:企业准备推出新款智能扫地机器人,需进行市场推广。提示词如下:为新款智能扫地机器人生成一张宣传海报,突出其智能避障、高效清洁和远程操控功能。

生成内容:

（1）实验方案:

实验目的:对比不同路径规划算法在智能扫地机器人中的清洁覆盖率和清洁时间。

实验设备:可更换算法的智能扫地机器人、有障碍物的封闭室内测试场地。

自变量:路径规划算法（如 A^*、Dijkstra、随机漫步等）。

因变量:清洁覆盖率、清洁时间。

步骤:布置并清理测试场地,校准机器人。对于每种算法,设置机器人使用该算法进行清洁,记录清洁覆盖率和时间,重复多次。计算每种算法的平均覆盖率和时间。

可行性分析:该方案通过控制实验环境和变量,能直观地比较不同算法的性能。使用常见算法,实验设备和场地也易获取。多次重复实验,可提高数据的准确性。

潜在问题:不同算法的初始条件设置可能影响结果,需要统一标准。测试场地的布局可能对某些算法有偏好,影响实验的公平性。机器人的硬件性能可能影响不同算法的表现,难以区分是算法还是硬件导致的性能差异。

（2）以下是3个关于提升智能扫地机器人与智能家居系统交互协同性的研究问题及可能的研究方向。

研究问题一:

问题:怎样让扫地机器人与智能窗户系统协同工作?

研究方向:开发功能,使机器人在清扫窗户附近时可控制窗户开启或关闭,利于清洁操作。

研究问题二:

问题:如何实现扫地机器人与智能水龙头系统的协同?

研究方向:让机器人在清洁时请求打开水龙头,用于拖地等操作,清洁后通知关闭。

研究问题三:

问题:怎样让扫地机器人与智能空气净化器协同优化室内环境?

研究方向：根据清洁区域和灰尘量调节净化器的工作强度，或反之，净化后再清扫。

（3）标题：智能扫地机器人生产线现状分析

等待时间：物料供应与装配节奏不匹配，员工常因缺料等待。

搬运距离：物料存放点离装配工位远，频繁长距离搬运。

优化方案

流程优化：运用价值流分析，去除无增值环节；引入看板管理，按需供料，减少等待。

布局调整：采用单元化布局，将关联工序整合；在生产线附近设物料超市，缩短搬运距离。

生产效率提升评估

等待时间：预计减少 30%～50%，装配连续性增强。

搬运距离：有望缩短 40%～60%，搬运耗时降低。整体生产效率预计提高 30%～50%，产量增加，周期缩短。

（4）标题：智能扫地机器人产品质量报告

一、检测基本信息

本次针对[X]台智能扫地机器人进行检测，涵盖清洁效果、避障能力等关键指标，依据行业标准与企业规范执行。

二、检测结果

在清洁效果方面的覆盖率：要求≥90%，合格率[X]%。不合格多因路径规划算法欠佳，复杂环境下部分区域清洁遗漏。

清洁程度：以清除标准污渍残留量判定，标准残留量≤[具体数值]，合格率[X]%。不合格产品因吸力不足或清洁部件磨损，导致污渍残留超标。

避障能力：要求成功避开各类障碍物，合格率[X]%。不合格产品的传感器精度低或算法响应慢，导致碰撞障碍物。

三、改进措施

在清洁效果方面，优化路径规划算法，增强对复杂环境的适应性。同时，定期维护清洁部件，按标准选择吸力适配的电机。在避障能力方面，选用高精度传感器，优化避障算法，提高响应速度。

（5）生成的宣传海报如图 8-13 所示。

图 8-13　宣传海报

扫一扫

自测题

习题 8

（1）请阐述在工业生产中 AIGC 有哪些用途。

（2）请阐述在农业生产中 AIGC 有哪些用途。

（3）请阐述在基础研究中 AIGC 有哪些用途。

参 考 文 献

[1] 黄源. AIGC 基础与应用[M]. 北京：人民邮电出版社，2024.

[2] 刁盛鑫，等. AIGC 革命：从 ChatGPT 到产业升级赋能[M]. 北京：中国铁道出版社，2024.

[3] 谷建阳. AIGC 智能绘画指令与范例大全[M]. 北京：清华大学出版社，2024.

[4] a15a. 一本书读懂 AIGC：ChatGPT、AI 绘画、智能文明与生产力变革[M]. 北京：电子工业出版社，2023.

[5] 宋天龙. AIGC 辅助数据分析与挖掘：基于 ChatGPT 的方法与实践[M]. 北京：机械工业出版社，2024.

[6] 李海俊. 洞察 AIGC[M]. 北京：清华大学出版社，2024.

图书资源支持

感谢您一直以来对清华版图书的支持和爱护。为了配合本书的使用,本书提供配套的资源,有需求的读者请扫描下方的"书圈"微信公众号二维码,在图书专区下载,也可以拨打电话或发送电子邮件咨询。

如果您在使用本书的过程中遇到了什么问题,或者有相关图书出版计划,也请您发邮件告诉我们,以便我们更好地为您服务。

我们的联系方式:

清华大学出版社计算机与信息分社网站: https://www.shuimushuhui.com/

地　　　址:北京市海淀区双清路学研大厦 A 座 714

邮　　　编:100084

电　　　话:010-83470236　010-83470237

客服邮箱: 2301891038@qq.com

QQ: 2301891038 (请写明您的单位和姓名)

资源下载:关注公众号"书圈"下载配套资源。

资源下载、样书申请

书圈

图书案例

清华计算机学堂

观看课程直播